# 求胜防败之道

Qiusheng Fangbai Zhidao

人生之路漫漫，社会景象万千，
任何主体只有科学致胜、奋进不止，
方能在各种合作、融进和无法避免的对抗中
永远把握生存与进步的主动权。

梁必骎◎著

当代世界出版社

**图书在版编目（CIP）数据**

求胜防败之道／梁必骎著．—北京：当代世界出版社，2012.6

ISBN 978－7－5090－0837－9

Ⅰ．①求…　Ⅱ．①梁　Ⅲ．①成功心理—通俗读物　Ⅳ．①B848.4－49

中国版本图书馆CIP数据核字（2012）第098499号

| | |
|---|---|
| **书　　名** | 求胜防败之道 |
| **出版发行** | 当代世界出版社 |
| **地　　址** | 北京市复兴路4号（100860） |
| **网　　址** | www.worldpress.org.cn |
| **编务电话** | （010）83908403 |
| **发行电话** | （010）83908410（传真） |
| | （010）83908408 |
| | （010）83908409 |
| | （010）83908423（邮购） |
| **经　　销** | 新华书店 |
| **印　　刷** | 北京天正元印务有限公司 |
| **开　　本** | 710毫米×1000毫米　1/16 |
| **印　　张** | 19 |
| **字　　数** | 301千字 |
| **版　　次** | 2012年6月第1版 |
| **印　　次** | 2012年6月第1次印刷 |
| **书　　号** | ISBN 978－7－5090－0837－9 |
| **定　　价** | 35.00元 |

# 前 言

我们知道，世上万事万物始终处于运动变化之中，并呈现出各种波澜起伏、迂回曲折而又时处相对静止的状态。人类社会也是一样，在其求生存与进步的整个历程中，在国家与民族的兴亡盛衰以及每个团体、个人所从事的各种活动里，总有着范围大小不等和历时长短不同的演进过程、阶段及其相应的结局。所谓胜与败，正是对人们所从事的各种各样活动结局的状态描述。可以说，孰胜孰败乃人类社会所有群体与个体必遇之事；求胜防败，从来是大家都在极力追求的目标。因此，研究与探讨致胜问题——怎样能动地去争取与实现具有价值的胜利，防止与正确对待这种或那种失败，就成了每个主体都必然十分重视的一个普遍性问题。

也许正是这个缘故，当六年前我的拙著《广义致胜论》（湖南人民出版社2006年12月版）出版时，立即引起了学术界和广大读者的普遍关注。大家不仅十分看重关于致胜活动本质、价值、规律的科学理论体系的提出和创立，尤其对如何实现求胜防败这类实际问题倍感兴趣，纷纷希望我能在有关致胜科学理论具体运用方面作进一步的阐发和介绍。为此，我除了经常通过面谈、电话、信函与网络等同广大读者交换意见外，还不断应邀到许多不同类型的院校、部队、企业、科研单位等，作过各种不同主题、不同内容和有针对性的专题报告。此种直接同大家沟通和研讨的办法，固然深受欢迎和赞扬，但范围毕竟受限。为了满足广大读者、尤其是青年读者的期待和要求，特写了这本《求胜防败之道》的致胜科学普及性读物。

的确，拙著《广义致胜论》46万余言，核心议题无非四个字：求胜防败。之所以这样说，是基于该论中讲的“致胜”不是指别的什么，乃“指主体为了实现同人类社会进步方向相一致的那些能满足自身生存与进步需要的预定目标，所采取的求胜防败举动。”全书始终围绕求胜防败问题，沿着致胜的主体、根由、目标、形态、素质、力量、方法、艺术、决策、进程、评价、展望等依次逻辑地展开，从而形成了关于“什么是致胜”、“为什么要致胜”、“怎样去致胜”、“如何评价致胜”、“未来致胜会何样”的科学理论体系雏型。一个主体要想成为自觉的、大有作为的致胜强者，无疑应认真研究和全面把握致胜科学的理论体系，并使之不断完善、更新和加以创造性运用。但是，许多人由于受时间与精力的限制，往往难以全面而深入地在普遍性理论体系上下过多功夫，却十分企盼弄清如何正确实现求胜防败的方针、原则和途径等实际问题，以直接而有效地用于指导自己的各项致胜实践活动。显然，这也是完全可以理解与值得支持的事情。

自古以来人们总爱说“胜败乃兵家常事”，其实何只兵家，胜败乃各个个体、各种群体的“各家常事”。因为在人类社会生活中，从来就没有旁观者，每个主体都是主角，都要从事这种或那种活动。而胜与败乃是对人们活动结局的描述，只要进行某种有目的的活动便必然会产生一定的结果，当这种结果利于主体实现预期的正确目标时就是胜利，而无法实现主体预期的正确目标时便是失败。比如，个人有面对健康、学习、婚恋、家庭、比赛、诉讼、事业等能否实现正确目标的胜败问题，企业有面对生产、利润、竞争、合作、市场、创新、拓展等能否实现正确目标的胜败问题，国家有面对建设、安全、外交、发展、战争、法治、改革等能否实现正确目标的胜败问题。人类社会的发展同样是一部充满胜与败的奋斗历史：在各个时期、各个领域、各个阶段，除了要不断地认识、适应、融进自然界并同自然灾害作斗争外，各种大小主体还要进行种种不同形式的交往，以及从事创造与分享物质文明、精神文明、方式文明等活动，始终是在胜与败的洗礼中交替前进。可以说，一切具有明确目标的相对独立性活动的结局，不外乎呈现出胜利、失败和胜败兼有等三种状态。而那些由一系列相对独立性活动组成的更大型活动，形成其最后结局前的反复演变过程，则可能表现为胜而连胜、先胜后败、先败后胜等复杂情形。何况大量的事实还表明，胜与败这种常事远非一般的常事，轻则表现为一定的利害得失，重则关系到主体的生存与进步。由此可见，求胜防败问题从来是每个人和社会各种群体都不能掉以轻心的大常事。

然而，人们经常遇到和关切的事情，并不意味着已经完全理解和把握了其真正的本质、规律与价值，更不意味着一定能自觉地、有效地、能动地去做好它。要想在求胜防败的过程中掌控主动权和自由权，就必须在诸如正确选定致胜目标、自我强化致胜基础、善借外部致胜力量、能动面对致胜环境、充分利用致胜机遇、灵活运用致胜方法、巧妙施展致胜谋略、科学做出致胜决策、坚定采取致胜行动、不断攀登致胜高峰等方面，进行认真地深入研究，找出其发展变化的客观规律和正确发挥能动性的基本原则，并结合将要从事的致胜活动的具体情况，予以灵活地运用。本书亦是围绕这些方面，谈点粗浅的看法，以供大家去实现各种不同的求胜防败目标时参考。

其实，每个主体在自己从事的致胜活动中，都会有这样或那样的经历和体验，就看你善不善于正确地分析、反思和总结罢了。只要客观地、全面地、系统地面对各种经验和教训，把特殊与一般、过去与现在、理论与实际紧密结合起来，就完全可能揭示、把握求胜防败的各种本质性和规律性东西，并卓有成效地能动用来指导尔后的致胜实践活动。但愿大家共同努力，在回顾过去、立足现在、面向未来的基础上，把致胜科学的研究及其具体运用，进一步引向深入和加以升华。勿庸置疑，进步的致胜者皆应力争做个求胜防败的自觉者和能动实践者，以不断攀登致胜的新高峰。

梁必骎

2012 年 5 月于北京

# 目 录

# 第一章 正确选定致胜目标

正确选定目标，乃是求胜防败要面对的首要问题。如果说鲜明的目的性是人类活动的一种特性，那么目标便是这种特性的具体体现。任何人做任何事之前，都不禁会问：到底为了什么？也就是究竟想达到什么样的目的或目标。尤其在致胜活动中，能不能正确地选定目标，影响和决定着后来的行动方向、轨迹与结局。然而，致胜目标又非致胜主体随意选择和确定的，不仅其有什么样的需要及其利益就会选定与之相应的目标，而且在选定目标时还会受到各种客观因素的制约。因此，要正确选择和确定致胜目标，就必须坚持科学的价值观和评价标准，把主观需要同客观可能结合起来，并不断地予以优化才行。

## 一、致胜目标源于生存与进步及其利益

水有源，树有根。无论个体还是群体，之所以会选择这种或那种致胜目标，都不是空穴来风，从根本上看皆源于自身生存与进步及其利益的需要。只不过，由于不同主体或同一主体在不同的情况下，其生存与进步及其形成的利益十分丰富多彩，并且相互联系、相互作用，因而决定了选定致胜目标时的多种多样性和错综复杂性。比如，可以有宏观的目标和具体的目标，有眼前的目标和长远的目标，有单项目标、多项目标和系统目标等等，而且这些目标之间常常相互联系、相互作用，共同影响、决定着主体活动的整个过

程。

**（1）生存是一切主体的基本需要**

人一来到这个世上，首先要生存下来。一个群体能否屹立在社会之中，求生存亦是第一要务。毕竟群体由各相关个体共同构成，不能从各个方面保障个体的生存需要，也就没有群体的生存。尽管生存这种最根本的需求，所涉的内容非常之广，但概括起来不外乎是食、穿、住、行、乐等几个基础方面。同时，为了满足这些基本性需求，还须通过一定形式开展生产、防卫与交往等必不可少的活动，才能得以实现。

先说“食”。这既指吃，也指食物，可算得上是人类生存首先和最为重要的需求。“食”的对象，不仅指那些能维持人体新陈代谢所必需的外界可食之物，广义上还包括洁净的空气和水等。中国有句著名的古训，叫做“民以食为天”。其实何止是“民”，任何主体都要以食为“天”，否则用不了多少日子就会从这个世界上消失。

其次是“穿”。穿着打扮是人类的一个明显特点。开始时，衣物并非完全为遮羞之用，它乃是人类为适应环境条件变化所必需的物品。人是裸性高等智能动物，要适应地球表层气温的反复变化和避免强烈阳光的直接照射，没有衣物是不行的。何况，善于穿着打扮还可起到美化自身的作用。

再次是“住”。这是人类为保持有利的微生存环境所必不可少的方面，其中房屋属于解决“住”问题的主要物。由于人类所处的地球环境条件，普遍存在着强紫外线照射、风雨雪雹袭人和白天黑夜交替等状况，还有毒蛇、猛兽、致病昆虫的袭击等等，有了住房才有利于保护人的安全、隐私和休息。

还有“行”。其固然首先是指走的意思，但其更广泛的含义包括了种种走动、运动、旅行等举动，可以分为自体行与用工具行两种。它作为人类生存的基石之一，除了有同其他动物相似的一面外，又有由社会性所决定的种种特点；不仅为人体新陈代谢所需，也是各主体间进行联系和交往的必要途径。

最后是“乐”。它不仅指感官刺激之乐，更指心理上获得的欣快感受，属于人类求生存过程中一种最起码的精神需要。任何一个正常的人，都免不了有喜怒哀乐的心理体验，总追求一种快乐的生活。中国古代《诗经》中推崇的“乐土”，基督教《圣经》中形容的乐园，佛教《无量寿经》中描绘的

“净土”等等，其实都是对人们期望快乐生活的反映。

不过要看到，人毕竟不同于其他动物，除了适应性生存这一面之外，更关键的是能动性生存。人在食、穿、住、行、乐等方面所需的东西，往往靠自然界提供是远远不够的，更多地必须依靠自身和结成一定的群体从事各种能动性活动：一是生产活动。它主要通过认识、适应、改造与融合自然的过程，以获得确保人类生存的各种物质生活资料。比如，种粮食、织衣物、建住房、造车辆与娱乐品，等等。其中，生产工具特别重要，没有工具便没有生产活动，而且没有制造工具的工具，也算不上真正人的生产活动。只有人才会使用工具来制造各种工具，并使用不同的工具来从事各种生产活动，进而获取生存的必需品。

二是防卫活动。防卫的目的，在于能有效地保护主体自身、生活、环境、劳动成果和享用这些成果。无论个体还是群体，为了能继续生存下去，都离不开防范敌害、确保安全这类事情。不过必须看到，当人类社会出现敌我对抗的矛盾后，群体尤其是阶级、民族、国家等大型群体，便主要由其军队进行各种防卫活动，效果和结局如何往往会影响这些群体的继续生存状态。

三是交往活动。人生活在社会里，除了要同自然界打交道，还必须不断同他人交往，才能满足各种具体主体的生存需要。从整个人类社会到每个民族、国家，再及各个政党、团队、家庭和个人，无时、无处不存在交往，无事不同交往相联系。要实现交往，一方面须通过适当的组织体制、管理机构和运作方式；另一方面又要依赖一定的工具、手段和途径，如语言文字和通讯交通等。

另外要指出的是，不可忽视人的延续生存问题。其中，正常的性活动及对其实行能动地控制，对人类的延续生存具有重要的意义。从生理、心理上说，性活动只要双方同意并且不伤及他人，就可以自由地进行。但从是否有利于人类的延续生存来说，这种自由又不得不受到家庭、传统、道德、法律、生育等的制约，防止性病的蔓延和人口过度地增长也是必须考虑的社会因素。此外，能否实现性与爱的结合，还是充分体现人类健康地延续生存的最大特色。

### （2）进步是能动主体的升华需要

人是一种始终朝前看的高等智能动物。当别的动物饱餐一顿之后，不是互相追逐和玩要，就是心满意足地大睡其觉的时候，人类从来没有停歇下来，一直在能动地追求如何使生活达到更完美、更富足与更自由地向上升华的状态。由于这种追求是永无止境和前进性的，从而决定了人类社会必须把“进步”作为各种主体在生存的基础上继续升华的需要。而且，作为一个要求进步的求胜防败者，不能只从致胜活动是否有利于主体自身发展的角度，还应从利己、利群与利社会相统一的高度，从人类不断走向自由之境的高度，来判断活动是否具有满足升华需要的全部意义才行。

首先，人类需要物质方面的不断增长。人类对物质方面的需要，不仅因其是生存的基石，也是继续进步的动力所在。从长远看，只有物质方面有了不断增长，才能从根本上满足人类繁衍和生活日益提高的需要。这里面，固然包含着人口数量增长所提出的要求，即必须为之提供愈来愈多的物质生活资料。不过，从整个人类社会发展的方向和道路来说，人类日益增长的物质需要，还是主要体现在所需物质生活资料质量的升华上。比方说，要吃得更可口，富有营养，确保健康；要穿得更美丽，轻便新颖，多彩多姿；要住得更舒适，宽敞安静，设施齐全；要行得更方便，旅途如家，远近皆宜；要乐得更畅快，形式丰富，心情愉悦等等。

为了确保物质生活资料的不断增长，唯一的办法就是不断提高科学技术水平，持续发展社会生产力，全面推动经济上的发展与进步。因为，物质生活资料无论是量的扩展还是质的提升，一刻都离不开各种工具的革新与改进。只有随着生产工具和制作生产工具的工具，以及各种认识世界的工具的不断发展，才能从根本上提高人类认识、适应、改造与融合自然界的能力，才能使社会生产力和经济水平得以长足的进步。而要做到这点，没有科学技术水平的提高，是根本无法实现的。这只要从历次科学技术革命所引起社会生产与经济的飞跃，即可得到印证。同时，搞生产，搞经济，固然不能不讲利润、商品、规模和速度等，尤其国民生产总量的快速提高，对于整个国家国力的迅速增强具有重要的意义。然而，如果发展生产与发展经济时总是见物不见人，不是以人为本，不是为了满足人的需要，不是以提高人的寿命、智能和生活水平为根本目的，就会走偏方向。一定要看到，社会的一切生产与经济活动，归根到底无非是人活动的产物，发动者是人，归宿与目的也应该是为人服务。因此，资源配置必须尽量考虑人的不同需要，经济的运行必须有利于人的全面进步。

另外，满足人类在物质上日益增长的需要，并非某一代人的要求，还应从整个人类社会未来持续发展的角度找出正确的道路。要看到，地球再大，优质土地与各种资源毕竟有限，空气和水等看似无价的东西也经不起随意挥霍、污染。因此，必须坚持可持续发展和不断创新发展，着眼于节约资源、提高效率和利于生态环境，使之既能满足当代人类的需要，又不危及未来人类的需要，甚至为人类社会的长远进步作出应有的贡献。

同时，人需要精神方面的不断丰富。如果说人类在求生存时，通常比较注重对物质生活资料的保障，而在精神上只要过得快乐便感到满足的话，那么在求进步的过程中，除了会继续以物质方面的不断增长作为基础外，对于精神方面的需要则愈来愈趋丰富多彩。毕竟人拥有其他物质存在形式所不具有的特殊精神活动，而且这种活动的内容与形式还会不断得到升华。古人云：食必常饱，然后求美；衣必常暖，然而求丽。“饱”和“暖”自然属于物质层面的事，但在此基础上古人又明确提出了“美”和“丽”的精神要求。可见，希望精神上得到进一步满足，能生活得更舒畅、充实、愉快、自由，乃是人们一种自古以来就有的迫切需要。

实际上，人类一直把精神方面的不断丰富，作为谋求进步的重要内容。姑且不论古代的各种美丽传说与神话，反映了当时人们的一种精神寄托与更高向往，即使后来的诸如音乐、舞蹈、美术、小说、诗歌等日见日新的作品，也都愈来愈鲜明、形象、生动、艺术地反映了不同时代人们劳动、爱情以及日常生活的前进步伐。另外，许多理性化的成果，同样是一代超过一代。像哲学、伦理、政治法律思想等领域，并不满足于当时社会实践经验的总结、抽象或反思，甚至常预先提出种种引导社会沿着正确方向前进的观念和方法。从过去到现在可以看到，每个国家与每个朝代，都有不少哲人、学者、艺术家，在不断创造精神财富的过程中做出了杰出贡献，同物质财富的创造者们一样享有极为崇高的声誉。尤其某些划时代的思想、文化、艺术成果，甚至纵跨数百以至数千年，或者横跨世界各大洲，得到了广泛的流传，成为了人类社会共同享有的精神财富。时至今日，人们要求享受精神生活的热忱仍有增无减，且不去说每天观看影视、欣赏音乐或从事其他种种文化娱乐等，乃每个人的家常便饭，就是各种各样专门从事精神财富生产的新领域和新行业，亦如雨后春笋般空前发展起来，也充分表明了人类社会对精神方面追求的无限前景。

即使宗教的产生、演变与革新，亦从另一个侧面说明了丰富的精神生活对于人类的重要性。宗教的萌芽与出现，完全出自于人们的无奈与寄托，当面对灾难、疾病和死亡等而感到无法得到解脱时，便只好去求助于某种超自然、超人间的神秘力量，以帮助达到所希望的境界，因此它乃是人们对支配自身生命、生活与命运的异己力量的一种虚幻意识反映。后来尽管生产力和科学技术有了长足的进步，丰富的科学知识不断解开了某些迷惑不解的问题和扫除了诸多的层层迷雾，但关于自身、社会矛盾、茫茫宇宙的疑惑和谜团依然是如此之多，尤其是对于像地球终将毁灭、人必然走向死亡等这类无法避免的终极事实，仍使得人们不能不依旧需要精神上的慰藉与寄托。即使今生得不到解脱，还可以寄望于“来生”或到达一种“超凡”的境界。正是在这种背景下，宗教不仅没有消亡，反而朝着更高、更广和更深的方向伸展。

再就是，人类需要方式方面的不断完善。这里说的“方式”主要是社会组织管理方式，旨在反映人与人、人与具体群体、人与社会、人与自然界之间的相互关系，既指实现物质生活资料与精神生活资料不断增长的途径、方法与形式，又指分配与使用这些成果的制度、规范和设施等。自古以来，社会的组织管理方式经过了由自发到自觉、由简单到复杂、由经验到科学、由不完善到较完善的演进过程，而且这个渐趋完善的过程还在继续之中。出于结群、尤其是进入到文明社会的需要，人类从事任何社会性活动，都不可能完全由个人自行其是，而必须采取一定的组织管理方式来进行，生产有生产的方式，生活有生活的方式，交往有交往的方式，组合有组合的方式，从人类社会、国家、民族、政党到各种各样的更小团体皆然。只不过，在原始社会时期，由于社会生产力十分低下，精神生活也比较贫乏，因此有关社会活动的交往方法、形式和组织管理体制等各个方面，尚处于萌芽状态而已。后来，随着社会生产力的提高，社会生活也渐渐丰富起来，形成了一定的生产关系、经济结构形式，才开始有了国家、法律之类的制度，产生了政府、军队、警察、法庭、监狱之类的设施，以及与之相联系的一整套社会管理系统。

即使如此，社会的组织管理方式仍一直处于不断进化之中，它既要适应社会生产、生活、交往的不断发展，又要能动地为满足人们对物质生活与精神生活日益增长的需要提供组织与制度保障。其中，社会组织管理方式的科学化，是组织管理方式不断得到完善的一个重要标志。这种科学化，主要体现在组织管理方式发展变化具有一定的规律性，并且社会的各个主体又须能动地按照这些客观规律来促使其演进。比方说，生产方式是社会组织管理方式中的一个重要组成部分，它并非由谁主观臆想而得的东西，而必须适应社会生产力发展的水平和要求。同时，社会组织管理方式的民主化，也是组织管理方式不断得以完善的另一个重要标志。所谓民主，通俗点说就是由广大的人民群众当家作主。其好就好在，广大人民群众既是社会财富的主要创造者，理应也是社会财富的主要享有者，民主化恰恰在于能使两者保持一致，并能有效抑制某些掌权者滥用公权的腐败现象，因而可以起到工具性、建设性、进步性的作用。值得强调的是，社会组织管理方式的科学化与民主化乃是相辅相成的两个方面。从根本上说，其完善的程度取决于这两方面相互促进、相互结合的程度。社会组织管理方式的科学化，是促进社会组织管理方式民主化的客观基础。在组织管理方式处于自发、经验阶段的时候，不是使民主化的组织管理方式流于简单的形式，就是使民主化的组织管理方式无法有效地实行。只有科学的组织管理方式，才为组织管理方式的民主化提供了可靠的依据和前提，因为在科学化组织管理方式的框架内，人们更容易认清和发挥民主的价值与作用。而组织管理方式的民主化，则是促进组织管理方式科学化的能动条件。没有广大人民群众的积极性、主动性与创造性，组织管理方式不可能向科学化迈进。即使在少数掌权者或统治集团的努力下，组织管理方式科学化程度可能会有所提高，但如果缺了广大人民群众的民主参与，科学化组织管理方式同样无法真正付诸实现。

**(3) 需要形成了财、权、名、性、福等利益**

主体的需求在未实现之前还仅仅是种主观期望，当这种期望一旦同客观事物联系起来并付诸行动的时候，便会产生利益的问题。可以说，需求是主体利益的内在根据，利益则是主体需求的外在体现。因为主体的需求，毕竟是主体为了生存和进步的一种内在追求，只有同客观对象、环境条件结合起来，并付诸社会实践之后，才能成为现实的需求。可是，当主体对生存与进步的期望，一旦同周围世界联系起来的时候，便必不可免地会产生这样或那样的利害关系，或者有利于正确认识、实现生存与进步的需求，或者无益于正确认识、实现生存与进步的需求，于是利益问题便油然而生。利益根据不同的标准可以做出各种不同的区分，例如从不同性质与类别的致胜主体分，有人类社会利益、国家利益、民族利益、阶级利益、政党利益、团队利益、家庭利益、个人利益等；从不同的致胜活动领域分，有政治利益、经济利益、军事利益、文化利益、安全利益、环境利益等；从致胜活动的不同时间分，有过去利益、当前利益、未来利益、短期利益、长远利益等；从致胜活动的不同层次分，有全局利益、局部利益、具体利益等。不过，无论从哪个角度去分，似可将各种致胜活动利益归结为五个主要方面：财、权、名、性、福。

先说“财”。它是泛指各种满足人类生存与进步需求须臾不可或缺的物质利益，既包括不流动的财物，又包括可流动的钱财。在社会生产力极为低下的远古时代，人们除了因生存的需要而必须获得某些生活品之外，“财”还未构成一种互相争夺的利益，但随着物质财富的增加和私人占有制的出现，获取和占有更多的物质财富便成了人们追逐的重要利益。尤其随着商品交换方式的发展，货币成了社会财富的一般等价物，金钱的地位逐渐得到了提升，主体只要有了金钱，不仅可以获得生存所需的各种物资，保证食得饱、穿得好、住得敞、行得便、乐得欢等，而且可用多余的金钱来谋求进一步发展，如开工厂、办公司、建学校、搞科研和艺术等。其实，随着政治、经济、文化等的日益交融和相互影响加剧，以及社会活动愈来愈趋于市场化，金钱已逐渐成了社会活动的某种杠杆。很显然，“财”始终具有两面性：如果来路正常、用得恰当，是通过劳动、生产、科研与各项服务性活动，将自然的物质转化为社会的物资与金钱，“财”便不应视为“铜臭”，而始终是关乎人们生存与进步需求的必要利益；如果来路不正常、用得不恰当，靠强力掠夺、侵占剥削、贪污受贿、横征暴敛、抢劫偷盗、赌博交易等得到，“财”则成了只有利于占有者与运用者，使其成为独享荣华富贵、奢侈生活的“能使鬼推磨”工具，并不利于人类社会的生存与进步。

其次说“权”。它包括权利和权力两大部分，而且权利可以发展为权力，有了权力又可能形成超出一般人权利的权威。在通常情况下，权利是保障每个个体能在合群的社会中生存与进步的最起码、最基本的利益，包括政治权利、经济权利与文化权利等。应该说，每个人生下来都享有不可侵犯的自主之权，维护每个人的生存与进步之权，已成当今世界各国的主流性共识。当国家、政府、法庭之类群体的公权力被正确掌握和合理运用时，无疑不仅有利于从国家到家庭各种具体群体的生存和进步，而且也有利于有效保障广大相关个体的生存和进步。但是，当这些公权力无节制、无限度地膨胀，以及仅仅为少数掌权者及其狭小集团服务的时候，情况便会走向反面。即使其中有个别自觉者想自我限权，亦无异于“自己坐在沙发上要把自己与沙发举起来”那样无济于事。比如，在国家、政府、法庭等群体性组织的内部，各种腐败现象便往往会由此而生，掌权者可以随意利用公权来牟取私利，并以权威的身份胡作非为地任意侵犯下属各相关个体的权利，只有等到大家共同起来把这种权威推翻才能休止。即使国家之类群体同其他相对应的群体交往时，各自拥有的权力也应有相应范围的限制，否则便可能发展为利用经济、武力之类的手段，来侵犯其他国家之类群体所拥有的生存与进步的权利，以至形成行业、地区、全球性的霸权。这种霸权的肆虐，只会导致冲突、动乱和战争不断，无助于整个人类社会的共同进步。因此，一定要正确认识和把握权利、权力、权威的区别和联系，坚决维护、捍卫每个人固有的权利，正确运用公众赋予的权力，严格限制权威的作用范围。而这一切，才是每个进步的致胜者应该承认和追求的利益。

再次说“名”。这是指名节、名誉、名气之类的东西，主要反映满足具体主体需求的一种重要的精神利益，但也蕴涵着一定的物质利益。由于人是结群生活的高等智能动物，总在一定的社会组织里求生存与进步，“名”往往能为之创造各种有利的条件。反之，其活动如无法获得大家的正面评价和肯定，名不正也就无法言行顺，苟且偷生尚可，谋求进步太难。许多人想名扬天下，学问家想写出名文、名著，演艺人想当名演员、名模，生产企业想创各种名牌，学校想办成一流名校等等，也是这个缘故。我们并不否认，在人类社会里的确存在某些身不由已地被迫换取虚名的东西，例如中国封建社会里为终生守寡的妇女立“贞节牌坊”，许多寡妇为此不惜放弃后半生的幸福等。但应看到，更多的人乃是自觉地、主动地为着某种名誉而奋斗着，因为名誉不仅是一种精神利益，也是一种精神享受，就像英国浪漫主义诗人拜伦说的那样：“情愿把光荣加冕在一天，不愿无声无息地过一世！”而且，名誉还可以影响到具体主体在社会上的地位和所起的作用，为自身获取物质利益创造有利的前提。这只要看一看“名牌效应”和“名人效应”等社会现象，就很能说明问题。不过也要警惕这类东西的负面性，有的人不惜以弄虚作假（诸如假学历、假科研成果等）来骗取种种荣誉，以各种少有的丑态丑行来扬名天下，或者利用所获得的荣誉与名气搞特权、胡作非为，结果既损害了自己的名誉，又使自己的丑陋面貌更广泛地暴露于大庭广众之中，从而给自己设下了不利于继续前进的陷阱。

还要说下“性”。它不仅指保证人类延续生存的本能性，还指同人类之爱紧密结合在一起的独特性爱。在人们从事的各种致胜活动中，“性”往往扮演着直接与间接的多种角色，且不去说那些在政治、外交斗争中与“性”紧相联的和亲政策的运用，以及“一怒兴兵为红颜”的军事行动与战争（像古希腊的特洛伊战争和明末吴三桂引清兵入关的举动之类），就是在家庭和社会生活中，亦常见由于性活动及其矛盾不断引发诸多重大事件的发生。同时，由于人类有着愈来愈强的能力来考察自身的延续生存问题，各个民族、国家的性文化也悄然地得到不同程度的重视与发展，这就不仅有助于人们进一步去把握人类生殖系统的结构、性交的机制与过程及其规律等，而且能进一步从性生理与性心理的深层，对人类性交的氛围、姿势、技巧以及如何获得男女双方的快感上，获得新的认识。对于人类来说，仅像其他动物一样具有性的本能是不够的，还须有爱的参与，爱的陪伴，爱的渗透，只有这样的性才会成为人们须臾无法离开的生动要素。就性与爱两者关系而言，性属生理要求，爱归精神需要，性是基础，爱是升华，始终相辅相成地造就了激情万分、婀娜多姿的人类生活独特风景线。然而，因种种原因又使性与爱两者常有分离或对立的时候，比如有性未必有爱，性欲的冲动与发泄并不总以爱情作为先导，社会上经常看到的强奸、嫖娼、卖淫、性变态等等，就没有半点爱的影子。很显然，无爱之性的泛滥，除了因个别人不能理性地对待性而受制于过分冲动之外，还与金钱可以买到一切、权力可以得到一切、名气可以吸引一切有着密切的关系，这只要看一看有多少贪官、权贵、富豪、名流纷纷栽倒在美色面前，就可得到很好的印证。然而，为了人类能在性与爱的密切相伴中，不断延续自身的存在，也不能忌讳性的激情，不可忽视爱的伟大，只有让这“伟大”的“激情”犹如浩浩荡荡的江水永不停息地向前奔腾，才能到达人间美好的性爱之境。

最后说说“福”。这里说的“福”，就是指幸福，主要表现为获得全身心的、持久的、快乐的合意利益，属于满足人类生存、进步需求中物质与精神利益相结合的范畴。人们对于幸福的理解，可谓千差万别。诺贝尔经济学奖的获得者萨缪尔逊教授就提出过这样一个公式：个人幸福等于其拥有的物质财货与其消费的欲望之比。根据这一公式，谁拥有的物质财货愈多或消费的欲望愈低，其获得幸福的可能性就愈大。但许多研究幸福问题的专家，却认为幸福并不随着物质财富的增长而增长，一些心理学家甚至把幸福看作是人“对生活的主观欣赏”。还有的人认为，官当得越大、名气越大就越幸福，甚至能及时行乐也是幸福；或幸福取决于人实际得到的与期望得到的之间所存在的差距，差距愈小就愈感到幸福，等等。不过，大量的事实表明，尽管一定的物质条件乃形成幸福的必要基础，但同时可以看到，幸福的指数始终未随着物质生活水平的提高得以同步提高，而且即使拥有了更多的财富、更高的地位、更美的异性、更大的名声，亦未必就拥有更多的幸福。这是因为，主体为了拼命追逐财富、地位、美色和名气，一方面往往先要失去诸多的亲情、友谊、乐趣、健康等幸福因素，另一方面追逐这些东西还往往会增添种种烦恼与忧心，以至使得“胜者往往成为战利品的奴隶”。之所以很少听到那些成天弄权积财和过着花天酒地生活的人说“自己真幸福”，就是由于当享受变成了生活的主要目标时就不再是享受的缘故。由此可以看出：幸福不在于拥有的东西愈来愈多，而在于主体是否获得了一种和谐的社会关系和心满意足的自我感受；幸福有当前与未来之分，及时行乐如不利于长久的幸福并不可取，但追求永远的幸福又只会带来失望；幸福在许多主体的需要中，经常处于至高无上的地位，其它的利益往往成了追求幸福的一种途径与手段而已。

还有一点必须看到，“财”、“权”、“名”、“性”、“福”等这些利益，在具体的致胜活动中，也许不同主体在不同时期会有不同的追求重点，然而就整个人类而言，这五个方面彼此有时联系得是很紧的。比如，千方百计维护自身的正当权利，依靠自己的劳动、创造、贡献去获取必要的财富、爱情与名气，无疑为谋求幸福提供了前提；注重追求荣誉、爱情、幸福等利益为主的人，往往对于物质方面看得相对较轻，容易处理好物质利益与精神利益之间的关系。尤其不能忽视在一定条件下财富、权力、名气、性爱与幸福之间的转化，比如在权力至上的社会里，滥用权力者可利用权力获得财富、名气、美色与短暂幸福；在金钱至上的社会里，有钱主体可以用金钱买得权力、名气、美色与创造享福环境。然而，也不能只看到“财”、“权”、“名”、“性”、“福”相互交换的一面，切不可忘记它们之间在一定条件下还存在相互制约的另一面。比方说，那种靠权力获得的金钱、名气、美色和幸福，在真正实现法治的社会里就很不牢靠，其腐败的行径一旦被揭露与问罪，所得到的一切便可能鸡飞蛋打、身败名裂。同样，由金钱获得的权力、名气、美色和幸福，也是如此。可以说，致胜主体只有正确地把握这五个主要方面并使之辩证地统一起来，才能形成比较完整的利益观。

**（4）致胜活动始终围绕着趋利避害展开**

任何个体与具体群体，都始终存在一个内部不停地进行“新陈代谢”，以及不断同外部进行物质、能量和信息交换的问题。否则，无论个体还是具体群体，无一例外地均无法生存下去，当然更谈不上进步。可是，当这些主体同外界交换物质、能量、信息时，或者说要想通过获得“财”、“权”、“名”、“性”、“福”等利益求得继续生存与进步时，并非随心所欲之事，莫不受到社会的、自然的诸多因素的制约。其中，既存在利的一面，又存在害的一面。由此便提出了一个要求：主体要想实现生存与进步的愿望，就得时时、事事、处处趋向和运用那些有利的方面，时时、事事、处处避开和防止那些有害的方面。或者一言以蔽之，就是必须始终着眼于趋利避害。

其实，趋利避害乃是一切生物活动的普遍性规律，只不过对于人类来说，具有明确的目的性和自觉的能动性而已。在这个问题上，人与其他动物相比，确实存在着质的差别。尽管人与其他动物都离不开趋利避害之举，但其他动物靠的是本能和肢体，而人却主要靠智能与工具，能动地在社会中进行这种或那种有目的的趋利避害活动。中国古代著名史学家司马迁说：“天下熙熙，皆为利来；天下攘攘，皆为利往。”的确从趋利角度生动地说明人类社会的此种情形。比如，有计划和有组织地进行生产，创造性地发展科学技术，设计和建筑防止敌害的住房，加强人们相互间的交流、合作，运用武装力量进行防卫活动，等等。而趋利的另一面便是避害，两者乃相辅相成的关系。这也就是说，虽然表面上看一切动物都会趋利避害，然而真正能自觉地、能动地把握和运用趋利避害规律者，乃人类莫属。

人们进行趋利避害活动，在趋“利”的方面通常可能出现三种情况：一是保利。当主体处于一种比较平稳的生存与进步状态时，或由于自己感到满足，或因为自身的能力和周围的环境条件受到限制，就会力求维持原有的状态，甚至采取各种防卫行动来防止任何人和事侵犯其既得利益。二是增利。当主体不满足已有利益和急于求得发展时，为了打破社会与自然界存在的阻碍或约束状态，或者通过加强生产、科研、创造等正确途径来获取更多的利益，或者通过使用武力、权力、剥夺等非正当手段来侵占更多的利益。三是减利。这里面有被迫的和自愿的两种，当无法阻止别人侵占或掠夺你已有的利益时就属于被迫地减利，如果自觉把既得的利益拿出一部分用于慈善、公益事业或帮助别人的话，则是一种自愿地减利。当然，这些情况并非绝对割裂的，同一个主体在同一致胜活动中，往往可能同时出现其中的两种或三种情况，“拆东墙补西墙”乃常有之事。利益可分为根本的与具体的两种，根本的利益须始终追求，具体的利益则可因情势而变。对利益的追求，必须适度，过分了就会变成贪婪而最终失去；不足的话也会丧失斗志，使应获的利益受损。

至于避“害”的方面，通常主要分为两种情况：一种是面临和制止所遭受的重害。这种害会危及到主体生存与进步需求的根本利益或重大利益，像个人的生命、财产失去保障，企业面临破产和倒闭，民族、国家遭受强敌武装侵略等，在此情况下非采取坚决的措施和行动才能予以制止；另一种是处置常遇的各种轻害。它会损害主体的这种或那种利益，或影响利益实现的时间，或影响利益实现的程度，但总的说构不成致命的或重大的损伤，此时可以采取必要的措施来防避。如果遇到重害与轻害同时产生，而且很难同时避免的情形，此时只好采取“两害相权取其轻”的原则，巧妙地加以选择和适当处理。

很显然，利就是利，害就是害，不能把利当成害，也不能把害说成利。比如身处饥寒交迫的状态，能说对人的后续生存有利吗？优越的地理条件，能说对国家的经济发展有害吗？当然不能。利与害总是以各自鲜明的特征并相互对立地存在着。但是，利与害又非孤立地、静止地存在着，两者之间相互对立并相互作用，始终处于发展变化之中。的确，利与害之间从来是以对方的存在作为自身存在的前提，无利就无所谓害，无害也无所谓利。我们说

“饥寒交迫对人的生存有害”，是因为人要生存就必须拥有利于保证食、穿、住、行、乐等方面的条件；说“优越的地理条件对国家的经济发展有利”，乃因恶劣的自然环境对国家的经济发展有害之故。

尤其值得重视的是，无论是利还是害，皆非绝对的、凝固不变的。一方面，同一客观对象对于不同的主体来说，由于各自的需求与利益不同，可以导致不同的利和害。例如，下雨天气对人们外出旅游有所不利，但对于久旱盼雨的农民却是莫大的欣慰；富含蛋白质、脂肪、糖等高营养和高热量的食物，对于正在发育成长的青少年来说是好东西，可是对于老年人却未必全然如此。另一方面，同一主体即使面对同一客观对象，孰利孰害还可通过主体的行为指向和运用状态而改变。就像对核能的运用，一个国家可以把它作为重要的能源用于促进经济、技术的发展，也可以把它制成大规模毁灭性的杀伤武器；即使同是一个核电厂，运用得好有利于提供比较理想的能源，但如果不幸发生泄漏等各种事故，又会像1986年4月前苏联的切尔诺贝利核电站和2011年3月日本大地震中的福田核电厂那样，转而给人们造成很大的危害。而且还要看到，主体与客体的利害关系也不是绝对的，随着主体诉求、客体状况与客观条件等的变化，这种利害关系也可能发生变化，人们常说“在斗争中没有永久的朋友和敌人”，反映的就属于此种情形。因此，不能把利与害绝对化，在趋利避害的过程中，善于防止利向害转化和促使各种害变为利，皆是一种高超的艺术。

利益既然是主体需求的外化体现，趋利避害又是一条客观的必然规律，那么反映到主体的致胜活动中，它就成了展开这种活动的根本动因，以及由此而形成的持续进行这种活动的动力。也就是说，主体的需求决定主体的利益，主体利益又直接决定主体从事致胜活动的动机和目标，动机和目标总是随着利益、认知与条件的变化而变化。因此，在求胜防败过程中，一切都围绕着需求、利益及其如何趋利避害展开，最终都是为了达到体现主体需求及其利益的各种目标。比如就不同的利益追求所形成的不同致胜目标来说，有宏观、中观与微观之分，有长期、中期、短期之别。既然致胜主体对利益的追求，决定了其活动的动机、动力和目标，并为此而采取各种趋利避害的行动，那么这种利益的性质也就决定了致胜活动的性质。

## 二、必须坚持致胜目标的正义性质

当谈到各种个体与具体群体，为了自身的需求、利益和目标，而展开各种趋利避害的致胜活动时，仅仅是就各个具体主体自身来说的，尚未把这些主体的活动置于整个人类社会活动的范围来加以考察。由于各个个体与具体群体无不是人类社会中的一个成员或组成部分，其活动始终离不开彼此间的联系以至同整个人类社会的联系，因此有必要进一步考察人类活动不同于其他动物界活动必须遵循的共同性道义准则，以及每个个体与具体群体在致胜过程中对此应采取的正当态度。只有这样，其选定的致胜目标才可能是方向正确的目标。

### （1）真正的胜与败有严格的评价标准

当人们讲什么是胜利、什么是失败时，往往容易浮于表面现象或者不讲评价原则，比如说“利大于害就是胜利，害大于利就是失败”、“实现了目标就是胜利，没有实现目标便是失败”等。至于利益及其目标的对与错、正与邪、是与非，似乎成了评价之外的东西。要是这样的话，依靠欺骗、偷盗、抢劫等获取大量钱财与物品，非法滥用公权力谋求私利的腐败举动，姿意武装侵略别国实现掠夺、占领的行为等等，岂不皆成了一种“可歌可泣的胜利之举”？其实，这种只对非法者、腐败者、侵略者等有利，对社会、人民大众、被侵略者有害的行为，放在更大的社会范围来看，不是胜利而是道道地地的失败。

基于此，这就要求首先必须为“胜利”正名。“胜利”这个词，以往在汉语中通常同“失败”相对应，将其用于描述人们在相互争斗中获得了有利的结果。它与“成功”一词相近，“成功”是指达到了预期目的或实现了预定目标。许多国家也往往把胜利与成功作为既相近又有所区别的词来使用，无论英文、俄文、德文等，皆同汉语的用法解释相类似。然而，我们在致胜活动中所希望达到的或谋求的真正“胜利”，却是一个特定的理论范畴。其在内涵上比上述词义深刻得多、严格得多，在适用范围上比仅以战斗、竞争、比赛等作为对象要广阔得多，乃指主体实现了同人类社会进步方向相一致的那些能够满足自身生存与进步需要的预期目标。由此可以看出，“胜利”范畴所反映的客观对象，具有以下基本特性：一是进步性，主体的生存与进步需要应同人类社会共同进步相一致，胜利只能源于进步性致胜活动之中；二是目标性，目的是人类自觉性致胜行为的表现，没有期许与确定的目标也就谈不上活动的胜利与否；三是现实性，目标的达成不仅仅是种期望或向往，主体必须经过努力奋斗使之转化成为现实才算得上胜利；四是变化性，目标的实现是分类别、层次和阶段的，随着各种活动的不断变化，胜利的内容、形式、程度和作用亦有所不同，等等。

这也就是说，真正的胜利并非笼统指获得了有利的结果或打败了对方，而有着严格而科学的评价标准和涵义。从目标上来说，这种目标不仅产生于主体自身生存的需要，也产生于主体自身进步的需要；不是笼统指实现了所有能满足主体自身生存与进步需要的目标，而是指实现了那些既利于主体自身生存与进步，又利于人类社会共同进步的目标。从行动上来说，也只有主体为了实现既同人类社会进步方向相一致，又能满足自身生存与进步需要的预定目标，所采取的各种求胜防败举动，才是具有进步意义的致胜行为。需要指出的是，社会中常有许多不利于人类进步事业但仍被许多人同样称之为“求胜防败”的举动，但这不是我们所指的致胜，因为它不利于人类社会共同进步，实质上属于一种致败的行为。

**（2）致胜目标须符合科学的人道精神**

要想正确理解和把握真正的胜利，并对求胜防败目标作出科学的评价，当然不是一件随心所欲或毫无依据的事情。其中的核心与关键，就在于致胜主体能否始终不渝地坚持科学的人道精神及其普世原则。毕竟，各个个体与具体群体无不是人类社会中的一个成员或组成部分，其活动离不开彼此间的联系以至同整个人类社会的联系，当然也就不能孤立地来观察和评价他们所从事的各种活动的性质与意义。因此，有必要在考察人类活动不同于其他动物界活动必须遵循的共同性道义准则的基础上，进一步确立每个个体与具体群体在致胜活动过程中应采取的正确态度。

自古以来，人们普遍赞赏“君子趋利，取之有道”的原则。这里的“道”实际上讲的是道义，指人在追求各种利益时，必须符合人道的精神。那么何谓人道呢？顾名思义指的是做人的道理，而不是做其他生物的道理。不过，我们讲的科学人道精神，强调的是科学的做人之道，要求在人类的全部活动中必须贯穿正确为人、科学为人的道理。这与人们常提的“人道主义”有诸多相似处，但又不完全一样。“人道主义”一词源于拉丁文，最初的含义是指能促使个人才能得到最大发展的教育制度，后被有些思想家引申为要重视人性、人的自由意志和人的世俗生活等，发展到近现代甚至提出了褒扬人的价值、捍卫人的尊严、提高人的地位等主张。当然，还有人把人道主义从政治上加以区分，或作为一种伦理道德规范来运用。科学的人道精神，原则上赞同“人道主义”所倡导的各项关于人的主张，但不赞成仅仅以自然的人作为出发点来得出做人的道理，认为还必须从人类社会这个更深、更高层次上加以科学地考察。由于坚持从自然与社会的统一上来研究人的本质、价值、活动规律和相互关系，要求既符合自然界演变和人类社会发展的客观实际及其运动规律，又能反映人类相互关系的正确价值取向与要求，因此这种人道精神才是科学的人道精神。其核心在于强调社会要以人为中心，人人都享有生存与进步的权利，并担负着尊重他人生存与进步权利的义务，尤其必须为人类社会不断的、共同的进步做出各自的贡献。

很显然，科学人道精神所要求的人人都享有生存与进步的权利，是与生俱来的，任何个体与具体群体都应予以尊重，并由社会提供各种条件和运用多种机制来切实保障这种权利的实现。同时，科学人道精神又要求每个人同时要尊重他人的权益，共同促使人类社会的不断进步。人们往往把利我与自私混为一谈，其实两者有着质的区别。利我是指在充分尊重他人利益的前提下，通过自我能动地、创造性地进行活动来实现本身的利益。而自私呢？则是指在不惜损害他人利益的基础上，一心只自顾自地去追求私己的利益。很显然，科学人道精神赞成利我但反对自私，亦即要求把利己与利人、利己与利群、利己与利社会有机统一起来。在人类的伦理传统和诸多宗教的教义中，几乎都明确提出了这样一条“金规则”：“你不愿意别人怎样对待你，你就不该怎样去对待别人。”其与两千五百多年前中国古代思想家孔子说的“己所不欲，勿施于人”，以及“己欲立而立于人，己欲达而达于人”等精神，是完全一致的。这种强调推己及人、善待他人的原则，十分简明地道出了科学人道精神的另一面：必须尊重他人的权益。人类与其他的动物相比，最文明的地方也恰恰在此。

坚持科学的人道精神，不仅仅表现在思想观念上，还必须付诸社会实践才具有致胜的实际价值。因此，有必要进一步把科学人道精神具体化，形成普世的道义原则，诸如自主、平等、仁爱与负责等。只要大家都能正确认识和把握这些普世原则，那么科学人道精神就有可能更自觉而具体地贯彻于各项致胜活动之中。

自主原则。这是指人在社会中皆应自己做自己的主人，而不受别人恣意地操纵和控制。自主与自由有着十分密切的联系，但又不是同一个概念。自由的原意是从被束缚中解放出来，用在政治上是指人们在社会关系中受到法律保障，或得到认可的按照自身意志进行活动的权利，用在哲学上是指人们认识与把握了客观规律并用来改造客观世界的状态。很显然，自主同政治上讲的自由比较接近，但从主体只有从自发达到了自觉的状态才能变成真正的自主这个意义上说，真正的自主又同哲学上讲的自由相一致了。对于这个问题，有两种值得注意的倾向：一种是总强调自己的自主，而不尊重与维护别人的自主，以至把自己的自主建立在剥夺别人自主的基础上，那些搞强权政治的掌权者、鼓吹者与侵略者往往热衷于此道；一种是把自主理解为不受任何限制与约束，认为不需要任何协调人与人、人与社会、人与自然之间关系的管理活动，历史上那些无政府主义者和当代要求“绝对自由”之类人士，往往喜欢宣扬这类观点。一个进步的致胜者，既应为自身自主地生存与进步而奋斗，又应在争取自身自主的同时，尊重与维护他人自主地生存与进步的要求才对。

平等原则。这是指人在社会上应处于同等的地位和享有同等的权利，具体包括机会平等和结果平等两个方面。平等同自主既矛盾又统一，两者都始终是人类苦苦追求的一种美好理想。世上并无绝对的平等，只有相对的平等，所谓争取公平、平等，只能主要体现在机会平等并防止极端的结果不平等上。为什么这样说呢？因为每个人从来到这个世界伊始，就有不同等的体质、天赋以及生活在不同等的家庭和环境条件里，随着长大而步入人生的旅途，所遇到的不公平路障更会愈来愈多，即使社会提供的机会完全平等，也难以做到结果的完全平等。要想实现绝对平均主义追求的那种“结果完全平等”，只有通过采取机会不平等的强制措施去拉平才能实现。可是这样一来，不仅其本身违背了完全平等的原则，而且无法激励人们的斗志和内动力，必然影响到社会持续地向前发展。因此，任何时候都只能要求在制度上、法律上、权利上、方式上、条件上的机会平等，不可能实现结果上的完全平等。不过，无论做什么事情都有一定的度，无法实现结果的完全平等，并不等于无须限制和调节结果的极端不平等。比如在社会物质财富的分配和占有上，由于种种原因造成的贫富差距显著拉大，只会导至社会生活的愈来愈不公平、不稳定，严重影响社会的持续进步。

仁爱原则。这是指社会中的人对其他人应该亲善、友好和关爱，并据此来处理人际之间的关系。由于人类是合群性高等智能动物，任何个人只有通过同他人组合成群，任何小群体只有同其他小群体组合成更大群体直至社会，才能依靠和发挥群的强大合力去有效地认识与改造世界，因而从根本上决定了人类在生存与进步的进程中必须和睦相处、互助友爱。仁爱与博爱有相似处，但又彼此不等同。科学人道精神所倡导的仁爱原则，无疑是对自古以来各种“兼爱”、“博爱”思想的传承与发展。崇高而真情的爱，如父母子女、兄弟姐妹、恋人夫妻、师生朋友、同事同胞之间的情意，尤其是自觉的和发自内心的尊老爱幼之情等，不仅能给人以幸福感，而且可使人更充分体验生命的意义。当然，仁爱不是滥爱，以为只要是人类的一个成员，无论他做任何损人利己、违法乱纪甚至抢劫杀人的事情，都应无原则牵就其行为那就大错而特错了。为了实现真正的仁爱，不仅应该弘扬真、善、美的氛围，并且必须打击那些专事坑害别人和恣意违背人性的人。如果不将这类人绳之以法，不与之坚决斗争，就无法保证仁爱原则的贯通。很显然，非爱的畅通无阻，仁爱就寸步难行，人与人、民族与民族、国家与国家之间概莫能外。

负责原则。这是指人类社会的各种主体，在享有各种天赋权利和争取正当利益时，应同时肩负各种相应的义务与责任。的确，诚如马克思所曾强调的，从来就“没有无义务的权利，也没有无权利的义务”。只讲权利不讲义务，只讲享有不讲责任，并不是完整人性的体现。科学的人道精神要求，为了处理好人与人、人与群体、具体群体与具体群体、具体主体与人类社会等之间的关系，每个主体都必须根据共同的利益和共同的规范行事，决不可把权利与义务、享有与责任截然分开。也就是说，一定要在自身追求生存与进步目标的同时，还对他人、所在具体群体和整个人类社会的生存与进步，负起自身应负的那份责任。应该看到，如果在一个具体群体或人类社会里，其成员只是一味地为自己索取这索取那，而不是各司其职、各负其责、各遵其规，那么这个具体群体或人类社会不仅无法继续进步，而且亦无法继续生存下去。那种在致胜活动中，把负责看成是一种“额外”的负担，把不负责反而当作“聪明”之举，实不是进步的致胜行为。作为一个进步的致胜者，理应严于律己、宽于待人，始终不忘自身肩负的那些不可推卸的义务和责任，自觉地把自身的生存与进步，同他人、所在具体群体和整个人类社会的生存与进步联系在一起，使得所从事的各项致胜活动，既有利于自身的继续生存与进步，又为所在的具体群体与整个人类社会的持续生存、进步做出应有的贡献。

这也就是说，所有的致胜目标，从根本上看不外乎分为符合科学人道精神的利益和不符合科学人道精神的利益两大类别。不过，就各种具体主体所追求的具体利益言，情况则往往比较错综复杂，除了上面说的两大类外，某些利益还可能既有符合科学人道精神的部分，又有不符合科学人道精神的部分。这时就必须加以具体分析，看一看占主导地位的是哪一部分，并由此决定其所追求利益的性质。总的可以认为，大凡符合科学人道精神的利益，都属于正当利益；不符合科学人道精神的利益，则属于不正当利益。只有出于对正当利益的追求所进行的活动，才是真正进步的致胜活动，而据此选择和确定的目标才是可取的求胜防败目标。

### （3）致胜目标的选定应遵循法律与道德

坚持科学的人道精神及其普世原则，并非单纯靠每个主体认同了就能做得到的事情。当每个个体、具体群体同其他的个体、具体群体彼此联系与交往的时候，必须通过一定的方式和途径，才能将道义准则转化成大家必须遵循的行为规范。这点非常重要，因为没有一定的行为规范，社会生活就会乱套，人类便无法继续存在下去。比如人人都会遇到的交通规则，姑且不去说没有它或任意违反它可能造成现代人寸步难行的后果，即使稍有疏忽亦会给社会带来很大的危害。如 2009 年 6 月 15 日世界卫生组织发布的《道路安全全球现状报告》中就指出，“全球每年高达 127 万人死于交通事故，同时还有数千万人受到非致命性损伤”，很能说明此点。这里面，正确的法律与公正的法治、高尚的道德与自觉的德化，就是贯彻科学人道精神及其普世原则的两种极为重要的基本方式和途径，任何具体主体只有尊重和遵循这些社会行为规范，才可能在文明社会的活动中获得符合道义准则的胜利。

实行法治，是人类文明进步的一个重要标志。正如2005年9月在上海召开的第22届世界法律大会所通过的《上海宣言》中指出的那样："法治是用和平理性的方式解决社会矛盾的最佳途径。"而要实现公正的法治，根本的基础和前提就在于能否正确而系统地立法，亦即能否制定充分体现科学人道精神的各种系列善法，确保法律能够提供公正地强制维护社会关系和社会秩序的行为规则。"法"在世界许多国家的语源上，皆兼有"公平"、"正直"、"正义"等含义，但要真正达到"公平"、"正直"、"正义"等，离开了广大人民群众当家作主便成了一句空话。而且，这些"法"一旦确立，就应具有至高无上的性质和地位，任何掌握公权的机关和个人都不允许置于法律之上，只能在法律之内发挥作用。历代各国的统治者，许多皆是掌权后首先通过制定有利于自身统治的法律，来维持权力或扩展其既得的利益。很显然，这不是用正确的法律来实现的法治，而是打着"法治"的旗号来维护和谋取少数人私利的人治。真正的法治，其法律不是由少数人制定和通过的，不能只体现少数统治者的意志，而必须反映广大人民群众希望维护正常的社会关系和社会秩序的需要，并且由代表绝大多数人利益的公共权威机构来加以强制实施。因此，要使法治不至于成为少数掌权者变法子来统治多数人，而是广大公民通过至高无上的法律来保障自身正当的权益，并按照强制性规范来惩治那些违背公共利益的行为，以维护正常的社会关系和社会秩序，只有那些通过民主的途径并充分体现科学人道精神之法，才能给法治提供比较客观和科学的依据。

制定了正确的、统一的、至高无上的法律，仅仅是真正实现法治的开始。要把体现科学人道精神及其普世原则的法律，贯通到社会活动的各个层面和领域，还必须切实做到每个个体与群体知法、守法，以及司法系统的独立公正执法。正如早在汉代《潜夫论》中指出的："法令行则国治，法令弛则国乱。"有了法并不够，还要看"行"与"弛"否。也就是说，法治与法律并不等同，法治是执行法律，使法律成为治国、施政、社会生活的至高无上的权威。法治的基本原则和特征是分权制衡，关键在于能否做到司法独立和司法中立。人们常说“有法必依、执法必严、违法必究”，其实这里面的“依”、“严”、“究”，最重要的事情莫过于能不能独立而公平地执法。否则，即使有一部“好经”'，被“歪嘴和尚”一念全给念歪了，本来能保护社会绝大多数人权利和公共利益的好法律，也只能沦为偏袒少数有钱、有权、有势人恶行的工具。因此，要想真正实现“在法律面前人人平等”的理念，做到对社会所有的人和事公正地执法，并非一件简单或容易办到的事情。而能不能公正地执法，却又是能否防止由法治沦为人治的关键所在。同时必须看到，公正司法的实现，还同有效的、完备的监督机制紧紧联系在一起。甚至可以说，没有真正的监督便没有真正的法治，因此千万不能疏忽了此点。很显然，任何从事致胜活动的个体和具体群体，都应自觉地参与知法、守法和执法的过程，不仅要严格守法、监督执法机构与执法人员的行为，还要善于运用法律的武器，来保证自身求胜防败目标的顺利实现。

与此同时，尚千万不能忽视了道德与德化的社会作用。正如孙中山先生所说：“有道德始有国家，有道德始成世界。”道德作为如同法律一样的另一种行为规范，当它转化为社会普遍认同的行为准则时，对贯彻科学人道精神及其普世原则同样具有重要的意义。道德与法律有相同的地方，都是为了维护人类社会正常社会关系与社会秩序之所需，本质上皆属于对人类行为的规范。然而道德与法律又有不同之处，法律是对一些带普遍性的行为问题所作的强制性规定，谁违背了就要受到强行的制裁和惩罚；而道德主要是通过确立一定的善恶标准和行为准则，依靠社会舆论、传统习惯和内心信念等的力量，来约束人们的各种行为和调节社会的各种关系。很显然，道德作为人类社会所特有的意识形态，必须贯彻科学人道精神，谁如果根本不讲道德，就有可能沦为到野兽的境地。不过，道德也不是每个人生而就有的东西，受到政治、经济、文化、传统、家庭、环境条件等许多因素的影响，人类有人类的普遍道德，国家有国民的公共道德，个人有个人的私人道德，随着历史的发展与演变，有关道德规范都有可能发生种种变化。

德化的社会作用，从表面上看似乎比法治“软”得多，既无鲜明的形状，又无可称的重量，然而它却是衡量人世间各种是非曲直和行为价值的重要法码。尤其随着德化范围的扩大和提高，其效果不仅不亚于法治，甚至在某些方面可以起到法治所难以起到的作用，常常给人以一种“无形胜有形”、“无声胜有声”的感受。社会上确实有许多的恶劣行径，像奢侈浪费、刺探隐私、挑拨离间、造谣生非、虐老欺幼、违反公共秩序等，用法律尚治不到他，但任其横行又会严重响正常的社会关系和社会秩序，此时只能求助于道德与德化的力量，靠人们依据一定的善恶标准和行为准则予以普遍的谴责和监督来治理。从某种意义看，道德更充分体现了人们自觉的科学人道观，即使在不行使法律的情况下，亦能迫使那些违背科学人道精神的人就范。作为进步的致胜者，固然应熟悉有关致胜活动领域的各项法律规定，但还应谙熟、把握和遵守人们普遍认同的道德规范，做一个真正讲道德的君子。这点，对于想在社会与公众事务上做一番事业的人，显得尤为重要。

法治与德化，其实是两个互相影响、互相作用和相辅相成的方面。缺了哪个方面，都不利于科学人道精神及其普世原则在社会活动中的贯彻落实。仅仅靠法治，不可能把社会关系和社会秩序中的各个细节都管理好、处理好；仅仅靠德化，对那些一味依靠强权和武力之类破坏社会关系与社会秩序的主体会显得无能为力。尽管自古以来常常出现“法不责众”的现象，显示出法律与众人看重的道德之间存在着一定矛盾，但是由于两者功能的相似，而且当法律变为众人自觉遵守的行为规范，道德变为众人一致认同的行为准则时，法治与德化则会愈来愈紧密地结合在一起。有史以来，不少法律条文源于众人公认的道德规范，不少道德规范由过去的法律条文逐渐转变而成，就是很好的例子。尤其所谓“公德入法”的趋势，以及许多关于维护社会公共秩序的法律条文，逐渐成了要求公民们普遍自觉或相互监督遵守的行为规范等，更清楚地表明了法治与德化的统一。随着人类社会的进步，预期法治与德化相互结合与作用的程度会愈来愈高，对公正地维护正常社会关系与社会秩序的呼声会愈来愈高，这也是每个主体必须面对的客观趋势。作为进步的致胜者，不仅在选定目标时应熟悉和严格遵守有关的各项法律规定，以及把握和自觉遵循人们普遍认同的道德规范，而且还必须在求胜防败的活动中，善于把法治与德化紧密结合起来用以实现自身的目标。

## 三、不同活动形态中致胜目标的特点

一个主体选定致胜目标时，如果仅仅笼统地从生存与进步的需要及其所追求的正当利益出发是不够的，还必须进一步针对所从事的不同活动予以具体化才行。这是因为，主体的生存与进步需要及其正当利益极为广泛，只有在一定条件下通过各种媒介同客观对象进行各种交往活动，才有求胜防败的可能。然而，具体交往的方式、样式呈现多种多样的状态，如有斗争型、合作型、融进型等不同的活动形态。当然，对致胜活动形态的区分只能是相对的，一方面是指以那种活动状态为主导而言，另一方面这些活动形态之间常有相互包含和相互作用的情形。致胜主体要想在谋求生存与进步的活动中获得卓有成效的结果，就必须认真考察在各种不同活动形态中致胜目标的不同特点，并厘清其在时间、空间与内容上相互间的联系，以便同时地或连续地选定各种具体的致胜目标，逐步实现自身的理想和愿景。

**（1）斗争型活动中致胜目标的特点**

斗争，是指主体为自身生存与进步利益，同矛盾着的客观对象所展开的对立性争夺行为。斗争型致胜活动，实质上就是以斗争为主导的致胜活动形态，主要包括对抗式与竞争式等基本斗争方式。在社会生活中，其见诸于政治、经济、文化、军事、意识形态等各个领域。尽管不能像许多人惯常认为的那样，把致胜活动仅仅局限于斗争的范围，但以斗争为主导的致胜活动形态，确实是整个致胜活动中显得比较突出的一种形态。要在这种致胜活动形态中，正确选定和达成求胜防败的目标，就必须认清与把握其以下几点基本特性：

一是对主性。任何斗争，都必然产生于两个相互对立的各为主体、互为客体之间。即使由多个主体形成的多极化斗争格局，实质上仍是由一系列两个对立的主体相互斗争交织组合而成。由于双方互为主、客体，因此在以斗争为主的致胜活动形态中，到处充满着对立主体之间能动性的对抗与拼搏。

二是悖利性。斗争的引起，归根到底缘于对立双方生存与进步需求及其利益的相悖。具体说来，比如一方为了维护固有的权利，而另一方企图扩大自己的权力，或双方都企图为自身夺取更大的权力；一方为了维护已得的财富，另一方企图占有更多的财富，或双方都企图争夺他人的财富等。

三是角力性。各为主体、互为客体的斗争双方，要想维护或扩大自身的利益，皆必须充分依靠和发挥自身所拥有的力量，必要时还须借助外力，全力以赴地同对方进行一番较量，才能最后见高低。其既包括双方的潜力、实力相斗，又包括双方的斗智、斗勇，往往是双方力量总和的角逐。

四是争胜性。由于斗争的缘起是出于双方利益的对立，斗争的过程往往是双方全力以赴的争夺或对抗，因此任何主体在斗争性活动中，都不会轻易放弃业已展开的致胜活动。斗争的结局要么是我胜客败，要么是客胜我败，除非斗到主体自身无力再斗，或者再斗更不利于自身时才可能休止。

五是双面性。这种致胜活动究竟对社会的进步起到何种作用，全视斗争的性质以及谁胜谁败来确定，而且取得胜利的一方也只能对社会产生主要影响。当然，斗争活动所起的正、反两个方面的作用，孰正孰反，谁占主导地位，主导的程度有多高，皆需要经过具体的分析才能得出正确结论。

这些特点，要求致胜主体在斗争型致胜活动中选择与确定目标时，一定不能忘了斗争所具有的对立性以至对抗性。不仅因利害的对立而使得双方行动的指向相互对立，而且在具体目标、力量使用和演进过程上也充满着种种对抗或竞争。其中，以对抗方式为主的致胜形态，乃是源于解决敌我之间对抗这一特殊矛盾的各种活动。作为一个进步的致胜者，在以对抗方式为主的求胜防败活动中，不能逃避对抗，只有全力投入斗争，才能实现有利于己、有利于所在具体群体、有利于人类社会进步的目标。同对抗相比，竞争的起因、过程和结局等与之有相似之处，但竞争各方追求的利益与目标不如对抗那样势不两立，通常要求遵守公认的共同规则，结局也不一定非是你死我活不可。可以说，无论何种情形，利益的相悖与行动的对立，决定了主体的致胜目标往往须同对立或对抗一方的目标针锋相对，构成了一种相反相成的特殊关系。

**（2）合作型活动中致胜目标的特点**

人类社会的相互交往，不但存在相互矛盾、相互斗争的情形，还存在互相依赖、互相合作的情形。合作型致胜活动，实质上是以合作为主导的致胜活动形态，主要包括依赖式合作、比赛式合作和强制式合作等几种类型。应该看到，人类社会作为一个有组织的超级性群体，它的生存与进步，始终离不开各种个体与个体、个体与具体群体、具体群体与具体群体之间的分工合作。即使每个具体的群体，它的存在本身也是以分工合作为基础的。毕竟，合作可以聚集力量，可以长短互补，可以互惠互利，可以获得双方或多方都赢的结局。因此，必须高度重视以合作为主导的致胜形态，积极通过合作来争取各种有意义的胜利。要想在合作型致胜活动中正确选定和有效地达成目标，就必须把握其基本的特性：

一是多主性。在以合作为主导的致胜活动形态中，主体既不仅仅是一个孤立的主体，可以有一个合作伙伴，也可以有多个合作对象。站在致胜者的角度看，合作伙伴属客观对象；但站在合作活动的角度看，所有的合作者皆为主体。其中可能有主有次，所处的地位和作用也可能有所不同，然而多个合作主体却是相对独立和平等的。

二是互利性。致胜者之所以会同相关主体从事合作的致胜活动，也许有多种多样的原因，但其中起决定作用的莫过于彼此存在同样或互补的生存与进步需求，进而形成了互惠的利益与共同的利益追求。正因为这样，各合作主体才会心往一处想，劲往一处使，共同地为实现同一求胜防败目标而奋斗。

三是共赢性。如果说互利性是这种致胜形态的立足点和出发点，那么共赢性便是其追求和导向的结局状态。只有始终坚持共赢的方针，才能使一致的利益追求转化成相互合作的动力，驱使致胜主体与合作者采取共同的行动。在合作性致胜活动中，主体不仅仅是追求自身的胜利，也为合作者们实现各自的目标而共同努力。

四是协调性。合作的相关主体只有既分工又协作，采取协调一致的行动，才可能使合作型致胜活动得以顺利展开。合作者们不仅要在行动的方向上、时间上、空间上不断地加以协调，而且在力量运用上必须通过加强组织、管理与领导，形成统一的思想认识，采取全面配合和有效协同的主动措施才行。

五是同进性。这种致胜活动通常会使致胜主体与合作对象获得共同进步的效果。也许在某些特殊条件下，合作有时也会出现失败、倒退的情形，但此种失败与倒退往往并非因合作而引起，反而是由于彼此合作程度尚差之故。真正的合作性致胜活动，应该是相互平等、相互帮助与相互促进的活动。

上述特点，决定了致胜主体在合作型致胜活动中选择和确定目标时，除了有自身追求的目标外，还必须顾及到合作者的意向所在。毕竟是合作，致胜主体与合作者除了利益与目标有着明显的一致性外，彼此间亦难免存在着各种不一致的地方。如果一心只顾自己而不顾合作者之所思所想，就不可能通过彼此的合作来实现各自的目标。因此，如何把自身追求的目标，变成整个合作型致胜活动的目标，或至少是把两者融为一体，实是致胜主体在合作型致胜活动中选择和确定目标时的高超艺术。其中，致胜主体除了使大家充分认识到合作的必要性，提高合作者们对合作型致胜活动的认同感，实行坚强有力的组织和管理外，务必不断与合作者密切交流，善于主动化解和处理各种矛盾，以保证大家自觉地、协调地投入活动，在合作中做到真正的齐心协力，为实现共同的目标而奋斗。

**（3）融进型活动中致胜目标的特点**

所谓融进，是指致胜主体为自身生存与进步的利益，同自然界与社会等更大群体所发生的主、客之间的和合行为。融进型致胜形态，实质上是以融进为主导的致胜活动形态，包括了主体融进自然界、融进社会和其他更大群体等类型。不用说，在自然界与社会等面前，任何具体的主体都无法与之平起平坐，只能通过融进，亦即认识、适应、改造与和合的过程，来实现自身生存与进步的目标。要想在融进型致胜活动形态中正确选定与实现目标，就必须认清和把握这种活动形态以下的主要特性：

一是单主性。由于这种活动，一般是指某个主体融进自然界或社会等更大群体时的认识、适应、改造与和合行为，因此可以是一个个体，也可以是一个具体群体以至人类社会。任何致胜主体，不管其内部如何构成，在更大的、要融进去的客观对象面前，只能是以一个主体的身份出现。

二是不等性。致胜主体在融进性活动中，不可能与客观对象平起平坐，客观对象总比主体宏大得多，贯穿始终的乃是这个主体如何去认识、适应、改造与融入更大的客观对象之中。如果主体在融入客观对象时为所欲为，必会被碰得头破血流，不仅无法继续进步，甚至无法生存下去，难免导致被淘汰的结局。

三是选择性。开展这种活动时，主体既须根据自身的需求和利益对活动领域加以适当选择，又可根据自身的能力和可能条件进行取舍。任何致胜主体只能在一定的时间、空间和实践范围里，有选择地和按部就班地逐渐去认识、适应、改造与融入所面对的更大客体，而无法一下子就很快达到全部目的。

四是纳入性。每个主体认识、适应、改造、和合自然界或社会等更大群体的过程，实际上是主体作为一个能动“元素”融入自然界或社会等更大群体系统的过程。即使人类社会这个超级群体融入自然界时也是如此。致胜主体纳入得愈顺利、愈深入，表明其融进更大群体后彼此相处得愈和谐，获得的成果亦愈大。

五是促进性。致胜主体在融进型活动中并非完全被动的，总是力求通过同自然界或社会等更大群体之间的和合行为，来促使融进对象朝着更美好的方向发展。主体通过这种活动，既能不断满足自身的种种需求，又可在融合的过程中通过能动的作用适度改造自然，或使人类社会与所融入的更大群体迈向新的进步。

融进型致胜活动的这些特性，要求致胜主体在这种活动中选择和确定目标时，必须在正确认识、自觉适应自然界和欲融进的社会更大群体的基础上，力求能动地逐步改造它们和达到和合的程度。其中，人们认识、适应和改造自然界，最终目的无非是为了在广袤的自然环境条件下能更好地生存与进步。随着人认识自然、控制自然与改造自然的能力不断提高，尤其有了几千年来人类文明发展过程中关于人与自然相处的经验、教训，以及自觉搞好同自然关系的科学预见和措施，应该说真正实现“天人合一”的和合目标，并非遥不可及的事情。而且，一个真正的致胜者，既不能把偌大社会看成是铁板一块的客观对象，也不能把社会和所在具体群体同自然界完全割裂开来加以对待，要想在以融进为主导的致胜活动形态中不断获得胜利，就必须把目标指向如何实现自身、所在具体群体、人类社会与自然界之间有机的统一上。

#### （4）不同时空条件对致胜目标的影响

对致胜目标的选择与确定，固然主要取决于致胜主体的利益追求及其活动的具体形态，但必须看到，在此过程中还始终受到时空等因素的制约与影响。致胜主体在任何时候都应重视这个问题，以便更有效地掌握选定求胜防败目标的主动权。

从时间上来说，必须看到致胜活动的持续性与顺序性，在不同时代、不同时期和不同阶段可以有不同的致胜目标。不仅同一种领域的致胜活动可以有不同时代、不同时期的区别，无论政治、经济、军事领域，还是文化、教育、科技领域，随着时代和时期的演进所提出的目标均有所不同；而且即使同时代、同时期的同一种致胜活动，也有过去、现在与未来各个阶段的不同区别，以及正确选定近期、中期与长期等不同活动目标的问题。常见有些人，不是好高骛远地只注重将来的理想和长远的愿景，忽视了如何脚踏实地地选好和确定中、近期的目标，就是只有对当前各种目标的算计，却缺乏今后长久为之奋斗的理想和愿景。显然，这并不利于既高瞻远瞩又脚踏实地地去选定求胜防败的目标。

为了避免此种情形，就必须本着理想要远大、目标宜渐进的原则，逐步地、与时俱进地选择与确定致胜目标。应该看到，正确选定理想、愿景及其长期的目标，能够起到指明努力方向和鼓舞斗志的作用，可以防止短视的行为，不会只顾眼前或被短期的挫折所击倒。但是，要实现长远的理想与愿景，需要多年、甚至终生的奋斗，在短时向内往往难以看到效果，如果致胜主体缺乏坚强的意志和持久的努力，就很难确保这种目标的最终实现。因此，致胜主体在正确选定理想、愿景及其长期目标后，必须由远而近地选择与确定各种中、近期的目标。实现这些目标毕竟费时较短，可以一步一步地达到，可以及时体验到达成目标的成就感，从而不断鼓舞自已为了取得更大的成就继续向更高的目标前进。当然，一味只顾中、近期目标，没有长期目标也是不行的，此时最好的办法是采取由近望远法，始终志存高远地对准未来的理想与愿景。只有把长、中、短期目标有机地结合起来加以考察，才是从时间角度来选择与确定致胜目标的最佳途径。

从空间上来说，必须看到致胜活动的伸展性和广延性，从不同的范围、规模和层次去考察不同的致胜目标。比如，有人类社会、国家、民族、院校、企业、家庭等大小群体的致胜活动，以及每个个体开展的各式各样致胜活动，所有这些致胜活动所涉范围和规模并不等同，选定目标的差异就很明显。其中，任何较大型的致胜活动，都可以分为全局性、局部性与具体性等不同的层次，其目标亦有所不同。例如，政治范围有国家总体目标、国家发展战略目标、国防与安全战略目标、法律制度和各级政府的改革目标等；经济范围有世界经济发展目标、国家经济发展目标、地区经济发展目标和企业经营发展目标等；军事范围有军事战略目标、战役目标、战斗目标、军队建设目标、武器装备发展目标等。其他诸如文化、科学、教育、艺术、体育等各个领域，以及每个个体所面对的不同活动范围，都有相似的情形，这里就不一一赘述了。

面对此情此景，可以采取大而化小和由小联大的途径，来选择与确定致胜目标。一方面，较小的、局部的致胜目标受较大的、全局性的致胜目标的制约。任何个体与群体在从事致胜活动时，必须从全局的需要出发，确定各个局部的地位、作用、任务及其相应的目标，以便在各个局部的相互联系中形成有机的整体，这是把整个致胜活动作为一个完整系统时的共性要求。另一方面，较大的、全局性的致胜目标，又是由一系列较小的、局部性致胜目标构成的。没有各个局部的目标便不会有全局的目标，其中关键性的局部目标实现与否，甚至会影响全局目标的实现。任何时候都应该强调，目标必须具体化、清晰化，因为只有这样做了，整个目标才不致于停留在宏观的要求上。当然，面对全局与局部之间的辩证统一关系，既应看到全局目标的决定性和统一性，又要尊重局部目标的独立性与反作用性，切不可把二者完全对立起来。

## 四、如何做到正确地选定致胜目标

致胜目标的正确确定，并非一件随心所欲的事情，必须讲究选定的艺术。具体地说，致胜主体一方面应正确估量自身的需要、利益和追求，既不能要求太高，也不应失之过低，须以充分发挥主观能动性即有可能实现为尺度；另一方面，则要从客观对象、相关主体、社会状况和自然环境条件等实际情况出发，客观上能提供些什么就是什么，不能只凭主观臆断或浮于表面现象做出决定。只有将主、客观两个方面紧密地联系起来加以考察和分析，并不断地优化其相互间的关系，才能使所选致胜目标可以持续地指引主体沿着正确的方向前进。

### （1）主体必须正确估量自身的需要和利益

勿庸置疑，每个主体从事致胜活动时，首先是根据自身的需求与利益来选择确定目标的。但必须注意的是，选择目标时既要着重考虑怎样才有利于本主体的生存与进步，又不能因此而侵害其他主体生存与进步的利益，以及有损于人类社会的持续进步。基于此，主体就必须对自身的需要及其利益有个正确的估量与判断，少了可能无法满足生存与继续进步的企望，但是否就多多益善呢？人们常说：“贫贱是苦事，能善处者自乐；富贵是乐事，不善处者更苦。”并非指望获取的利益愈多，就愈会感到心满意足。要知道，目标定得过头了，不仅容易侵害他人与社会公共利益，而且付出的种种代价亦必然高，搞得不好甚至会走向反面。如有的人好犯贪婪的毛病，殊不知人心不足有如“蛇吞象”，到头来“蛇”不仅吞不了“象”，反而会被“象”撑死或被“象”一脚踩得粉身碎骨。

因此，选择与确定目标时，只能以追求正当的适度利益为依据。亦即，主体不能一味只从满足自身最大利益作为出发点，而应始终顾及、照应到其他主体与社会的利益。毕竟每个具体主体都是生活在社会中的主体，其一切活动都离不开同其他个体、具体群体之间的交往，都不能不照顾到其他主体和社会的需要。即使每个具体主体从事的活动领域不同，其与其他相关主体的交往频度、交往深度、依赖程度并不一样，如进行政治斗争、军事对抗、商业竞争等活动，同以个人思考为主的艺术创作、理论研究活动相比，就存在很大差别，但这只是“顾及”的程度有所不同而已。可以这样说，致胜主体在选择与确定活动目标时，只有始终不忘其他主体与社会的利益，才能不仅真正体现主体需要与社会需要相一致的原则，而且充分体现了自身需要与他人需要相结合的原则。

为此，需要处理好两个方面的关系：一方面是己利与他利的关系。在各种各样的“正当利益”中，纯粹的、单面的利或不利是很难找到的，既可能存在有利的因素，又可能存在不利的因素。比方说个体在追求自身利益时，会遇到如何处理自身利益与他人利益、自身利益与所在具体群体利益、自身利益与整个人类社会利益等之间的关系问题，彼此一致时好办，不一致时就难办了。其中的关键，就在善于找到趋于一致的“有利”结合部，避开各个不一致的“不利”交叉点。在选择和确定目标时，应始终把握这样一个原则：决不通过损人、损群、损社会来利己，只求实现利己与利人、利群、利社会的统一。在世界各个国家、民族的历史上，这类伟人并不鲜见，只不过有的显现出来了，并被大家奉若神明地加以宣扬，而还有更多的无名英雄，由于种种原因只是悄然地贡献了一生而已。许多国家、民族之所以能延生到今天，人类社会之所以一直在进步着，确实同这些人始终坚持利己与利人、利群、利社会相统一的原则分不开。与之相对照，有的人总是不知足地为了一己的利益，来不断选择与变更自身的奋斗目标，甚至把损人利己作为谋求自身利益的主要途径，表面看似乎比别的主体更“高一着”，实际上却是不足取的致败之举。

另一方面是价值与规律的关系。这里说的价值，是指主体开展致胜活动满足其正当需求所蕴含的价值。这里讲的规律，是指主体开展致胜活动时那些不以人的意志为转移的规律。两者既存在着矛盾，又可以统一起来。在主体进行致胜活动时，通常都先以所追求的正当利益作为价值取向，再根据主体的价值指向进一步认识这些活动必须遵循哪些规律，然后在此基础上来选择和确定致胜活动的目标。如果主观的价值取向与客观的活动规律相一致，矛盾显然就不会发生；要不然，价值取向与客观规律的对立则难以避免。为此有两点必须把握好：一是主体在选取自身的价值指向时，不能想当然、一厢情愿，应建立在对致胜活动有充分而深刻认识的基础上，如果把一些目前甚至在未来相当长的时间内根本办不到的事情，也列为自身当前追求的目标，结果只能落空；二是主体确定某种价值取向后，必须进一步去认识将要从事的致胜活动具有哪些基本特性与规律，以及如实找出反映这些特性与规律的指导原则，并以此作为开展致胜活动的依据。在这个过程中，或许还可能要反过来进一步考察原先的价值取向，但这不是否定已选择的致胜目标，而是使之更趋于实事求是和易于达成。

具体点说，比如有的人想在仕途上有所作为，完全可以通过努力给大家办事，在必不可少的各种社会公务中做出贡献，由此在职位上不断获得了提升，过着与其职务、贡献相一致的优厚生活，或许还因此而出了名，无疑属于正当的事情。但如果你不是去做一个合格称职的公务人员，而是一味地以权谋私，利用手中的权力恣意扩展自己的利益，去捞取各种损人利己、甚至损害社会的“好处”，就属非正当之举了。在此过程中，你或许还可能通过各种歪门邪道钻“官本位”体制的空子，把平步青云地升了一官半职或成了政治“暴发户”视为莫大的胜利。其实，此种以追求不正当利益为目标的仕途之路，本身就潜藏着失败的种子，这从历史上多少达官要人最后在从政河道上“翻船”的事实中足可得到印证。如果想致富呢？只要通过积极参与社会生产、流通、管理等活动，凭着自己的劳动、才能与创造，快而多地去获得一定的财富，无疑是件无可厚非的好事。如果大家都争相这样做，定会促使整个社会经济更快地得到发展和更多的人去过富裕的生活。可是，假若你追求的并不是正当的经济利益，或通过非法手段谋取超额利润，或依靠权力与种种不正当关系占有各种财产，或为了赚钱而不惜骗害消费者和破坏公共生活环境，那样的话正当的致富活动势必蜕化成不正当的发财行径。至于希望通过扎实而富有创造性的科研活动而成为一位有名望的科学家，通过艰苦的学习磨练和发挥天赋的潜能而成为一位出众的艺术家，通过严格而持久的科学锻炼和超乎常人的坚强毅力而成为一个出类拔萃的运动员，等等，通常是依靠自身的艰苦努力而获得个人的成就，并为社会的进步起着增砖添瓦的作用，显然都属于进步的致胜活动。除非其中出现弄虚作假、欺骗公众、侵占他人成果，或可能给社会带来不良以至恶劣影响等情形，那又另当别论。

对于社会上的各种具体群体而言，情况就更复杂一些，因为在其开展致胜活动时，既要考虑自身的利益和代表相关个体的正当利益，又不能损害其他的个体、具体群体的正当利益，还要有利于人类社会的进步。尤其当这种对内与对外两个方面的利益生了矛盾与冲突时，更需要做深入的分析和妥善的处理。不妨以一个公司为例，要想在市场经济条件下得以生存和拓展，作为公司老板冥思苦想怎样赚钱是可以理解的，但问题在于这样还远远不够，除了一方面须使下属员工能得相应的回报，以团结大家齐心地、有效地进行运作外，另一方面还要照顾到股东、顾客与相关公司的利益，做好为大家和各项公共事业服务的工作。尤其公司的盈利与拓展，还必须依靠出色地运用市场经济的运行规律和搞好企业本身的经营管理。只有这样，公司才能为社会经济的发展做出一份应有的贡献。但如果与之相反，公司老板主要靠非正常甚至非法的手段，去做些损害相关人的权益以及违犯社会法律与道德的事情，其结果不仅盈利和拓展的目标无法园满实现，甚至最后只可能走向破产。正如一些业内人士在总结应如何处理好业主与顾客关系时说的那样：我有利，客无利，则客不存；我利大，客利小，则客不久；我利、客利兼顾，则客可久存，我可久利；我若诸利并取，终则诸利并失。这里面，如把“客”扩展为他人与社会，就成了致胜主体正确处理主、客关系的最好写照了。

### (2) 坚持从致胜活动的客观实际情况出发

主体谋取满足自身生存与进步需求的利益，既不可能是主体纯主观方面的要求，也不可能是客观方面自动提供的东西。主体从事致胜活动时，总免不了要同具体对象、社会状况和自然条件等发生联系，其中有的可能对致胜主体有利，有的则可能对致胜主体不利，确定目标时应对这两方面都加以考察。同时要看到，客观方面提供的实现致胜目标的可能条件，还仅仅是一种客观的可能性，能不能将这种可能转化为现实，以及能转化到何种程度，尚须依靠主观能动性的发挥。那种一味只凭主观意愿来选定目标的做法，往往带有很大的主观性、任意性、片面性，不利于正确指引致胜活动的展开。任何主体都要面对客观的自我、客观的对象和客观的条件，正是这些决定了有无实现目标的“可能性”方面。无论谁选择与确定致胜目标时，都必须把主体的正当需求同客观的可能条件结合起来。

首先面对的是致胜主体的客观自我方面：第一，主体原有的基础。从个体而言，如个人的年龄大小、身体状况、心理素质、文化程度、知识水平、业务能力、工作经验、主要特长等，都是个体选定目标时必须考虑的一些内容。从具体群体而言，像组织结构、管理水平、资金状况、人才队伍、团队精神、业务布局、有关设施等，在选定目标时乃是必须面对的实际状况。第二，主体发展的潜力。如果说主体原有的基础，乃是确保其生存利益得以维护的话，那么主体拥有的发展潜力，则意味着其不仅可以生存下去，而且还具有向前继续进步的可能。这种潜力虽然个体与群体有所区别，但一般表现在人力、物力、财力、公关力、组织力等多个方面及其动员的程度上。总的说，每个人都应对人生作实事求是的自我选择与设计，而且期间必须牢牢记住：人生的不幸，往往在于不愿继续走属于自己的那条路，而偏要改道走别样未必适合自己的路。

其次是客观对象的状况。无论是斗争型、合作型致胜活动，还是融进型致胜活动，都有一个面对客观对象处于何种状态的问题。其具体情况，因对象的不同会有很大的区别。在斗争型与合作型致胜活动中，所面对的个体或群体，考察与把握的内容同客观的自我、客观的本群差不多，只是其中的合作对象还有个可以借力多少的问题；如果是融进型致胜活动，由于客观对象皆是比致胜主体自身要大得多的对象，其对主体开展致胜活动究竟提供的是种什么样的可能条件，则要针对具体对象作具体的分析，看其对主体致胜目标的实现起到何等程度的作用。另外必须注意的是，客观对象的状况毕竟是种客观的存在，其变化亦往往不受致胜主体左右，你可以认识它、把握它，如想改变它就不是一件简单的事情了。

再就是客观的环境条件方面。其主要包括：第一，拥有的社会条件。无论个体还是具体的群体，通常不可能离开社会单独去从事各种活动，当他们选择与确定致胜活动的目标时，不能不考虑社会允许、接受的程度及其范围，不能不顾及社会的反应状况和反弹力，以及其他相关的具体主体的理解度和支持度。比方说，符不符合国情和社情，是否违反法律与法规，能否适应公认的道德规范，可以得到多少人的赞同和支持，等等。第二，拥有的自然条件。这种条件对主体活动的影响，有时表现得比较直接，有时则表现得比较间接。在选定致胜活动的目标时，应因时间、因空间、因变化地进行客观的考察。就像选择与确定作战目标时，离不开一定的时限、地形、地貌、气象、水文等及其变化状况一样，从事其他的致胜活动，也程度不等地受到这些因素的制约，不能不认真对待。

还有一个具体的致胜场条件问题。所谓致胜场，并非单纯的空间范围与区域，指的是致胜主体为了实现一定的目标同客观对象、环境条件产生相互作用的活动场。任何致胜活动，都是在一定的致胜场内具体展开的。它不仅指致胜主体为实现自身的一般期望与理想所选择的宏观性致胜场，诸如商场、官场、战场、科场、艺场、赛场等等之类；更指致胜主体根据自身需求与目标所选定的各种具体性致胜场，诸如主体为了实现身体、学习、工作、婚恋、升迁、科研等某项具体目标所选定的实际活动场所。致胜场的具体状况如何，比如处于一个什么性质的单位，面对的是个什么样的领导，生活与工作环境怎么样，周围的活动氛围与条件如何，存在哪些有利和不利于实现主体理想的因素等等，不能不直接而又具体地影响到主体对致胜活动目标最后的选择与确定，对此亦不可掉以轻心。

### （3）选定目标时要处理好单个与体系的关系

由于主体的利益诉求是多种多样的，可能投入的致胜活动类型也是多种多样的，而且会在不同的时间与空间来展开这些活动，因此从根本上决定了其选择与确定目标的错综复杂性。比如就一个人来说，少年时期有成长、交友、考试、升学等目标，青年时期有读研、婚恋、求职、购房等目标，壮年时期有积财、升迁、求名、贡献等目标，老年时期有休息、保健、增寿、善举等目标。即使这些看来比较具体的目标，还可以从横向、纵向和按时间顺序进一步细化，细化到可以据此采取各种具体性举动为止。当然，对于一个群体来说，情况就更不知复杂多少倍了。然而同时又可以看到，许多目标往往是紧密相联、相互作用的，可以是长期、中期、短期性的，可以是全面、局部与并列性的，多种多样的单个目标纵横交叉地构成了一个个大小不等的目标体系。

不过在目标体系中，并非所有的子目标都是平起平坐、要求一股脑儿地同时都去实现的。在所有的子目标以及子子目标中，始终存在着基本的与非基本的、主要的与次要的、决定性的与非决定性的、先实现的与后实现的等差别。而且，许多目标富有一定的弹性，即使非常重要，同样难以定出怎样才算完全实现了这些目标。比方说就致胜个体而言，其身体与智能状况如何，在一生中起着非常重要的基础作用，谁在这方面疏忽了，没有达到一定的水平，谁都很难在所热爱和追求的事业上有超出一般人的作为。可是，身体方面怎样选择和达到什么标准，智能上应提升到什么程度，事先只能定出富有弹性的目标。对于致胜群体而言，情况就更复杂了，正确确定组织结构与管理方面的目标固然很重要，但对于要开展的各项致胜活动来说，不同的活动会有不同的侧重目标，比如一个家庭要想获得幸福就应全家和睦相处，一个企业想在市场竞争中获胜就要千方百计获得市场份额，一个国家面对侵略则必须全力以赴地战胜来犯敌人等等。而且，当这个目标实现后，另一个目标又会凸显出来。只有注意把各个单个目标在纵向与横向上联系起来，并形成一个有机的整体，致胜主体才能在目标体系的指引下不断地从胜利走向新的胜利。

明确这一点非常重要，致胜主体不仅可以胸怀全局、高瞻远瞩地开展各项活动，而且可以做到分主次、分轻重、分缓急地去追求与实现各种目标。人们在致胜活动中容易常犯的错误之一，不是站在这山望着那山高，就是想一口吃成一个大胖子，结果什么目标都实现不了。同时还要看到，这一切又不是凝固不变的，目标的主次、轻重、缓急状况，经常可能发生各种转化。

比方说，当一个人的身体健康状况发生了严重恶化，一个家庭因离婚闹得支离破碎，一个企业因严重亏损面临倒闭，一个国家遭受强敌侵略或巨大动乱时，这个人、家庭、企业、国家就不可能完全按照原定目标体系去行事，而必须适时对各种目标的主次、轻重、缓急加以调整后，再开展各项相应的活动，以尽快扭转不利的态势，继续迈开走向胜利的步伐。

**（4）对所选定的致胜目标应不断加以优化**

主体选定致胜目标之后，虽然不应轻易更改，以免陷于莫衷一是的状态，不利于求胜防败活动的顺利展开。但随着情况的变化，使所定目标不断得以优化却是完全必要的事情。这种优化的极端状态，固然可能彻底更改目标，但在多数情况下，则是原则上维持原目标，而对各个具体目标及其体系不断地加以修正和完善，以使之更客观、更科学、更具体、更具可行性。其优化的内容，包括目标的规模大小、实现顺序、时间要求、系统构成等诸多方面。以求职时寻找合适的工作岗位这一目标为例，选择某一岗位时，多半看有哪些岗位需要人、自己是否适合这一岗位等来选择，但是否真正满意，还必须看一看这一岗位是否有意义、能否发挥自己的才能与优势、会不会给自己带来快乐和能有多少收入、将来有没有发展空间等。只有这样，目标才能不断地引导活动朝着求胜防败的方向迈进。

为什么需要不断优化致胜的目标呢？概括地说，主要是因为影响致胜活动的主、客观情况在不断发生变化，比如常见以下几种情况：一是主体企盼的价值取向产生了某种转移；二是活动的环境条件发生了变化；三是主体的活动能力有所改变；四是对象的性质和状态出现了新情况等。当然，上述变化的程度不同，对致胜目标优化的要求也不一样。如果这些变化仅仅是在量变的范围内，只是其中一项有一定程度的变化，或其中的这部分与那部分、这方面与那方面的相互关系有某些改变，那么此时主要就是对已选定目标加以修正与完善。若是上述方面及其相互关系发生了质的改变，情况就不同了，此时则必须重新选择与确定新的致胜目标才行。

对于那些相对单一的致胜目标，只优化自身就可以了。为此至少可以从三个方面着手：一是能细化的必须细化。任何目标都可按时间、空间或内容等作进一步的划分，使得更易于操作和逐步达成。而且，细化的过程往往能够发现不少的问题，从而使目标内部先与后的顺序、长与短的搭配、主与次的协调等达到更为合理的程度。二是该调整的必须调整。随着主体自身、客观环境、相关人员以及社会需求等情况的变化，常需要适时调整既定目标以适应这种变化。在人生的道路上，有时甚至可能完全改变原定目标。谁能说孙中山年青时为适应中国社会变革的需要，弃医而从政，不是一种优化人生目标的伟大举动呢。三是该科学的必须科学。人们在选择某项活动目标的过程中，有时并不都是那么理性化，或出于一种兴趣，或萌于某种灵感。对此虽不应轻易否定，但应在选定目标后作进一步的科学论证，使得所选定的目标更符合客观实际及其发展变化规律。

对于比较复杂的致胜目标体系来说，除了先行优化各个相关的单个目标外，还必须不断优化整个目标体系。目标体系，既包括横向同层次的各个相关子目标，以及各相关子目标的下属各子子目标，又包括纵向各阶段的各个系列子目标，以及各系列子目标的步骤性子子目标。在具体构成目标体系时，并没一个统一的模式，可因致胜活动的主体、内容、形式、条件、要求等的不同各有所异。但无论属于哪种模式的目标体系，都不可能在构成后无须继续优化，即使各种极为严密的系统化组织均得如此，更何况于其他的因临时需要构成的具体群体及其从事的致胜活动。调整或完善的根本目的，在于使致胜目标更加切合求胜防败活动的客观实际，符合主、客观方面不断出现的新情况，能够更有效地、协调地去实现体系化目标。

对致胜活动目标及其体系的优化，并非一次性完成的事情，往往需要在实现目标的过程中多次反复地加以修正来达成。因此，在致胜目标被选定并经过认真审视之后，还必须继续做好优化目标及其体系的追踪工作。也就是，对目标及其体系的优化，实质上是一个变动不居的过程，切不可将动态演进加以静止化。只要致胜目标尚未最后达成，就不能中止对目标及其体系的优化工作，这是每个进步的致胜者必须始终把握的目标原则。

# 第二章　自我强化致胜基础

致胜活动的基本机制，说到底不外乎是主、客体在一定条件下的交互作用，并最后以强胜弱败地实现目标为结局。因此，主体所选定的致胜目标能否实现，关键就要看其在这种交互作用过程中、尤其是最后阶段是否处于强势状态。而致胜主体自身之强，又是形成此种强势的根本基础。古人说得好："不能胜寸心，安能胜苍穹?"致胜的历史，从来就是一部不断战胜自我再及其他的历史。任何个体与群体要想获胜，都必须自强地谋取致胜力量的相对优势，既注意纠正那些不利于从事致胜活动的身心因素，又善于正确把握和充分运用较强的综合素质与能力，能动地去实现求胜防败的目标。

## 一、强胜弱败的客观规律要求自强不息

科学研究清楚地表明，强胜弱败乃一切生物活动结局时表现出来的普遍性规律。人类的致胜活动，也从不例外。尽管在一些规模较大、历时较长的致胜活动过程中，强与弱在一定条件下可能相互转化，并且当起初的弱者逐渐变为最后的强者之后，还可以最终战胜起初的强者，但这种在一定条件下实现强弱转化的可能性，并不否定强胜弱败规律的普遍性，恰恰是对其的补充与能动运用。因此，致胜主体在任何情况下都要坚持自强不息，以便为求胜防败活动奠定坚实的、可靠的基础。

### （1）强胜弱败是致胜活动最后结局的普遍规律

千百万人的实践，以及几千年来人类社会的演变，都可以清楚看到强胜弱败这一铁的事实。最显而易见的，莫过于两个人进行比赛或格斗，总是强者占上风；两个群体相互竞争或对抗，总是强大的一方占主动。即使两个主体进行合作性活动，或者是拟融进更大的群体，也多半是较强者处于主动的地位，获得的成绩与成就更为斐然。翻开一部人类社会各个国家的兴衰史，也都表明往往是富国强兵者胜、国贫兵弱者败，尤其某些强者在最强大的时期还成了地区甚至跨洲际的大帝国。不过同时又可看到，其后来的衰亡亦因其内部逐渐走向腐败、外部常年征战耗损，以至国力迅速败落息息相关。像古代的罗马帝国、中世纪的蒙古帝国、近代的法兰西拿破仑帝国和英吉利“日不落帝国”、现代的德意志帝国和日本帝国等等，他们的盛衰史都充分表明了此点。即使当代与未来，任何想“称帝”的国家，预期皆不可能跨越这一规律。

强胜弱败之所以是反映致胜活动结局的普遍性规律，是有其深刻缘由的：一方面，致胜活动涉及到方方面面，致胜主体力量的强与弱，决定着该主体进行致胜活动时会处于主动还是被动的状态。当致胜主体的力量居于强势或优势的地位时，就可以措置裕如地安排和运用力量，容易获得行动的主导权和自由权；当其力量处于弱势或劣势时，情况则不同了，只能处于穷于应付的境地。这点，在斗争型活动、尤其是战争中表现得最为突出，力量较强的一方，可以比较自如地处理主要与次要、进攻与防御、突击与钳制、前方与后方等方面的矛盾，不至于出现捉襟见肘的情形，因而可以保证有足够的力量在有利的时间和地点打击敌人，易于夺得主动和胜利；而力量较弱的一方，则很容易顾此失彼，受制于敌，穷于奔命，陷入被动和挨打之中。此种情形，尽管在致胜主体同其他客体开展合作活动，或致胜主体融进自然界与社会等更大群体的过程中，表现形式不完全相同，但力量强弱的作用效应同样贯穿于始终。如果致胜主体在活动中没有强势的力量，其行动不是被能动的、较强的客观对象所左右，就是无法主动而有效地去认识、适应、利用与改造非能动的更大客观对象。可以说，任何个体与群体，只有在致胜力量上谋取了相对或绝对的强势和优势，才可能在斗争、合作或融进活动中获得求胜防败的主动权。

另一方面，致胜活动的结局，往往是由一系列连续行动积累的结果，只有致胜主体的力量在关键点和全局上处于强势或优势状态，才能夺取整个活动的最后胜利。的确，无论开展何种性质的致胜活动，总要经历一定的过程。主体必须持续地拥有较强的活动能力，才能顺利地完成这种过程。而主体能否拥有这种持续力，是与其拥有的整个致胜力量的强弱息息相关的。一般说来，致胜力量强的一方，其活动的持续力就强；致胜力量弱的一方，其活动的持续力则弱。同时，在主体开展致胜活动的过程中，常常是径情直遂者较少，更多的可能会出现这种或那种曲折迂回。之所以如此，是由于在事物的发展变化过程中，往往难免出现各种不确定因素和突发事件，直接影响到求胜防败目标的实现。要想减少这些不确定因素的影响，能够有效地应对各种突发事件，就必须拥有足够强大的预备性致胜力量，以确保致胜活动的最终胜利。正因为如此，所以才说“强胜弱败”是古往今来一切致胜活动结局的普遍规律。

#### （2）强与弱是指活动时主客力量的综合性对比

当我们说强胜弱败是条普遍规律时，这里面的强与弱决不是指一个或某几个方面，而是指从事求胜防败活动的主体，同其所指向的客观对象之间，在力量上的综合性对比。正如致胜力量通常都具有综合性特征那样，在进行力量的对比时也必须反映这种特征。

虽然致胜力量根据其不同的存在范围、构成内容、表现形式与作用途径等等，可以分为内在的致胜力量与外在的致胜力量、物质的致胜力量与精神的致胜力量、有形的致胜力量与无形的致胜力量、直接的致胜力量与间接的致胜力量、潜在的致胜力量与现实的致胜力量等等，但当主体将上述力量投入到致胜活动中去的时候，却不是孤立地、分别地起作用，而往往具有明显的综合性特征。比如，一个国家要运用国力在世界范围争峰，一个政党要想胜选和掌握政权，一支军队要打败强大的敌人，一个企业要想在市场经济中求发展，一个人要谋求事业的成功时，只用这方面或那方面的力量并不够，通常都得靠综合性力量的优势才行。因此，只有力量的综合性对比，才能客观地、全面地反映致胜主体与客观对象在力量上的对比状况，才能由此引出强胜弱败的必然结论。

值得强调的是，致胜力量的综合形成与运用，并非自动完成的，需要经过致胜者的一番组织与协调才行。这点，也许在个体的致胜活动中不十分明显，因为当每个个体向致胜活动投入力量时，通常会自觉或不自觉地根据客观的需要，来确定自身该投入多大的力量，而不是只投入这方面的力量、不投入那方面的力量。此时，致胜力量的综合过程在个体内部往往是通过自组织形式完成的。可是在群体的致胜活动中，其投入的力量乃由许多性质有差异、程度不等同的下属相关个体或小群体的致胜力量共同构成。比如，有的相关个体或小群体可能主要在物质力量、有形力量上做出贡献，有的相关个体或小群体则主要在精神力量、无形力量上做出贡献；有的直接参与致胜活动，其影响往往是直接的，而有的可能间接参与致胜活动，其影响则显得比较间接，等等。尤其一些大型或超大型群体，其致胜活动可能涉及多个领域，下属的相关个体与相关小群体很多，这种现象就更为明显。在此种情况下，如没有致胜群体的组织与协调活动，就可能分散致胜力量，甚至损耗致胜力量。因此从这个意义上说，致胜力量的强与弱，乃是物质与精神、现实与潜在、组织与运用相结合的体现。

另外，致胜力量的强与弱，还是同其所面对的阻力相比较而言。由于致胜活动不是由哪个主体单方面进行的活动，主体想在致胜活动中拥有力量的强势，亦非由单方决定的，因此只能根据致胜主体拥有的力量与所指向客观对象拥有的力量或蕴含的“阻力”相比较来决定。那么，怎样才算强，怎样才算弱呢？有的人面对强胜弱败这一普遍规律时，往往由于只注重构成力量的单因素对比，却忽视了诸因素的综合性对比，这就不可能正确地、全面地把握强（优）与弱（劣）的真正涵义。就像两军对垒，如果只以武器的优劣或军队人数的多寡来判断双方力量的强弱，就难免得出片面的结论。无论“以劣势装备战胜优势装备的敌人”，还是“创造了以少胜多的奇迹”，都是以单一因素劣势代替综合因素优势对胜利结局的描述，并没有从深层次全面揭示胜与败的力量基础。显然，致胜力量拥有全局的、整体的综合性强势或优势，并不代表下一层次的各个部分也都呈强势或优势。尽管一个个体从事某项具体的、目标比较单一的致胜活动，其拥有的综合性实力通常不需要再细分层次和部分。然而，无论个体还是群体，如果其从事的致胜活动比较复杂，希望达成的目标是一个目标体系时，致胜力量就有可能分成若干层次和部分，从而不能不面对如何处理好全局性力量与局部性力量的关系问题。这也就是说，拥有综合性强势或优势的主体，并不能保证其在复杂的情况下，时时、事事、处处都以强势或优势的力量去获得胜利，全局的最后胜利只能建立在多数的局部和占主导地位的关键局部是否取得了强（优）势和胜利的基础之上。因此，一个真正的致胜者，要想在致胜活动中取得主动和胜利，不仅要在全局上谋取综合性力量的强势或优势，而且不能忽视在组成全局的各个层面与部分上，尤其是在那些起关键作用的局部上同样谋取强势或优势。

**（3）致胜过程中强弱对比可在一定条件下转化**

有人也许会问，如果说强胜弱败是一条普遍规律，那么怎样解释致胜活动中还存在大量“以弱胜强”、“以劣胜优”的情形呢？看来，关于强弱与胜败的关系问题确实存在不少的误解。要正确认识此种现象，除了如前所说力量强与弱的对比必须进行综合性对比外，还必须看到强与弱可能发生的变化。如果活动之初的弱方，后来变成了强方，而起初的强方后来却变成了弱方，在这新的强弱对比状态下，最初的弱方后来战胜了最初的强方，乃是很自然之事。对于此种情形，笼统说是“以弱胜强”了为尝不可，但其实质仍是强胜弱败这一普遍规律的动态性表现。因此，每个致胜主体在任何时候，都应正视强与弱在一定条件下可以发生转化的问题。

的确，致胜力量如同世界万事万物一样，不可能呈现为凝固不变的状态。恰恰相反，这种力量的强弱、优劣对比，常处于不断的发展变化之中。之所以如此，是因为形成致胜力量的基础、要素和方式会变，致胜主体追求的目标和要完成的任务会变，致胜主体所针对的客观对象也会变，等等。人们只有面对这种动态变化的事实，把握和运用力量强弱、优劣可能发生不断转化的规律，才能使自己在求胜防败过程中能动地获取与保持致胜力量的强势或优势。这也就是说，除了应认识与把握强（优）胜弱（劣）败这条客观的普遍规律外，还应看到在一定条件下强（优）弱（劣）可以转化的特殊规律。而且，这条特殊规律恰恰是对强（优）胜弱（劣）败这一普遍规律的丰富和补充。

之所以说它特殊，是因为强与弱、优与劣之间的转化并非自动实现的，而是有条件的，离开了一定的条件它们不可能相互转化。这些条件，既包括客观存在的方面，又包括能动创造的方面。比如，致胜主体在力量对比处于弱势或劣势的情况下，只要具备一定的客观物质基础和时空转换条件，像主客体之间力量对比并不十分悬殊、有足够的转换空间与转化的时间，而且主观上又能充分利用这些客观条件采取正确的方针政策、灵活机动的指导等等，就有可能由致胜活动过程初期的弱（劣）势，逐渐转变为致胜活动过程后期的强（优）势，从而夺取最后的胜利。就像在第二次世界大战中，战争之初中国对日本、苏联对德国皆处于弱势地位，无论中国还是苏联一度处于节节败退的态势之中，但随着两国军民的奋起和世界反法西斯联盟的建立，中、苏才愈战愈强，日、德却愈战愈弱，终于形成了日与德失败而中与苏胜利的最后结局。为什么能这样，不能不说与客观上中、苏拥有辽阔的空间和丰富的资源，以及世界反法西斯联盟的支援，主观上逐渐动员了广大人民群众和实施了相对正确的战略指导等这些条件分不开。必须清楚地认识到，并非所有在力量上处于弱势或劣势的主体，皆可获取最后胜利的殊荣，那些到头来始终无法实现由弱向强转化者，最后仍只能以失败告终。这从历代政治、经济、军事、商业等各个领域进行角逐的大量事实中，可以得到充分的印证。由此可以看出，当主体在致胜活动初期处于弱（劣）势地位时，如能能动地促使其在活动后期转化为强（优）势，确实对其最终实现求胜防败目标具有决定性的意义。

为了确保主体在致胜活动过程中的力量强势或优势，或者是实现由弱（劣）势转化为强（优）势的态势，根据以往各方面的经验与教训，至少应把握这样几点：一是力避为所欲为，不能把自己的力量随意分散或任意损耗掉，要始终注意集中优势的力量于活动的主要方向上，全力以赴地一个一个达成所选定的求胜防败目标；二是坚持与时俱进，要看到致胜活动面临的社会环境、自然条件的不断变化，尤其密切关注所处致胜场出现的各种新情况，不断壮大、协调和更新自身的致胜力量；三是密切关注对象，应根据对方力量消长变化的情况，客观地、正确地分析构成客观对象力量的各种因素，不断地、能动地采取各种相应措施来消耗其力量；四是坚持正确的指导，当主体的力量处于弱势或劣势时，应善于保存实力，以及千方百计地削弱对方和强化自身，积极创造条件将弱（劣）势转化为强（优）势。总之，主体只有在充分掌握致胜力量发展变化规律与可能转化条件的基础上，通过充分发挥能动性来获取、保持力量上的强势或优势，才能确保求胜防败目标的最终实现。

（4）只有自强不息方能立于不败之地

力量强势与优势的形成，虽然既取决于主观的能动努力，又受制于客观提供的可能条件，但在整个过程中起核心作用的乃“自强”莫属。自古以来，人们总是不断强调“世上英雄本无主”、“世人皆可成舜尧”等等，指的不外乎是在同样的自然环境和社会条件下，谁能成为一位胜者与伟人，主要靠他自身的努力与奋斗。古今中外大量的事实，也完全证明了只有自强不息方能立于不败之地的道理。

我们知道，世上万事万物的发展变化，总是有其动因的，概括起来说不外乎分为内因与外因两大方面。其中，内因是指事物发展变化的内在原因与根据，亦即内部诸要素的联系、矛盾与作用；外因是指事物发展变化的外部原因与条件，亦即该事物与他事物的联系、矛盾与作用。对于两者的关系，毛泽东在《矛盾论》一文中曾这样明确指出过：“外因是变化的条件，内因是变化的根据，外因通过内因而起作用。”大量的事实亦表明，事物的产生、发展与灭亡，不仅是事物的内因与外因共同作用的结果，而且内因与外因的地位与作用并不等同。我们在任何时候，都不能否认外部诸因素的重要，但首先必须看到内在因素的决定性作用。同时，内因与外因始终是紧紧相联的，无内因也就无外因，无外因也无所谓内因，在一定条件下内因与外因还可以互相转化。在致胜活动中，其发展变化的道理同样如此。主体要保持以强对弱的致胜态势，实现求胜防败的种种目标，尽管取决于一系列的主观与客观、内部与外部因素，但其中关键的关键莫过于首先能否做到自强不息。

的确，开展任何性质与类型的致胜活动，如果从事该活动的主体很弱，或者体力难以支撑，或者精神上处于疲软状态，或者缺乏基本的、必要的知识，或者没有能力正确认识有关活动的一切，或者不能有效动员、组织和运用相关的各种力量，想达到求胜防败的结果是根本不可能的事情。而只有自强了，致胜主体才能成为致胜活动的真正主人，不仅可以正确认识客观的对象，迅速适应面临的环境条件，自觉驾驭活动的整个过程，高效动员与运用各方面相关的力量，以强势之力去实现既定的目标；并且，即使主体在致胜活动中开始处于弱势地位时，亦有能力和魄力自主地、能动地采取各种从弱转化为强的措施，适时扭转不利的态势，以实现转败为胜的最终结局。因此，任何进步的致胜者，要想在各项致胜活动中自如而顺利地展开，首先就必须使自身的身心素质、智能水平及其实际能力“强”起来，只有这样才能在各种各样的活动中获取相对的主动权和自由权。

## 二、健康的身体是主体从事致胜活动之本

应该说，健康的身体不仅是主体实现自强的重要资源和基础，也是从事各项致胜活动最根本的本钱。无论哪个个体或是群体，在展开自身的各项活动时，都要求具有一定的资源、基础和本钱。而且不同性质的致胜活动，要求主体应拥有的资源、基础、本钱亦不相同。但除了这些各有所异的种种资源、基础、本钱之外，还有一种任何致胜主体都不可或缺的根本性“本钱”，那就是健康的身体。虽然健康不是生活的一切，但失去了健康却意味着可能失去一切。因此，身体如何获得健康和保持健康，确实是每个致胜主体值得高度重视的事情。

### （1）拥有健康是一种具有普遍意义的致胜行径

一个人出生到这个世界上，从幼年、少年、青年到老年，无时无刻不在同危及自身健康的因素、事物作斗争。其中有疾病，有天灾，有人祸，还有不断退化的生理机能等等。不管你在哪个领域，从事何种致胜活动，惟有“保持身体健康”这一项算最具普遍性的致胜行为，始终伴随着人的一生悄然展开。人们为什么会为“战胜了病魔”、“战胜了死神”而发自内心地欢呼，就是因为获取身体健康乃是人生旅途重中之重的一种胜利。而且，这项悄悄进行的致胜行为结果如何，还会直接或间接影响到正在从事的其他各种有意义的求胜防败活动。毕竟，“皮之不存，毛将焉附?”从这个意义上来说，身体健康确属致胜中的致胜，是一切求胜防败之举的根本所系。

可是在实践中，人们往往容易忽视“身体健康”这个一辈子都在为之奋斗的首选致胜目标。在处理身体健康目标同其他致胜目标的关系时，常见到

的现象往往是：年青气盛时不惜损害健康去追逐财富、权力与荣耀之类的东西；待未老先衰时才想到用获得的财富、权力和荣耀来挽救健康。其实呢，人在一生所犯的错误中，最难事后纠正的错误莫过于用健康来换取其他的身外之物了。要知道，身体健康与否，并非由谁想怎么样就能怎么样的，青壮年时期为了追逐各种比别人高、比别人多的利益而不惜损害了健康，到了年老体衰时再去挽回健康就未免太难了。届时，任凭权倾天下，失调的身体系统不会因此而听你摆布；即使拥有金屋银床，长期造成的失眠顽症不会因此而改善；餐桌上摆满了山珍海昧，被损坏的的消化系统却无法享用和吸收；就算名扬四海，身患的各种难冶之症也不会因此而得以有效遮掉；等等。面对这一切，届时只会留下一声叹息：关注健康迟了！因此，任何致胜主体都必须始终把身体健康摆在第一位。可以说，无论谁拥有多少钱、权、名气与美人，都无法确保你拥有一个健康的身体。这就是健康的特殊价值！

当然，身体健康这一致胜活动之本，具有明显的相对性和一定的弹性。怎样才算健康？各人可能有各人的理解，不同的国家可能有不同的说法，就是世界卫生组织确定的健康标准也只是定性的描述。然而有一点可以断定，身体健康者比之亚健康、次健康者，在任何情况下都拥有更雄厚的自强之基。也许，个体的健康状况会影响个体从事的各种致胜活动，这点比较好理解。但对于群体来说，是不是也如此呢？回答也应该是肯定的，不同的仅仅是影响程度的差别而已。任何具体群体，如果不是由一群身体素质较好的个体构成，就不会有生气与活力。试设想，无论是一个学校、企业、科研单位，还是一个连队、运动队、文艺团体等等，今天他因体弱多病要休长假，明天她因身体不适难以胜任工作，成年累月不断地因健康问题而大量缺勤、缺员，这样的团队还能顺利而成功地开展各项活动吗？作为一个国家，国民的身体素质与健康状况，同样会影响到国家的经济与社会发展速度，以至国家的整体力量，这点已有不少科学工作者作过系统的调查研究，并得出了相应的结论。

另外，拥有身体健康这种根本性“本钱”，同善不善于把这种根本性本钱同其他具体“本钱”结合在一起，运用到致胜活动中去“赚钱”，乃是两回事。从事不同的致胜活动，各有其不同的具体“本钱”，例如搞科研，没有渊博而深厚的知识基础与科学思维的能力不行；办企业，没有足够的资金、相应的资讯和一批能干的人才不行；要打仗，没有一支装备精良、训练有素和指挥有方的军队不行；想从政，没有仕途之才、较强的组织能力和上下良好的关系不行；等等。健康的身体只有同这些具体的“本钱”紧紧结合在一起，才能在求胜防败的具体活动中有更大的作为。因此，致胜主体既必须十分珍惜身体的健康，并通过种种努力获得、维护和增进这种健康，以确保随时随地都能为致胜活动提供所需“本钱”的“本钱”；又要善于运用健康的身体去从事致胜活动，靠整天无所事事地维持健康是消极的，一个“空皮囊”即使十分健美，也只是自身的一种“本钱”，而难以带来工作上、事业上的更大丰收。

**（2）获取与保持身体健康的条件和途径**

一个人的身体是否健康，既受制于先天性因素，又取决于后天性因素。在先天性因素方面，如遗传基因、孕育环境条件之类，当人刚来到这个世上时，只能面对既成的事实了。主体要想获取与保持身体健康，必须通过后天努力才有可能。对此，本人就深有体会：我是一个从小家庭贫苦、体弱多病的人，在儿童与青少年阶段，从头到脚、从里到外先后患过多种重疾，几乎没有多少重要器官始终安然无恙。可是，我后来由于始终坚持体育锻炼和科学的生活方式，即使“老之悄至”之时仍保持着壮年般的体质，与同龄人相比可算得上一个比较健康者。世上像我这样靠后天努力来改善身体状况的人，可说比比皆是，这只要看看那些贫困地区有多少八九十岁的健康老人，以至不少百岁人瑞仍高质量地生活着的事实，就可得到印证。

那么，如何来获取和保持身体的健康呢？根据许多专家的意见和众多健康者的体会，综合起来不外乎：一是充分、均衡而不过剩的营养。一个人要健康地生存下去，一刻都离不开正常的新陈代谢活动，而新陈代谢是始终需要营养补充的。除了明媚的阳光、洁净的饮水和新鲜的空气非常重要外，营养主要来自科学合理的膳食。充分的营养，不仅要求丰富，而且要求平衡，蛋白质、脂类、糖类、矿物质和维生素等等，一样都不能少，并必须互相搭配得当。如果在养分上有明显偏颇，就不能有效满足人体对营养的需要。同时必须看到，在当代有越来越多的人开始出现摄取热量过剩的现象，再加上酗酒、吸烟等坏的习惯，结果使得患肥胖症、高血压、高血糖、高血脂、脂肪肝以及心脑血管病的人，有如雨后春笋般冒了出来。广为蔓延的大吃大喝之风，确实应验了西方的一句谚语：酒神比战神杀死更多人！

二是经常、适当而不过度的运动。生命在于运动，光吃不动的人不可能健康地生活下去。古希腊医学之父希波克拉底说得好："阳光、空气、水和运动，这是生命和健康的源泉。"的确，适当运动不仅是人体正常的新陈代谢所必需，而且是调节情绪和增强体质的重要途径。许多人可能都有过这样的感受：当你感到十分烦恼和忧闷时，去打打球、游游泳、跳跳舞或从事任何你喜欢的运动，很快就会忘掉忧烦而使自己重新快活起来。至于通过积极的有计划锻炼来提高自身的身体素质，更是一种极为普遍的做法。不同的仅仅在，因人、因时、因地、因条件的改变，锻炼的方式、方法也会有所变化。不过值得注意的是，再好的运动都必须适度，并始终坚持实事求是、循序渐进、持之以恒、长久受益的原则。

三是及时、积极而不过分的休息。通过适当休息，可以给身体提供有效的修补机会，适时地恢复体力和精力。正如戏剧大师莎士比亚所言："休息是滋养疲乏的精神保姆。"不会休息的人，很难持久地、高效率地工作。不少人都会有这样的体会，当睡眠严重不足时，就会成天无精打采，无法集中精力去做任何一件事情。且不说要影响到思维活动，诸多的交通、工伤事故亦与此有关。如果不及时补充睡眠和进行有益的其他休息活动，久而久之便会形成过度疲劳，不仅人体免疫力会迅速下降，容易罹患各种疾病，而且在思想上、情绪上和行动上都易倾向消极方面，直接影响一个人正在从事的致胜活动。为了保证休息、工作和身体三不误，既不能把休息理解为睡懒觉，要看到睡眠、游玩、娱乐等是休息，脑力、体力活动适当交叉进行也是一种积极的休息；又必须重视人的生物钟和活动节奏，制定科学的、严格的作息制度，做到主动休息，并持之以恒地予以贯彻执行。

四是愉快、正确而不放纵的活法。生活态度及方式，对人的身体有着直接或间接的影响。始终保持愉快的心情和放得开的心态，遇不如意事时泰然处之，永葆"童心"之青春，过好每天的生活，对保持身体的健康大有裨益。成天杞人忧天、鼠肚鸡肠、患得患失、多愁善感，只会无端地损害健康。同时，过于放纵地生活，并不意味着享受生活，只会逐渐地损耗自身的体力和能量。为什么中国历代王朝可统计的 400 多个皇帝中，平均寿命仅 42 岁，活到古稀之年（70岁）者只有武则天、乾隆等9位皇帝，绝大多数皆短命而亡呢？当然不是由于他们的生活条件不如别人，恰恰“放纵”是其中的重要原因。另外，善于正确生活的人，还必须正确对待与处理种种危险和不测。毕竟世事繁杂、多变，到处充斥着偶然性和突然性，天灾、人祸事故实属难免，轻者对身体造成伤害，重者甚至危及生命，对此只能在科学预见的基础上，充分做好应对各种险情的准备，能避开时尽量避开，实在避不开时就要及时、沉着、有效地加以处置与利导，千万不能抱无所谓以至玩命的态度。

### （3）健康的相对性和扬长避短地从事致胜活动

身体的健康及其在求胜防败过程中所起的作用，由于健康本身具有的相对性与弹性，以及每个人的身体状况存在着差异性，因此使得身体素质对致胜活动的影响并非呈线性决定状态。亦即，只能说主体的身体健康为其求胜防败提供了根本性本钱，但不能说身体好了就万事必胜，身体差了则一事难成。在实际的致胜活动中，只要根据不同生理因素具有的不同特点，处理好有关方面的相互关系，发挥各自不同的优势，就完全可能获得这种或那种骄人的成果。

譬如，男与女在身体上的差异对致胜活动有影响吗？既有，又没有。从生理上说，男与女之间确实存在一定的差别，而且这种差别还往往使之容易倾向于不同的活动领域。但从人的本质来说，男与女是完全一样的，作为主体的他或她可以平等地从事任何活动。在现实生活中，性别因素之所以有时会凸显出来，不能不主要归咎于历史的传统影响和主体对其所持的态度。实际上，在各项致胜活动中，男和女所扮演和所能扮演的角色可能不完全相同，但并不妨碍他们有所选择、有所偏重地发挥各自的优势去获取胜利。何况，正如大量事实所表明的那样，凡男人能涉足的领域，女人同样可以大有作为，有名的女性科学家、文艺家、教育家、企业家、体育冠军等层出不穷，就是女性皇帝、总统、总理、部长、军事指挥员等也不在少数，谁能说女子一定不如男呢，这早已是一种过时的想法了！

年龄段的差异，也常常影响到主体在致胜活动中的目标选择与效果。这里面，年龄尚小的少年儿童，可能会因身体等各方面尚未成熟，使之许多致胜活动暂不宜参与；年龄已长的老年人，可能会因身体体力与精力受限，使之不想或不敢与中、青年人争锋，从而加剧了身体状况对致胜活动影响程度的考量。有人曾就人在不同年龄段上关注的主要问题做过调查，发现随着年龄的增长，其追求的主要东西与目标的确在不断发生变化。但同时又要看到，年龄及其体质变化对致胜活动可能造成的影响，人与人之间的差异是很大的，比如：古今中外出了多少少年英雄人物，据报导当代中国出现了10岁的大学生、16岁的博士研究生，有的国家还出现了少年市长、艺术家和发明家；即使年已古稀同样可以大有作为，我们经常看到许多伟大的科学家、理论家、艺术家、教育家，直至七八十岁仍在辛勤耕耘，就足以得到证明。尤其国内外有不少著名的老科学家、医学家和书画家等，甚至在90岁以后还继续进行着各种富有创造性的活动，似乎更能说明此点。

再就是身体有了缺陷和残疾，会不会影响致胜活动呢？应该承认，通常确实存在种种不利的影响，不同的仅仅在于对不同的人和不同的领域有个孰轻孰重的问题。然而认为“身体残废了便一事难成”，却属某些人绝对化的偏见和弱者自暴自弃的逻辑。事实上，只要残缺者能够勇敢地面对现实，千方百计克服身体缺陷所带来的不利影响，充分发挥各种健康器官的最大潜能，同样可以因情制宜地取得可望的成就。无论历史上还是现实中，可以说这种身残志不残的致胜强者随处可见，诸如双目失明的瑞士著名数学家欧拉、从小盲聋的美国著名女作家海伦、身患麻痹症致残的巴西著名足球明星加林查，以及像波兰人贝尔迪克托维奇这样没有双手的画家，德国人舒城卡这样没有双手的书法家，以及大量残疾人思想家、政治家、翻译家、音乐家、运动员、文学家、舞蹈家、科学家，等等。堪称世界文艺史上三大怪杰的弥尔顿、贝多芬和帕格尼尼，就分别是在视力、听力和语言表达力上有明显缺陷的人。美国人富兰克林·罗斯福，正当年轻有为之际，却突然患上了脊髓灰质炎症，导至双腿处于瘫痪状态，但他并未因此心灰意冷，反而靠别人扶持或坐轮椅积极投入竞选和各项活动，终于在1933年成功当选为美国总统，毅然带领美国卓有成效地度过了经济大萧条时期，并随后同其他盟国一起投入了战胜德、日、意法西斯的第二次世界大战，正因为如此才使他四次连选连任美国总统，直到病逝。

## 三、健全的心理是人展开致胜活动的保证

主体从事致胜活动时，仅有健康的身体素质并不够，还离不开心理的参与。心理尽管是人脑的一种机能，是客观现实在人脑中的能动反映，包括感觉、知觉、表象、记忆、想像、思维、情感、性格、意志、气质等各个方面，但人的这种精神活动又是主客观之间相统一的产物，其形成与发展始终在一定的社会历史条件下进行，并反作用于各项具体的社会活动之中。在通常情况下，个体良好的心理素养与具体群体积极的心理倾向，有助于这些主体在致胜活动中获得成功。然而，许多心理特征又往往具有两重性，必须辩证地加以把握和运用。

### （1）心理素质对致胜活动有着显著影响

心理作为客观现实在脑中的反映，其素质状态如何，直接影响到主体的各项活动。优良的心理素质，对主体开展的致胜活动起着正面的促进作用。而失常的心理状态，就像一面无形的哈哈镜，使反映到脑中的客观现实往往扭曲变形，只能给致胜活动带来消极甚至反面的影响。美国著名心理学家特尔曼，曾长期追踪调查研究1500多名智力超常儿童的成才状况，经30年后发现：其中有的成为了专家学者、社会名流，有的却陷于穷困潦倒、一事无成的境地。为什么会这样呢？经过统计分析，他认定无不与个人心理素质有关，甚至认为性格、情绪、社会适应能力等因素构成的“情商”在成功中起了主要的作用。这个结论是否客观、全面、深刻可以进一步探讨，但根据大量的事实与其他人的研究，主体的心理素质对求胜防败始终有着明显的影响则是不争的事实。由于心理活动包括了认识活动、情感活动与意志活动等丰富的内容，下面仅从几个方面看一看其对致胜活动可能产生的影响。

先说认知的意义。认识是行动的先导，可是正确的认识从哪里来呢？一个主体如果不具备感觉、知觉、表象、记忆、想像、思维等素养，客观事物永远是种客观的存在，不可能反映到人脑中形成主观映像，也就不会有任何认识。不言而喻，感觉、知觉和表象乃是认识过程最起码的来源与基础，客观对象的各种特性，正是通过直接作用于人的感觉器官而获得，并通过人脑

得以反映的。至于记忆，不仅人的认知活动少不了它，就是尔后的一切活动都始终离不开它。有了记忆，主体才能识别和记住客观对象的特点与联系，保持、再认和重现感知的东西，通过学习、研究不断丰富自身的有关知识和提高各种能力。另外，思维也非常重要，如果没有理性与非理性的思维活动，人们就不可能进一步去揭示所感知的客观事物的本质与规律。许多成功人士，无不强调自己“好动脑”、“善思考”，确实生动地反映了主体认知能力的价值。

再看意志。这是指人为了达到一定目的，自觉调节自身的行动，坚决克服各种困难去实现预定目标的心理过程。在求胜防败活动中，其主要表现在坚定不移的决心、百折不挠的毅力和顽强拼搏的精神等方面。一个致胜者，选定了这种或那种目标，是不会也不可能自动实现的，而必须经过艰苦卓绝的努力与奋斗才行。所有这一切，首当其冲的就是要考验主体的意志：看你究竟对所确定的目标是坚持到底地力争还是半途而废地终止，对所面临的困难是坚决排除还是却步不前，对可能出现的诱惑是继续走自己的路还是因此而转向旁道。凡是意志薄弱的主体，很难坚持实现任何目标。只有那些不屈不挠、百折不回、不达目的决不罢休的主体，才能最终成为胜利者。前不久，许多人在中国电视台节目中可能都看到了这样一条直播新闻：山东残疾歌手陈州，从小就失去了双腿，但一直顽强而积极地生活着，不仅能唱歌以至用手跳街舞，而且下定决心要自力更生地登泰山，经过长期地、反复地、刻苦地磨练，最后果真仅凭着双手的力量，左撑一下右撑一下地登上了海拔1524米的中国五岳之首——东岳顶峰，创造了只凭双手登上泰山的奇迹。

情绪也很重要。它是人对所从事的活动及其变化所持态度的心理表现，可以分为心境、激情与热情等不同的状态。心境是一种比较稳定、平静、持久的情绪状态，有积极的与消极的两种：积极的心境是乐观的，对有关事物可始终保持浓厚兴趣，有利于致胜者的冷静思考和创造性地展开活动；消极的心境是悲观的，容易使人陷于消沉和忧郁，做任何事情都打不起精神来。激情是一种猛烈的、迅速爆发而短暂的情绪状态，一旦迸发出来犹如冲天火焰，既可以激起人的斗志、进取心和克服困难的勇气，也可以使人急躁、失去理智和自制能力。热情是一种强劲、有力而深厚的情绪状态，可以催人振奋、紧张、兴趣浓厚地投入活动，使人废寝忘食地工作，产生巨大的精神力量。因此，主体始终保持良好的心境与饱满的热情，对求胜防败活动不能不说起着积极的内在作用。

还有性格。我们每个人在待人处事时，都有一种惯常采取的、比较稳定的态度和行为特性，这就是性格。从不同的角度可将性格分成若干类型：从心理活动倾向分，可分为内倾型与外倾型，或独立型与顺从型；从对待事物的态度分，可分为责任型、享乐型、能力型和理想型；从主体活动的主要倾向分，可分为协调型、自闭型、固执型、夸张型、过敏型、过信型等等。可以说，性格贯穿于人的全部行动、举止之中，始终是影响个人终生生活与事业的重要因素。只不过其产生影响时，有时是直截了当的，有时却不仅通过其他心理因素来产生作用，而且还会以变异的形式来满足客观的需要。但无论在什么情况下，严重的性格缺陷往往会给失败埋下看不见的祸根，而优良的性格才有助于趋利避害的致胜活动。

最后说一下信念。它作为人对自己所从事活动与事业的正确性的内在确信，是与认知、意志、情绪和思想等心理与非心理因素结合在一起形成的，并往往起着精神支柱的作用。不过应该看到，信念的确立必须是自觉自树的，而不是靠强制与表态。真实的信念与虚假的信念所起的作用完全不同。在求胜防败过程中，真实的信念通过影响致胜主体的立场、观点、方法等产生的力量，来支持和促进其认识的深化，影响致胜主体的意志、情绪和价值取向，从而使其坚定不移、斗志昂扬地投入实践。这不仅在充满各种斗争的变革过程中和艰苦卓绝的环境条件下，许多为正义事业英勇奋斗的志士仁人身上表现得特别突出，而且即使从事其他需要决心与毅力的创造性活动中，也同样如此。

#### （2）获取与保持良好心理状态的条件和途径

如同身体素质一样，一个人的心理素质虽与先天有关，但后天对心理素质的培育与养成，却起着更为关键的作用。为了确保主体在求胜防败过程中有个良好的心理状态，一定要从明确要求、养成习惯、加强磨炼、保持优态等多个方面入手，下决心改掉和纠正那些有害的心理障碍和缺陷。只有这样，才能真正做到坚定地、积极地和豁达地迎接各种挑战。

明确基本要求。心理素质与状态，究竟怎样才算好或坏？并不根据谁主观设定的标准来判断，而要视社会实践提出的客观要求而定。从基本方面来看，良好的心理素质与状态主要表现在：一是能很快地、主动地适应环境。这里说的环境，既指主体从事求胜防败活动时由自然环境与社会环境构成的外环境，又指致胜主体选择的致胜场微环境和自身业已形成的各种内环境。二是能客观地、积极地调控自己。人生在世，既有如意事又有不如意处，无论胜与败、顺利与不顺，都要适时地调控自己的情绪与行为，如客观评价自我、同惰性做斗争、保持工作热情与强化意志力等。三是善于与人相处和交往。同他人打交道时，采取独来独往、消极回避的态度不行，动不动就与人相斗、相争也不行，只能该斗争的就斗争，该合作的就合作，注意建立和谐的人际关系。四是具有承受压力与灾难的心理准备。当致胜主体面对各种严重挫折、突发危机与精神打击时，如果心理上缺乏承受力与耐受力，完全可能从此一蹶不振并垮下去，这就要求主体能够知难而进、利导危机，始终具有顽强奋斗、勇往直前的精神。当然，这只是指一些带共性的基本要求，实际上在各种不同性质的求胜防败活动中，还有各种不同特点的心理要求。

注意养成习惯。一个人的心理素质，尽管主要不是由先天决定的，然而在出生后的发育成长过程中，养成什么样的习惯，却起着深远的影响作用。每个人的心理特征并非一朝一夕形成的，乃是个人在家庭、社会共同作用下长期演变的结果。比方说，有的人从小娇生惯养、溺爱有加，受不起一点小委屈，要什么就得给什么，否则便大哭大闹、任性胡为，等他长大后就很难有坚强的意志、高度的自理能力和面对各种困难的勇气；有的人儿时受到各种虐待和体罚，缺乏亲情关爱，没有什么朋友，成年之后很可能形成自卑、胆怯、退缩、孤僻等性格，或是动不动就撒野、逆反和学坏；有的人从上幼儿园到读大学，凭着天资聪明、能说会道、样样拔尖，成天受到老师、父母过分的赞扬和奖励，即使犯了错误也从不认真教育，面对其他同学总是趾高气扬、唯我独尊，长此下去，他很可能变成一个骄傲自负、唯我独尊、缺乏互助友爱精神的人。尽管人的成长和心理形成是个复杂的过程，绝对不能说以往是什么样，后来就一定会怎么样，但习惯的培养并非一件轻而易举之事，就像坏的习惯性心理是长时间才形成的一样，好的习惯性心理也同样得经过长时间的养成才能定型。尤其是，习惯成自然，一旦变成“潜意识”，便会经常而悄然地对主体尔后的各种活动起作用。

主动加强磨炼。我们平时只讲锻炼身体的重要，其实磨炼心理也是一件不可忽视的事情。磨炼的目的，主要是主体针对自身心理上存在的各种恶习与缺陷，主动采取各种纠正的措施和行动，使之逐渐恢复到正常的状态。例如漫无目标、丧失斗志、缺乏恒心、情绪消沉、贪图安逸、吝啬贪婪、虚伪奸诈、患得患失、坚持错误，等等，都是一些有害的心理特征。主体如有这些心态并且不加以改变的话，必会严重地影响、干扰甚至破坏各项求胜防败活动的顺利展开。而改变，并不是一件容易的事情。俗话说得好："江山易改，秉性难移。"心理病之所以难治，就是因为这既是一种根深蒂固的人格习惯，又是一种难用外力排遣的内心之疾，如果自身无治病的要求与决心，不真正从内心认识到这些心理恶习、缺陷的危害，深深感到必须下最大的决心和以最强的毅力去克服，谁都无法靠"动手术"予以根除，即使使用药物也很难改善。就是不讳疾忌医而找到了心理医生，或者有知心人予以帮助，亦会遇到来自你自身"潜意识"或"坏习惯"的悄然抵制。此外，自己想医治是一回事，能不能持之以恒、千方百计实现转变又是另一回事。真可谓：没有百炼火，孰能获寸金。因此，要想改掉各种恶习劣态，就必须自下痛改的决心，并经常地、反复地、自觉地自我磨炼才能奏效。

自觉保持优态。主体良好的心理素质，能不能一直保持，对其求胜防败活动会产生不同的影响。要看到，一个人的心理状态，在一定条件下是可能发生变化的。正如坏的习惯性心理在一定条件下有可能向好的方向转变那样，良好的心理素质也不是永远呈一种状态，它完全可能被逐渐消磨或被坏的心理素质所取代。例如：身处威逼和诱惑的情况下，坚强的意志有可能变得软弱，热烈的情绪有可能变得消沉，甚至连信念都可能发生动摇。跟见历史上许多从事革命、变革活动的人物，后来纷纷屈服于敌对者的威胁、逼迫、严刑拷打；当代有更多的想干番大事业的有志之士，经不起形形色色的权力、金钱、美色和扬名等诱惑，栽倒在种种泥潭之中而不能自拔等等，都是很好的例证。由此可见，改变坏的习惯性心理不容易，坚持那些好的习惯性心理也不容易，尤其当自己的心理行为不被周围人所理解时，更需要主体始终保持坚定不移的状态才行。

**（3）心理作用的相对性及其正确把握**

心理素质、状态的好坏及其致胜作用，只能从一般意义上来评价。在实际的致胜活动中，并不能得出拥有“好”的心理素质或状态者就一定能获得胜利，而那些“差”的心理素质或状态者就一定会遭受失败的结论。这里面，除了决定胜与败的因素不止心理因素一项之外，还因为心理因素在发挥作用时，往往具有明显的两面性和相对性。亦即在不同的活动领域与环境条件下，同样的心理因素完全可能导致不同的结果。因此，作为一个致胜主体，必须根据心理因素的内在矛盾和双重作用的特点，因人、因事、因地、因条件而制宜地把握和运用这些因素。其中比较重要的方面如有：

要自信但不自固。自信这种素质，是认知、信念、勇气与决心相结合的产物，可以产生巨大的内在驱动力。它在致胜活动中，源于主体对目标的正确认可和“我一定能实现目标”的客观判断，自信心强者通常有助于实现求胜防败目标，而没有自信心的人则可能永远是个失败者。我们可以看到，所有有所作为的人，无论是经济、政治、文化、军事领域的杰出人物，还是在各种竞争、比赛活动中取得了特别突出成绩的胜利者，他们有一个最明显的共同特质，那就是无不具有高度的信心、坚定的信念和无比的勇气。这些人不管环境条件如何变化，即使活动开始时力量尚有所不足，但往往都能充分发挥自身的主观能动性，奋发图强、勇往直前地去实现既定目标。不过必须注意的是，过分的自信，不讲条件的自信，又容易使人变得盲目和固执，以至达到顽固不化的地步。自固的害处，就在于明知不可为、不能为而偏要去为之，表面看起来很自信，做起事来似乎信心十足，实际上却是一种主观地、盲目地、褊狭地自我顽固，只能导致孤芳自赏、到处碰壁的结果。因此，自信是种好的心理特征，但千万不要把自信引向绝对，以至发展到自固的地步。

应专注但不孤注。现代脑科学的研究表明，一个人的脑子无法在同一时间处理两件以上不相关的事情，亦即一心不能二用。正如近代德国哲学家黑格尔所说：“一个人在特定的环境内，如欲有所成就，就必须专注于一事，而不可分散他的精力于多方面。”事实上也是这样，世界上的事物五花八门，社会中有着各个不同的领域，而每个主体在一定的时间、空间和条件下，不可能拥有认识与改造全部客观对象的能力。他或他们只能根据自身生存与进步的需要以及客观的可能性，有所选择地确定一个个目标与致胜场，然后集中精力和全部力量，专心致志地去逐个实现这些目标。可以看到，大凡刻苦钻研、专心思考和全神贯注于事业的人，哪怕周围热闹非凡、五光十色，甚至电闪雷鸣，都很难分散他们的注意力。那些顶峰人物，尤其是有作为的科学家、思想家、发明家与创业家，几乎都具有此种特质。许多人对美国微软公司创始人盖茨，在信息技术领域大获成功的原因进行过研究，几乎都认为他从少年时代起就始终专注于电脑事业，乃是一个非常重要的因素。的确，一个人的能力有大小，能力强的人如果不专注，往往在事业上的成就，完全可能不如那些能力较弱但却很专注的人。无数事实表明，专心致志地坚持做一件事情，常可收到“滴水穿石”的效果。当然，专注不等同于孤注，孤注表面看起来确实很专注，然而实是一种赌博心态。它不问客观条件和主观能力如何，只要选定了一个目标，或者要做一件事情，就不管三七二十一地干到底，可谓“输赢在此一掷耳!”主体如持这种心理投入致胜活动，不能说笃定不成，但具有极大的风险性甚至冒险性。个人赌博输赢事小，任何事关个体、群体前途与命运的事，如果也抱着孤注一掷的心态去对待，一旦失败其后果不堪没想。

重兴趣但不唯兴。兴趣是人们在探索客观世界过程中力求接触、探索和认识某种事物的特有意识倾向。一个人只有对某种事物或某种活动具有浓厚的兴趣时，才会为之向往和热衷于求索，才会情绪饱满而持久地去深入考察、研究和把握，才会主动克服各种困难和阻力去实现想达到的某种目标。历史上有许多科学家，之所以能获得巨大成就，无不与其对所从事的研究怀着强烈的好奇心和兴趣，并进一步将其转化爱好与奋发精神有关，像物理学家牛顿、生物学家达尔文、蒸汽机发明者瓦特、化学家维勒、发明大王爱迪生、自然探险科学家洪保德、飞机发明者莱特、电磁理论缔造者麦克斯韦、宇宙理论先驱齐奥尔科夫斯基、科学巨人爱因斯坦等皆然。但又要看到，人生是社会中的人生，兴趣爱好是一回事，能不能如愿以偿地去从事有兴趣的工作与活动又是另一回事，在许多情况下常要求人的兴趣，不能不随着社会需要和环境条件的变化而有所改变。这也就是说，重视兴趣是好的，但不能唯兴趣，似乎凡自己不爱好的事情就统统不能去做。恰恰相反，能够不断提高自身的适应与应变能力，根据社会的客观需要和环境条件的变化适时调整人生目标，转向与培养新的兴趣，恰恰是每个进步致胜者应具备的心理品性。

讲个性但不任性。每个人都有自己的个性特点，正因为这样，人类社会这个超级型群体才显得生动活泼、多姿多彩，才相互补充而不断地进步。如果万人一面，这个社会定会索然无味、毫无生机。因此，个人对自己，个体对其他个体，群体对所属个体，都必须十分重视和把握个性问题。就每个人来说，如何根据自己的个性特长来选择适于发挥自身潜能的工作、场所和目标，是十分重要的。有的人性情十分孤僻，但很沉稳和善于思考，要是硬去从事各项社交、公关、娱乐之类的活动，显然不适合其特点。但如果去搞内勤、研究、出谋划策的工作，就能发挥其个性的优长。与之相反，有的人生性活泼、开朗、豁达，可是坐不住、缺乏稳重和不善深思，却去搞科学研究和决策咨询之类的工作，无疑也不合适，如改为从事社交、公关、娱乐等工作，情况就可能大为改观。尽管任何人都应该尊重个性，个性强者还往往有助于发奋致胜，但又不能让自己的个性随意张扬，尤其不能让一些不良的个性任其伤害别人和群体。即使好的个性，也要根据对象、时间、地点和条件的变化，适当地进行调控，过分任性只会产生各种负面的作用。

## 四、优秀智能是主体进行致胜活动的内在力

人之所以明显优于和强于其他大型哺乳动物，当然不是靠体力占什么优势，而在于拥有其他哺乳动物所没有的特殊智能。即使拥有健壮的身体和良好的心态，如果不与智能相结合，恐同其他健壮的动物无异。关于智能的内涵，人们一直有着不同的理解，如有人把智谋作为智能，有人把知识作为智能，有人把创造性能力作为智能，还有人提出由多元化因素构成智能等。实际上，智能乃指人正确认识客观事物并运用知识、智慧等解决实际问题的才能。尽管大家对智能内涵的理解存在着种种差异，然而对智能价值的看法却是比较相似的，通常皆认为无论在考场、赛场、艺场上，还是在市场、战场、官场上等各种场合，智能始终起着关键性作用。因此，必须高度重视主体的智能素质，并在如何不断努力提升其水平上下功夫。

### （1）获取博大精深的知识是构成智能的基石

知识既是人类活动积累的认识成果，又是构成人类继续认识世界和改造世界的特有智能的基础，具有实践性、继承性、传播性、发展性等特点。知识不仅应知其然和知其所以然，还应把怎样正确地运用它们的方法作为重要

组成部分。人们常说的“知识就是力量”、“识多才能智广”、“只有知识才能使人成为自由的人和伟大的人”等等，皆是对其作用的生动描述。从不同的角度，可将知识分为不同的类型，如有直接性知识与间接性知识、经验性知识与理论性知识、普遍性知识与专业性知识等。为了满足致胜活动的需要，主体至少应把握以下四个方面的知识内容：

普遍性基础知识。这是指关于世界是什么、为什么世界是这样、怎样去认识与改造世界、如何评价人们活动的价值等之类的知识。其主要作用在于帮助人们树立科学的世界观和真、善、美、圣观念，以及学会与把握解决各种问题的科学方法论。虽然普遍性知识来自于各个方面知识的高度综合与抽象概括，但它一经形成，反过来则对进一步获得各个方面的知识起着理论指导与认识工具的作用。尤其那些被广泛的社会实践反复验证属于正确的哲学、一般科学理论方法，应该说就是普遍性真理，对于一个进步的致胜者具有更为重要的意义。

专业性基础知识。这是指主体所从事的专业活动领域所直接涉及的基础知识，它比普遍性基础知识相对要窄，但与所从事的专业活动联系得更紧。每个致胜主体，都应根据自身所从事的不同专业活动领域，认真学习和把握相应的专业基础知识。在具体做法上，主体应针对自身所从事的专业领域，坚持有所选择、专业对口和学用扎实的原则，全面而深入地把握有关专业的基本理论与基本方法。只有这样，才有助于进一步学习、研究和运用各种具体的专业知识，才可能为主体所从事的具体性求胜防败活动提供更为直接的理论基础。

专业性知识。这是指主体在所从事的专业活动领域中必须精深而熟练地把握的专门知识，包括应用理论、具体方法和技能知识等各个方面。专业性知识与专业性基础知识联系得非常紧密，随着专业分工范围大小的变化，两种知识的区分具有明显的相对性。如果说专业性知识有什么特征，那就是随着社会专业分工愈来愈细，其具体化、应用化和可操作化的程度将会愈来愈高。显然，无论是普遍性的基础知识，还是专业性的基础知识，都必须通过专业知识并与之结合起来，才能真正发挥其基本理论与方法论的指导作用。

相关性知识。对这种知识的需要，弹性比较大，但又少不了，掌握的程度直接影响到致胜者的视野及其主动性的发挥。应该看到，客观世界本来就是一个整体，人们在认识与改造世界的时候，仅仅由于分工的需要才把这一整体做了人为的划分。随着社会生产力和科学技术长足的进步，愈来愈迫切要求还世界以本来面目，逐步打破各门学科之间的壁垒。因此，一个致胜者的知识体系就再不能仅仅局限于某个专业的范围，而必须处理好博与专的关系，既要始终围绕所从事的专业活动的需要这个中心，又要在精力、时间和条件可能的情况下多掌握一些相关知识，诸如文化、法律、历史、地理、科技知识等等。

然而知识并非从天上掉下来的，智者并非天生懂得一切，只有愚人才会认为自己无所不知。靠什么获得丰富的知识呢？只能靠勤奋而虚心地学习、总结与积累。这点，尤其在青少年时期显得特别重要。古人说的“黑发不知勤学早，白首方悔读书迟”、“花有重开日，人无再少年”等，就是指的一个人在青少年时期抓紧学习的极端重要性，千万不能把学习当成一种负担和痛苦之事；而强调“圣人无常师”、“三人行，必有我师”等，则是指还必须向一切有知识的人学习才行。当然，随着社会的发展，知识更新的速度愈来愈快，不仅年青人，而且所有的人都必须不断丰富和更新自己的知识。只有这样，才能满足从事求胜防败活动时对知识的需求。毕竟人不可能生而知之，先天只能为其后来的成长提供基本的生理与心理条件，但不可能确保他未来掌握什么样的知识和拥有什么样的智慧。因此，知识全靠后天的学习与教育获得。人之所以比其他动物高明得多，就在于其各种本领主要不是来自实际生活中本能而简单地模仿，而是靠人类知识与智慧的积累性传承，并通过各种教育活动用集体积累的知识与智慧来催化个体才能的成长。

这里面，家庭教育、社会教育与自我教育一样都不能少，而且始终是三者互相补充、互相促进地起着作用。人一生下来，首先就是父母对他（或她）的喂养、照料和影响，来自双亲与其他家庭成员的潜移默化“教育”的作用不可低估。重视家庭教育，搞好家庭教育，不仅有利于人的初期成长，而且对人后来获得各种知识产生着积极的影响。社会教育对每个人知识水平的提高，无疑起着更广泛而深远的作用。一个人从幼儿园和学校开始，直到离开工作岗位和人世，始终都受到来自社会各个方面、各种渠道的影响。从广义上说，各种范围不等、程度不同的学习与教育，尤其当代社会网络化、开放化和终身化教育体系的逐步形成，更对这种教育产生着深远的作用。无疑，只有把整个人类的精神、文化财富，尤其是其中的优秀部分，真正不断地加以继承、弘扬和发展，才是正确的社会教育之途。自我教育即指自学与反思，务必建立在完全自觉的基础上，只有保持强烈的求知欲和持之以恒的决心，才能坚持天天学、抽空学、认真学，甚至“活到老、学到老”。然而求知欲的强弱及决心的大小，却取决于一个人的事业使命感，及其所定致胜目标的高低状况。使命感愈强，预定目标愈高，求知的欲望就愈强，决心就愈大；反之则愈弱、愈小。另外，自我教育的内容与形式应有所选择，盲无目的地学，眉毛胡子一把抓地学，只读不思地学，效果亦不会太佳。这方面，著名的中国数学家华罗庚可算得上一个优秀的典型，他初中毕业后曾入上海中华职业学校就读，但因拿不出学费便中途退学了，此后 5 年全靠自学学完了高中和大学低年级的全部数学课程，并在 20 岁时写了篇轰动数学界的论文。也因为这个缘故，遂有机会入清华大学边工作边学习，又进一步自学了英、法、德文和数学系全部课程，并随后在国内、外攻克了许多数学难题，推广了优选法与统筹法的实际运用，在数字界做出了杰出贡献。

**(2) 善于把知识转化为致胜的各种能力**

一个人有了深厚而广博的知识，仅仅是为智能的形成提供了重要基础。如仅为其所困，也许只会成为一个书呆子，或变成一只成天哇哇叫的“青蛙”。必须根据实际情况灵活地运用知识，并善于将主体掌握的知识同其良好的生理、心理机能结合起来，才能在认识与改造世界的过程中，通过一定的形式使之转化为可用于实践活动，以及实现求胜防败目标的能力。其中比较重要的能力如有：

认识能力。这是指主体的认知素质同其所掌握的知识相结合，并运用于认识客观事物、过程与现象的能力。宋代诗人陆游说得好：“成败极知无定势，是非元自要徐观。”主体能不能正确认识客观对象和环境条件，乃是能不能在趋利避害活动中获得成功的前提所在。可是，主体要想获得正确的认识，先后涉及观察、记忆、思维和表述等多方面的能力，并要求圆满完成由感知达到真知的任务。观察为认识之始，观察能力是认识能力中最基本的能力。其主要特征，在于人脑通过各种感觉器官或借助一定工具，对客观的事物、过程与现象加以直接反映。记忆是人们积累、再现经验材料和理论知识的根本途径，只有具备一定的记忆能力，才能把感觉上升到知觉和表象，才能吸取和运用各种知识，从而找出认识对象同其他对象的联系与区别之处。思维在认识过程中起着关键作用，思维能力是认识能力的核心所在。主体的认识不仅在感性认识阶段就需要思维的参与，而且能否由感性达到理性的高度，全靠其思维加工的结果。再就是不可忽视表述的作用，因为表述能力关系到主体能否正确、有效地将认识成果反映出来，使其成为一种有价值的精神财富。它包括口头表述能力与符号（文字等）表述能力两种类型，其在不同的致胜活动中皆不同程度地发挥着重要作用。

交际能力。由人类社会的结群特点所决定，每个具体主体都需要通过同其他主体交往来谋求生存和进步，因此主体的交际能力在求胜防败活动中的作用十分明显。人际关系好有助于成功，可以说是一条重要的求胜防败经验。交际能力包括的范围很广，主要是自控能力、说服能力、凝聚能力等方面。自控在交往过程中很重要，其能力的强弱直接影响到交际的顺利展开。一个善于交际的人，首先是一个严于律己、自控力强的人。在交际中，最忌的便是唯我独尊、随心所欲。要想达到求胜防败的目的，就必须善于控制自己的情绪、欲望和行为举止，比如制怒、制诱、制贪等之类。说服是种艺术，说服能力就是要使别人对你或对你所要做的事达到心悦诚服程度的能力。在交际过程中，只有在知己知彼的基础上，善于用行动和道理说服别人，让交往的对象深深感到加强交往的必要性与迫切性，自觉自愿地同你往来，才能获得更佳的交际效果。凝聚能力在交往中也十分重要，无论个体还是具体群体，要想真正把相关人员团结在自身的周围，还有赖于在思想、组织、行为方面做出努力，使相关的交往者真正认识到共同的利益和目标，并在一定的联系与组合方式下把大家凝聚起来。尤其作为担负重大责任的领导者，这种能力的大小不仅影响到自身的成败，而且还是能否形成一个坚强的致胜群体的重要因素。

决策能力。决策作为主体连接认识活动与实践活动之间的桥梁，在求胜防败过程中成了一个不可或缺的关键环节。主体能不能有效地采取行动，达到预期的求胜防败目标，其决策能力起着极为重要的作用。决策能力主要包括预测能力、判定能力与优化能力等几个方面。预测虽本质上属于认识之列，但又不同于一般的认识，它主要是解决如何正确预见尚未感知的现在事物、已知事物的未来和可能出现的新事物之类的问题。提高预测能力，对有目的、有根据、有创见地进行超前的研究，适时提出决策所需的科学设想或假定，做出瞄准未来的超前性决策和有预见地采取行动，始终是一件非常重要的事情。判定能力如何，直接影响到决策的正误。每个从事求胜防败活动的主体，都有一个能不能对活动的有关情况进行全面、深入的分析，以及去伪存真、由表及里、由此及彼的思索，并运用科学的理论、方法得出正确判断和定下决心的问题。此外，作为决策的全过程，致胜主体的优化能力也很重要。判断、决心、失误乃常见的现象，任何决策一开始就非常完善，根本不需要以后做任何修正，那是很少有的事情。这里面，有主观的原因，也有客观的原因，关键就看致胜主体是否具有客观地加以评价、审视，以及根据情况的变化及时予以优化与修正的能力。

实践能力。实践是人类有目的地适应、利用和改造客观世界的感性物质活动，有生产劳动、科学实验、政治斗争、日常生活、教育活动等诸多形式。实践能力涉及的面很宽，同致胜活动联系比较密切的主要是行动能力、管理能力和持续能力等。行动能力，是指主体为实现一定目标采取各种举动的实际本领。不采取行动，即使有丰富的知识、正确的认识和科学的决策，仍然无法“开花结果”。只有坚定地、有效地、按部就班地采取相应的行动，才能使认识与决策变成现实。至于主体的管理能力，主要体现在计划组织、协调步伐和提高效率等方面做得如何。计划组织水平是管理能力的核心，对于群体的领导者固然很重要，即使个体从事致胜活动时也是不可或缺的方面。对协调步伐的要求，应贯穿于管理的全过程，步伐不协调、不齐整，尤其如果出现了逆向的行为，只会影响管理的效果。同时，必须不断提高管理的效率，低效率或无效率的管理不可能出现高效率的致胜行动。再就是，实践的持续能力也很重要。做任何一件事情，采取任何实际行动，如果缺乏后劲，不能持续地坚持下去，就很可能导致半途而废或由胜转败的结局。只要自身预有准备，善于做好前后关联的工作，注意不断与外界交换物质、能量和信息，届时就可能在持续的致胜活动中措置裕如地奔向预定目标。

### （3）主体的智能水平应不断地加以提升

随着社会的不断进步，无论是主体的知识还是能力，都不可能始终处于静止的状态之中。一个想有所作为的致胜者，必须自觉地、能动地顺应其客观变化，以不断提升自身的智能水平。如果说人类的知识是其力量的基础，人类的智慧是其力量的灵魂，人类的能力是其力量的体现，那么智能水平的不断提升，就可以使致胜主体在认识与改造世界的过程中获得更多的主动权和自由权。这既是智能本质的升华表现，又是智能作用的充分发挥，每个致胜主体都应该在这方面下一番工夫才行。

首先，不断革新思维方式，是提升智慧水平与能力的可靠途径。世上的事物都是多层次、多方面、多性质、多规律的，相互间有着这种或那种联系，并且始终处于发展变化之中。人们不仅要认识它、把握它，还要能动地影响它、改造它。这在当代社会表现得尤为明显。因此，仅仅满足于惯常性思维远远不够，还必须采取创造性思维的方式，以便不受束缚地、举一反三地、标新立异地思考与解决所面临的问题。进行创造性思维的方式很多，至少有以下三种值得重视：第一是多向型思维方式。任何复杂一点的事物，均由不同的层次、侧面和部分所构成，都有它的过去、现在与未来，都同其他事物有着千丝万缕的联系，因此致胜主体认识与把握它们的时候，必须把正向思维与反向思维、纵向思维与横向思维、平面思维与立体思维、分散思维与系统思维统一起来，并以反向思维、横向思维、立体思维、系统思维等为主导。第二是应变型思维方式。事物总处于发展变化的状态之中，人的心理与认识活动也不是静止不动的，这就要求主体从思维上反映客观事物时，必须将静态思维与动态思维、实时思维与超前思维、粗放思维与精确思维、情感思维与理智思维结合起来，并以动态思维、超前思维、精确思维、理智思维为主导。第三是开拓型思维方式。主体对客观事物、过程与现象的认识，从来就不是被动地反映，也不会为认识而认识，通常都是充分发挥主观能动的创意，不断从新的高度、广度和深度上去开辟新的天地。因此在思维过程中，要求将收敛思维与发散思维、循规思维与破例思维、封闭思维与开放思维、承传思维与创新思维结合起来，并以发散思维、破例思维、开放思维与创新思维为主导。

其次，充分发挥直觉的作用，是提高智慧水平与能力的重要内容。主体在认识与把握客观事物的过程中，经常会遇到按照逻辑的程序与步骤思考问题会百思难得其解，而在某种因素和条件的触动下，却突然顿悟到问题的实质或解决问题的办法等现象。这种思维表现，并非唯心的、主观的神秘产物，而是主体运用直觉思维能力直接揭示客观事物本质与规律的结果。直觉的具体表现形式主要有以下几种：第一是想像，系指人们依据已知科学知识和某些科学事实，发挥高度的科学抽象和联想能力，在脑海里进行新的联结和组合，以获得新的形象，从而领悟事物本质与规律的一种思维活动。其最突出的特点有两个：一是形象性，属于将不同的形象成分和来自不同渠道的形象信息予以重新联结与组合的过程；二是概括性，不仅包括记忆映像，还包括那些带有概括性的记忆符号、标记、图形、图样等，因而可通过自由的联结和组合创造性地获得新形象。由此可以看出，想像的基础在于从实践中感知而获得表象，想像获得的结果还需要通过实践进行检验才能证明是否符合客观实际，完全是人们借助形象思维活动所获得的一种创造性思维能力。第二是灵感，系指人们在长时间思索问题而又困惑不解的情况下，由于受某种随机因素的引发和启示，突然产生顿悟，从而认识事物本质和规律的一种思维活动。其主要特点：一是引发的随机性，预先无法做出必然出现的安排，也不可能人为地通过自觉思维来获取；二是显现的瞬时性，总是“一闪念”地突然呈现出来，如不及时抓住就有可能转瞬即逝；三是强烈的情感性，始终与情绪相联系，伴随着如痴如醉、强烈激奋的精神状态，等等。可以说，灵感实际上是在主体丰富的实践经验和知识积累基础上，对其拥有的经验、知识、才能、情感的凝聚和集中爆发。第三是理性直观，系指人们根据所获取的感知事实和科学知识，敏锐地、直接地抓住事物的本质和规律，从而获得真理性认识的一种思维活动。这在一切依靠经验和已有知识的升华而迅速解决问题的活动领域，运用得比较多，可以发挥重要的作用。其突出的特点：一是经验性，要在经验积累达到一定程度的基础上，通过进一步综合、升华来对事物本质与规律获得突然领悟；二是直接性，整个过程短暂、简化而浓缩，有时似乎感到一下子便完成了由感性到理性的飞跃。显而易见，理性直观并非先验的东西，它既不能超越实践活动，也不能离开感性经验知识的积累，只有在实践、感知和经验的基础上，才能充分发挥其创造性思维形式的积极作用。

再就是，善于运用综合性效应，是提高智慧水平与能力的关键所在。致胜主体的智慧，尽管主要体现在知识、思维与能动性上，但其必须依附于主体的身体，受制于主体的心理，离不开主体所掌握的信息、知识、工具和具有的各种能力。没有身体、心理、信息、知识、工具和各种能力等多方面的共同作用，这种智能便无法有效地形成和运用于实际的求胜防败活动之中。很显然，智慧水平与智能的提高，不能仅仅依赖于改善主体的某些素质和某些能力，而须靠各种素质和能力协调一致所形成的合力才能奏效。同时，在完善智能体系的过程中，着力克服其中某些薄弱环节和短板缺项也非常重要，凡是由于某些知识、能力的缺失或不够完善，而影响到整个智能体系的创造功能时，一定下大力气去改变这种状况。另外，还要有效掌握信息和运用相关工具。信息是决定求胜防败活动具体实施的重要前提，不了解同致胜活动相关的信息，就无法正确确定活动的目标、进程与决策。主体必须十分重视信息工作，不断地、系统地、及时地搜集同致胜活动相关的信息，并客观而科学地加以筛选、整理、分析和研究，以提高自身运用智能的效率。同时还要看到，正确掌握与运用各种技术手段、新式工具和科学方法，如电子计算机、系统工程技术与预实践方法之类等，对提高主体的智慧水平与能力亦大有裨益。

## 五、运筹状态决定主体的现实致胜能力

一个主体、尤其是群体，从事求胜防败活动的能力状况，固然受制于每个个体的身体、心理、知识、能力与智慧等各个方面，但在实际活动中这些方面都不是自动和单独起作用的，它们需要经过动员、配合、互动和联结，才能形成主体、尤其是群体所拥有的真正的现实致胜能力。而要做到这点，并非一件简单的事情，必须通过一定的动员过程、组织方式及其优化，方能实现潜在性能力向现实性能力的转化。同时，还必须做到正确地、能动地运用这些能力，才可能卓有成效地发挥其在致胜过程中的决定性作用。

### （1）必须做好致胜力量的动员工作

主体本身业已具备的各种能力，同实际上可以用于致胜活动的能力还不是一回事。要看到，致胜能力有潜在性致胜能力与现实性致胜能力之别，不

能混为一谈。所谓潜在性致胜能力，是指主体可能最大限度投入致胜活动的整个综合性能力；而所谓现实性致胜能力，则是指主体将潜在性能力动员起来实际用于致胜活动的那部分综合性能力。前者只是一种可能性，后者才具备现实性，可能并不等于现实。要将可能的潜在性能力有效转化为可用的现实性能力，受到一系列主、客观因素尤其是动员的影响，而且致胜主体只有把握了能用于致胜活动的现实性能力，才能真正为实现求胜防败目标创造可靠的、直接的实力基础。

就潜在性致胜能力与现实性致胜能力之间的关系而言，潜在性致胜能力是现实性致胜能力的基础和源泉，现实性致胜能力则是潜在性致胜能力的外化和表现。可以说，两者目的相同、内容相通，皆系主体直接或间接地用来达成一定的致胜目标，并由一系列的致胜能力要素与部分所构成。在通常情况下，凡主体拥有雄厚的潜在性致胜能力者，其拥有的现实性致胜能力就会比较强大；如果前者单薄的话，后者也会比较弱小。然而，两者并不等同，既一致又不一致，有时既可以因为主体没有充分发挥主观能动性，以及受到种种客观因素和条件的限制，未能使潜在性致胜能力高效率地转化为现实性致胜能力，从而出现了雄厚的潜在性致胜能力却没能表现出强大的现实性致胜能力的情形。另外还要看到，潜在性致胜能力与现实性致胜能力之间，不仅是决定与被决定的关系，还是作用与反作用的关系。潜在性致胜能力对现实性致胜能力的制约作用，毋须多说就很清楚。现实性致胜能力对潜在性致胜能力的反作用，则可从两个方面表现出来：一方面，主体对现实性能力日益增长的需求，有力地推动着潜在性致胜能力的准备与建设；另一方面，主体拥有的现实性致胜能力的存在状态，影响到潜在性致胜能力的继续发展。

需要强调的是，在由潜在性致胜能力转化为现实性致胜能力的过程中，动员乃其不可逾越的途径与桥梁。所谓动员，人们往往以为只是进行战争准备的事情，其实不然，这里乃指主体为了实现一定的求胜防败目标，采取一系列措施将拥有的潜在性致胜能力发动起来，用于实际的致胜活动的一种举动。致胜主体在动员方面做得怎么样，尤其是动员率的高低，直接决定着把潜在性致胜能力转化为现实性致胜能力的程度。这点对潜在性致胜能力较强者有意义，对潜在性致胜能力较弱者更有意义。很显然，致胜活动中的动员，主体是从事致胜活动的主体，目的是为了实现求胜防败的目标，对象是主体拥有的潜在性致胜能力，机制是主体采取的发动、转变、组织等措施，过程是将潜在性致胜能力转化为现实性致胜能力。致胜主体届时究竟运用什么方式进行动员，不是单凭主体的主观愿望来确定的，必须根据主体及其从事的致胜活动的实际情况，看主体究竟打算从事何种、何项致胜活动，要想达到什么样的求胜防败目标，自身拥有多大的潜在性能力，能够采取哪些有效的措施与行动等等，逐一地进行分析和综合地进行考量才能确定。

因此，主体要做好致胜力量的动员工作，并非一件简单的事情。为此，必须把握好以下几点：（一）目的明确，根据需求而定。搞好动员，并非动不动就把主体所拥有的全部潜在性致胜能力，一下子都转化为现实性致胜能力，而应根据所从事致胜活动的具体请况，需要多少力量就动员多少力量，并保证有一定的预备力量就足够了。（二）实事求是，力求切实可行。动员的对象乃主体拥有的潜在性致胜能力，有多大的潜在性致胜能力才能有相应大的现实性致胜能力。只凭主体一厢情愿地按主观需求动员，肯定无济于事。当然，在提高动员效率上下功夫也是十分必要的。（三）区别对待，灵活采取措施。动员的方式、方法很多，各有各的适用范围，各有各的优长和不足。比如总体动员比局部动员的范围广、力度大，但对主体其他方面的扰动也大、也深，搞得不好便会造成潜在性致胜力量的浪费与损失。（四）统筹兼顾，严密组织实施。在动员开始之前，一定要在深入调查研究和反复思考的基础上，制定好动员的计划，落实动员的各项措施；在动员实施的过程中，善于运用各种科学的方法和手段，确保动员顺利而高效地展开。此外，主体开展的致胜活动结束后，还要注意做好力量的复原工作，以便为今后继续展开其他的致胜活动做准备。

### （2）致胜能力的形成受组织状况制约

整个致胜能力的形成与运用，并非把各种有关能力要素叠加起来就可以了。各种有关能力不仅有个如何组成、配合的问题，还有个怎样去协调和协同运用这些能力的问题。也就是说，作为致胜个体必须重视能力的自身组织过程，作为致胜群体必须把力量的形成作为一个系统来对待，只有这样才能收到较好的效果。

在致胜能力的形成过程中，高度重视能力体系的结构性建设非常重要。这里讲的结构，是指在致胜能力体系内各组成要素或部分相互联系、相互作用的方式总和。主体只有将这些相关要素或部分按照一定的结构方式组合起来，才能形成投入求胜防败活动的综合性力量。无论个体还是具体群体，究竟应将自身拥有的致胜能力诸要素或部分按什么样的结构方式加以组合，不是抽象地去看哪种结构方式优越，而要看哪种结构方式有利于充分发挥致胜能力的整体效能。这里面，一方面须看系统所产生的综合性能力是否远远大于能力诸组成要素或部分的总和，愈大说明愈好，小了则表明结构方式存在着问题；另一方面须看形成的致胜能力体系能否随着诸要素或部分的革新，以及时间、空间、致胜目标的变化而不断优化。需要强调的是，致胜能力体系的优化既可能来自本身要素或部分相互矛盾的推动，也可能得益于外界环境条件与内在能力体系的相互作用，但更多的乃是上述两方面综合产生的结果。显而易见，无论是什么原因，或采取什么形式，在现实性致胜能力的形成过程中，其结构体系的建设与优化乃是贯穿主体所从事的致胜活动始终的一件事情。

同时，系统的结构与功能是紧紧联系在一起的，致胜能力究竟应达到什么样的水平，须看能力体系能不能满足主体所从事的致胜活动的要求。这里面，既包括正常的、一般的要求，又包括非正常的、特殊的要求。从有备无患、有把握地求胜防败的角度来看，做好应付各种突发事变的准备，就显得格外重要。以往，人们对战争中的突然袭击问题研究得比较多，往往把应付敌人的突然袭击作为战备工作的首要环节和重中之重。其实在人类的全部活动中，岂止战争领域有这个问题，从某种意义上说有效预防突然事变的发生带有相当广的普遍性。且不提诸如地震、海啸、洪水、传染病等爆发，给每个地区、国家带来的巨大灾害，就具体到每个人来说，“天有不测风云，人有旦夕祸福”的情形则更多，比方说正当大展事业宏图的时候，或突然生一场大病，或身遇到恶性交通事故，或遭人诬告进了牢房，或至亲突然去世等等，如果缺乏精神准备和正确的、有效的应对之策，都有可能使刚刚展开的事业受到重大打击甚至夭折。当然，难以预料的世事很多，并非说人们只要早做准备就可万事大吉了。这里之所以强调在致胜能力的准备过程与体系形成中，必须把做好应付突发事变和各种危机的准备摆在特别重要的位置，是因为有了这种更为充足的准备，就不仅可以在遇到不测时避免惊慌失措，还可以始终居于致胜活动的主动地位。

另外，一个群体的致胜能力，虽然须以构成这个群体的各个个体的能力为基础，但又不是各个体能力的简单相加。其中群体能力的结构方式和运行方式，起着关键的作用。搞得好，群体能力可以大于各组成个体能力的总和；搞得不好，群体能力则会小于、甚至远远小于各组成个体能力的总和。作为一个出色的致胜群体，必须争取前者、避免后者。要看到，随着现代系统科学与电子计算机的发展，系统工程、系统集成的方法得到了愈来愈广泛的运用，这就为群体、尤其是大型群体的力量构成和综合运用创造了条件。俗话说得好："和羹之美，在于合异；上下之益，在能相济。"在形成群体致胜能力的过程中，除了要密切关注诸如"短板"、"短腿"、"瓶颈"、"窄道"等制约和影响群体整个力量的现象外，必须同时注意取长补短、相辅相成，充分发挥群策群力的联合优势，齐力一向地去实现致胜目标。

**（3）正确运用致胜能力具有关键意义**

主体对现实性致胜能力的运用状况，起着增强或削弱这种能力的作用。当主体拥有强势或优势的现实性致胜能力时，正确运用的结果可以使其更强，反之亦可能削弱以至由强转弱；当主体拥有的现实性致胜能力处于弱势或劣势时，如能正确地加以运用，则有助于实现由弱到强、由劣到优的转化。致胜主体在现实性致胜能力上一时处于弱势与劣势固然不利，但并不可怕，可怕的是对此束手无策，不能正确运用所拥有的能力去逐步改变这种不利的态势。同时，主体愈能正确运用现实性致胜能力，就愈能以较小的力量消耗换取较大的胜利。

在致胜活动的能力运用上，始终存在着一个效费比或胜利率的问题。衡量一项活动的结局究竟是胜利了还是失败了，胜利了又是多大程度的胜利，千万不能纯粹看"赢得"和"成果"，还必须看"付出"和"耗费"，并将两者加以比较来衡量。比如，可以把致胜活动的结果用"胜利率"来表示，亦即胜利率＝效益度/耗损度。这里面，效益度是指主体实现致胜目标所达到的效果与利益的程度，耗损度是指主体在实现致胜目标时力量的耗费状况。很明显，效益度与耗损度都不是一个单一值，而是由多因素交织而成的综合值。

从胜利率的公式中可以看出，效益度与耗损度之比愈大，胜利率就愈高，表明获得的胜利就愈大；反之，自然就愈小。当胜利率小于“1”时，很难说是胜利的结局；其远小于“1”时，甚至可能意味着失败。那么，是哪些因素影响和左右着致胜活动的胜利率呢？其中的一个关键，便是主体能不能正确地、出色地运用所拥有的现实性致胜能力。运用得好，小的力量可以做成大事，大的力量可以做成更大的事；或者是做成同别人一样的事，却只耗费了较少的力量。如果运用得不好，情况就会完全相反，每每造成貌似胜利、实则失败的局面。当然，由于事物的复杂性，致胜活动经常是分层次和分项目的，当其某个局部或方面为了全局的胜利需要付出更大的耗费时，就不能只根据局部的得失来评价该局部或方面的“胜利率”，必须站在全局的高度来审视这个问题。我们说的正确运用致胜能力，正是要坚持从求胜防败全局出发，全面照顾和运用好全局及其相关局部的力量运用。

主体要做到正确地运用现实性致胜能力，所涉及的主观因素与客观方面很多，而且不同主体、不同性质、不同规模和不同条件的致胜活动，在做法上亦有明显的差别，需要根据具体情况做具体分析。其中须着重指出的是，在求胜防败过程中根据需要相对集中使用力量具有相当的普遍意义，应引起致胜者的特别关注。之所以这样说，乃因为世界是无限的，致胜活动是非常广泛而又连续不断的，但就每个主体的能力而言，无论孰强孰弱，却毕竟有限。再加上任何个体或群体进行致胜活动时，目标要一个一个去达成，齐头并进只会使有限的力量分散而趋小。怎么办？主体只能在决定性的方向、时间、地点和行动上，不断集中相对有限但足以形成强势或优势的致胜能力，逐个地、有效地去满足客观的需要，通过各种大小胜利以最终实现求胜防败的各种目标。

在怎样实现对致胜能力的正确运用问题上，必须高度重视领导和管理的特殊意义。个体开展求胜防败活动时，领导与被领导皆是自身，领导的作用虽体现不出来，但仍有一个如何管理好自己方方面面的问题，使得对自身能力的运用恰到好处，充分发挥其求胜防败的作用。但在群体性致胜活动中就不同了，作为群体的领导者和组织者，如一级政府的首长、一支军队的指挥员、一个公司的总经理、一个学校的校长等，其领导与管理的能力、水平如何，对群体致胜力量的发挥与运用，可以起到其他个体成员发挥不了的、甚至有时是决定性的作用。不过，必须强调的是，有些人只看到了领导的特殊作用，而忽视了搞好管理的特殊意义。定向、领着、引导、指挥等固然重要，但怎样去组织、计划、统筹、安排亦不应忽视。虽然后面这些不是领导人关注的重点，但系领导层和管理系统必须做好的事情，否则便会影响到群体致胜力量的充分发挥。

# 第三章　善借外部致胜力量

主体从事致胜活动时，大凡拥有的致胜力量愈强，实现目标的胜算才愈大。由此也就决定了人们在自强的基础上，常常要千方百计地借助外部的力量，以进一步强化自己或弥补力量的不足。何况，人类社会乃是个不断相互交往的群体性社会，愈是向前发展，交往的范围愈宽广，到了全球化时代相互间的交往就更频繁和广泛了。这种特点和条件，亦为各种主体从事致胜活动时借助外力提供了可能。当然，借助外力的对象很广，方式很多，善不善于借力，能否处理好自力与外力的关系，对于形成以强对弱的求胜防败态势具有重要的意义。

## 一、借助外力是人类社会活动的普遍现象

人类社会是个合群的社会，无论与自然界打交道，还是在社会内部的交往活动，各个具体主体之间始终处于相互联系、相互影响、相互作用之中。假如哪个人或具体群体想完全孤立地行动，其不仅属于罕见的现象，而且几乎是难以为继的事情。如此，也就决定了任何主体从事任何致胜活动时，都要面对如何理好同外界的联系，以及同各种相关主体的相互依赖问题。要么你借助自然、社会、家庭和别人的力量，要么别的主体借助你的力量，借助外力成了一种包括致胜活动在内的整个社会活动中的普遍现象。

(1) 人类社会从来是个各方联系广泛的社会

人类从原始社会起，之所以选择了群体生活的方式，是由于其各个主体要想生存与进步，就必须相互依赖、借力与合作的缘故。姑且不说男或女延续后代需要借助对方，尤其面对极为恶劣、危险的环境条件，先人们既不能像鸟类那样在天空自由自在地飞翔并觅食，也不能像兽类那样以利牙锋爪去捕捉猎物，而只能成群结队地共同生活在一起。尤其在捕捉大型野兽、抵御外来侵犯、防御自然灾害时，更需要大家的相互协作、紧密配合和共同努力。

随着社会的向前发展，为了生产更多的物质生活资料，人们又开始借助风力、水力、畜力等来为自己服务。一直到近代和现代，人类始终把借助自然界的力量作为提高生产力的一个重要方面，比如从煤、石油矿藏等中获取能量，利用水力、风力、太阳能等发电，特别是对核能的开发与利用等等。同时，为了适应社会生产力愈来愈向前发展的需要，人们在生产中以至在经济、政治生活中，必须既分工又合作，每个具体主体都得通过一定的方式，借助相关的其他主体的力量才能继续生存与进步。另外，人类作为不同于其他动物的高等智能动物，还需要丰富的精神生活，这就更是一种“人人为我，我为人人”的相互借力与合作行为。人们创作和出版的不同著作、刊物、报纸总是互相阅读，各类影视、表演、艺术总是互相欣赏，每天都有成千上万条各种信息到处互相传播和利用，等等，有谁能不借助别人的精神成果而达到自学、自娱和自乐的目的呢。可以说，社会愈是向前发展，人们为了生存与进步而借力的内容、形式、类型，也就愈加丰富多彩。

需要指出的是，在人们不断借助外力的总过程中，并非始终是顺向的过程，有时乃是正向与反向相结合的过程。在通常情况下，人们的借力多是从正向给自己增加力量。你想走得快、走得远，光凭腿力不够，可以借助能驾驭的畜力与风力，也可以借助汽车、火车、飞机等产生的机动力；你想看得清、看得远，光凭眼力不够，可以借助望远镜、显微镜，也可以借助人造地球卫星和宇宙探测器的遥感遥测力；你想开矿、建高楼、兴修水利工程，自己的体力有限，可借助炸药、搬运机、起重机、挖掘机、混泥土机等提供的强大力量；你想对付强大的侵略者，为了改善自身的弱势地位，可以充分借助可动员的非军事力量，也可以借助盟国、友邦的大力支援；等等。但是，世上的事物总是处于对立的统一状态，还往往可以从反向通过减少阻力或削弱对手的力量来达到“借力”的目的。比方说，我军正与敌军交战，如果友军直接增援我军并合在一起去攻打敌人，自然是种通过正向借力来增强我军力量的做法；如果友军不与我军会合在一起，而是在敌军的翼侧或后方牵制、袭扰敌人呢？这就成了通过反向借力而增强自身力量之举。又如一个科学家或科研群体，在提出新的学说与假说时，经常会遇到公开的、隐蔽的各种阻力，在这种情况下，光靠借助各种力量从正面加强科学家或科研群体的科研力量是远远不够的，还须通过和依靠社会各界，从另一种角度来帮助消除这些对新学说与新创造所产生的种种阻力，才能有效地支持这个科学家或科研群体获得最后成功。毋庸置疑，无论是从正向增强主体的致胜力量，还是从反向削弱主体所指向客观对象的抵制力量，两者在借力过程中的作用乃殊途同归，并且经常是相互作用、相辅相成地联系在一起。

**（2）全球化时代人类社会相互交往的新特点**

由于新技术革命浪潮的高涨，尤其是高新科技群及其应用的迅猛发展，围绕着微电子技术、电子计算机技术、信息网络技术、新能源技术、新材料技术、光纤技术、超导技术、隐形技术、精确制导技术、航空航天技术、海洋工程技术、生物工程技术、超微型技术和人工智能技术等各种新技术的频频突破，以及在信息技术工程、生物技术工程、运输技术工程和航天技术工程等方面实现产业化和国际合作化，使得各个民族、国家的活动不得不打破地域以至洲际的界限。先表现为全球性经济、政治、文化、科技等方面的跨国交流，后在全球性交往拓展的基础上又开始了向全球化的方向迈进，从而促使当今人类社会相互交往发生了前所未有的巨大变化。而这，也是每个从事致胜活动的主体在借助外力时必须看到的新客观态势与条件。

经济一体化是未来经济的必然趋势，同时存在着各种不同的经济发展道路和风险。虽然必须清醒地看到，随着信息技术、通信技术、新式交通工具的进一步突破和愈来愈广泛地运用，尤其各种跨国集团公司迅猛地拓展，经济全球化的实现已不仅仅是指日可待的事情。而且，经济全球化的发展进而一体化的结果，将大大有利于世界经济的整体进步，无论富国、富地区还是穷国、穷地区，皆可从中受益。当然，同时又必须看到，在经济全球化进而一体化的过程中，一切都不会那么径情直遂，由于客观存在着不同经济水平、经济形态和经济体制的诸多差别，各国和各地区的经济各有特点、优长与不足，因而使得各个国家和地区的经济发展道路仍呈多种多样的状态。同时，还因为始终伴随着各种矛盾、摩擦与冲突，进一步加剧了各国、各地区经济的差别和贫富之间的差距，亦加剧了各国、各地区经济发展的连锁性风险。就像2008年由美国次贷危机引起，进而影响到发生世界性金融与经济危机以及许多国家的经济发展速度那样。而且，这种全球性危机的连锁反应，近几年仍有增无减。因此，面对经济全球化进而一体化的进程，人类社会的各类致胜主体在从事经济活动及其相关活动时，必须在顺应总的发展潮流与趋势的前提下，充分认识经济发展模式和道路的多样化，把握好自身扮演的历史角色，抓住机遇、面对挑战，积极参与多边、地区、全球的相互合作与交流，巧妙地借此力量促使自身生存与进步利益的合理实现。

政治全球化是未来政治的演进方向，但须经历漫长的多样化演进过程。伴随着经济全球化进而一体化进程的逐步实现，政治领域也会由多样化状态逐渐向着全球化的方向演进。只是政治上的全球化演变，面临的矛盾和斗争更显尖锐，需要经过更长时间的努力，而且还会不断出现反复。因此，各个民族、国家和地区多样化政治状态的存在与演化过程，同政治全球化这一目标的最终实现之间，既矛盾又统一，共同推动着当代与未来人类社会政治的发展。那种无视民族、国家和地区的利益及其力量的看法，是十分幼稚和不切实际的。这也就告诉人们，任何致胜主体都应面对现实，因势利导地迎接政治全球化的大潮，消极躲避或恣意对抗是于事无补的，只有在走向政治全球化的过渡期正确制定国家发展与安全战略，坚定维护国家等各种具体主体的正当利益，通过不断密切国际以至全球的联系与合作来同各种各样的强权、霸权作斗争，才可能强而有力地实现自身在政治上的致胜目标。

文化融合化是未来文化的汇聚主流，但又会始终保持千姿百态、丰富多彩的特征。一方面，文化固然以社会物质生产为基础，受到社会上层建筑的约束，经济、政治状况从根本上决定或影响着文化的状况，但文化又是相对独立的，它具有历史性、可变性、民族性、丰富性和升华性等特点。任何一种文化，都有其存在的必然性，乃是长期继承与发展的结果。同时就文化自身而言，随着交流工具尤其是当代信息网络技术的广泛运用，各种不同形式的文化必然呈相互影响、渗透、作用的状态；另一方面，文化毕竟不是孤立的、静止的存在，经济生活与政治生活的全球化趋势，不仅本身包含着文化的底蕴，而且直接促进着世界不同文化的融合，多种多样文化也呈现出全球性相互交融以至不断汇聚成主流的倾向，进而又对经济、政治的未来发展产生巨大影响。这也就告诉我们，在未来文化将是全球融合化、品味丰富化与形式多样化的结合式发展的情势下，不但千万别忽视文化所形成的软实力的特殊作用，而且其还为从事求胜防败活动的主体借助外部之力，提供了更多的可能与选择。

**(3) 致胜主体要善于借助外力来强化自身**

既然人类社会是个广泛联系的社会，尤其在当代此种联系进一步得到了强化，因此适度借助外部力量来从事各种致胜活动乃是正常的现象。那种“万事不求人”、“求人不如求己”的想法与说法，虽然从强己重要性的角度来看确实有一定的道理，但从人类社会的生存与进步始终离不开相互帮助的客观情形加以审视，不能不说其带有明显的狭隘性。必须看到，适当而巧妙地借助一定的外部力量，不仅可以使强者变得更强，而且有助于弱者转化为强者。为此，一定要正确认识、把握内力与外力的内在联系，能动地、巧妙地把可借的各种外力转化为内力，以获得求胜防败活动更多的主动权。

本来，借助外力乃指主体借助主体之外各种力量为自身所用之意，可是在人类社会的实践中，常难以严格区分哪些是主体外之力，哪些是主体内之力，尤其当外力一旦被主体所掌握和运用时，就更不便于做此种区分了。之所以会这样，是因为随着人类社会的进步，常有外力不断向内力转化的情形。石头与树枝对于远古人来说，起初是一种被直接借用来打猎、捕鱼的外物，后来祖先们将它们制成各种石器、木器，便转化为原始社会人们的生产工具和战斗武器了；对铜和铁等的利用也是如此，谁能说铜、铁工具与武器，不是构成奴隶社会和封建社会各种具体主体内在力量的重要基础呢。不妨以古代与中世纪风行战场的骑兵为例，对于骑士来说，马是他借助的外部畜力，马镫、盔甲、长予和弓箭等是他借助业已转化为人类掌握运用的一些装备，可是当骑兵发展为一个兵种时，骑士、马匹和各种装备等就共同构成了为军队所用的内部力量。可以说，人类社会愈是朝前发展，由原先可供借助的那些纯自然性物质，便愈来愈多地打上了人化的烙印，甚至成了被人再改造的东西。所有的实践工具和认识工具是这样，无数的科学技术发明与创造也是这样，从而逐渐内化为人类社会本身所拥有的力量。当代的各种高新技术，以及由这些技术衍化出来的机器人、人造卫星、宇航飞机、星际探测器等，很能说明此点。人类可以用这些业已掌握、控制的内在力量，进一步来认识、适应、利用与改造自然界。

就每个个体与具体群体来说，情况颇为类似。凡是被具体主体借助来自外部的一切物质、能量和信息，一旦变成能完全由具体主体掌握和运用的东西，便自然而然地转化成了具体主体内在力量的重要组成部分。比方说，你学习和掌握了别人的知识、方法和经验，可以转化为自身智能的重要内容；一个企业引进了别人、别国的技术与相关人才，可以转化为自身拥有的技术力量；某个群体把其他个体或小群体纳入了自己的体系，或者其部分力量成了自己能支配的力量，亦意味着大大强化了群体自身的内在实力，等等。由此可以看出，在主体从事致胜活动时，可以借助的外力与可以使用的内力之间，具有明显的关联性和相对性，千万不能将其完全割裂开来，或者予以绝对化。

尽管主体应主要着眼于如何把外力转化为内力的问题，其实相反的过程也时有出现。当你拥有的某部分人力、物力、财力等，由于诸多原因变成了被别的主体占有或支配时，对于你来说实际上就是一种内力向外力转化的过程。当然，这种转化主要体现在物质力量方面。至于像信息、知识、方法与智能这类无形的力量，虽也可转化为别人的东西，但你仍然拥有着由它们形成的内力，只是届时在同别人的力量对比上会有所变化而已。因此，具体主体为了在求胜防败中获得与保持力量的优势，既要千方百计地从正面增强自身的力量，从反面削弱对手的力量，又要密切注视内在力量与外在力量的相互转化，促使所借助的外力转化为自身的内在力量，防止在斗争中把那些有利用价值的力量转化为对手的内在力量。很显然，致胜主体可以把致胜力量区分为可以依赖的内在力量和可以借用的外在力量，但不宜孤立地、静止地对待这两种力量，因为在展开致胜活动时，内在的力量也好，外在的力量也好，总是紧紧联系在一起产生综合的效应。

## 二、巧借人力和善于引进、使用人才

在人类社会中，人是最重要和起决定性作用的。所谓“争天下者必先争人”，说的就是这个道理。因此借助外部的人力，始终成了借力中最为重要的环节。这里说的借人力，不仅指致胜主体借外部多少人及其拥有多大的体力，更指借什么样的人及其对致胜活动产生各种作用的影响力。在数量上外借多少人比较妥当，不能一概而论，这要看主体开展的致胜活动究竟需要多少人，并非愈多愈好。对“人海战术”的作用应加以分析，并在此基础上予以区别对待。然而，借什么样的人及其拥有什么样的影响力，是真正的人才还是庸才、歪才，咨询机构的作用及其发挥得怎么样，对于求胜防败来说却始终起着非常关键的作用。

**(1) 借助他人之力的范围十分广泛**

人的力量，蕴含和表现于各个方面，因此借助他人之力时，亦可从某个或多个方面着手。从对致胜活动影响较大的角度来说，主体除了有时需借助一定数量的外部人员及其体力之外，主体经常需要借助的人力主要表现在权力、智力与名气“力”等几个方面。

首先是借助权力。在人类进入文明社会之后，权力的作用是非常明显而不可忽视的，尤其在权力至上、有权便有一切的社会里，任何具体主体从事何种致胜活动，都不能不受到上面与左右权力的种种制约。因此，致胜主体除了需要借助所在群体领导掌控的权力外，由于在社会明确分工和实行岗位职责的条件下，每个人在各自的工作范围均掌管着性质不同、大小不等的权力，因此有时还需要借助别人所掌管的、同致胜活动相关的其他具体权力。很显然，在随意使用公权力和权权、权钱、权名交易风行的社会环境中，借用权力往往成了借用人力中的重中之重、难中之难。说它重要，是因为在权力至上的社会里，没有权力的帮助往往寸步难行；说它困难，是因为致胜主体的活动及其目标，未必一定符合上级掌权者的旨意和其他相关掌权者的愿望。为此，作为致胜主体，既要善于从正面宣示与解释所从事致胜活动的正当性及其意义，以得到上级与左右相关掌权者的充分理解和支持，又要敢于从反向想方设法克服因某些领导与相关者滥用权力对致胜活动所造成的阻力，并注意自身千万不能陷入所借之人滥用权力的泥潭。当然，要做到这点，说起来容易，实行起来颇难。比如面对某些掌权者的贪腐行为，以及那些靠借助权力的帮助而升官发财的现象，有的人一方面极为愤懑，另一方面在内心却又十分艳羡。如果用这种心态去借用权力，效果只能适得其反，决非一个进步的致胜者所为。虽然在许多情况下有时是不得已而为之，但决不可受其左右，而应始终坚持正确的求胜防败方向。

其次是借助智力。一个谦虚的人做任何事，常有向别人求教"怎样才能做好"的习惯，这实质上就是借智力的问题。组建研究机构，建立"参谋"机关，无疑都是现代高层领导者向别人或属下借智力的一些好方法、好途径。但一般人，除了有条件者也可以请顾问、幕僚等咨询之外，只要有"三人行必有我师"的精神，不耻下问、虚心求教，并针对所从事的致胜活动中遇到的各种问题，将古今中外他人的有关知识、方法、智慧等学到手，亦可以悄然而有效地借到所需的智力。还有很多事情，就便向亲人、好友、同学、同事问津，即可获得有益的启迪和解决办法。可以说，任何人都难以做到"事事诸葛亮"，恰恰相反，"三个臭皮匠，顶个诸葛亮"的现象十分普遍。美国发明家爱迪生一生获取发明专利一千多项，其成功在很大程度上就是依赖几十位专家、学者帮助他进行试验研究，正如他对此曾深有感触所说："一个人要想成功，必须利用别人的头脑。"个体是如此，群体的致胜活动也是一样。一个学校，一个企业，一个部门，一个地区，为了搞好自身的建设和工作，组织各种人员到别的学校、企业、部门、地区参观见习，认真吸取别人成功的经验与做法，就是一种常见的借智力举措。

再就是借名气"力"的问题。名气虽是人力中的一种软力量，但借得好亦可以起到重要作用。英国有句箴言："人有一个好名声，就等于拥有一大笔财产。"塞万提斯在《堂·吉诃德》中甚至声称："好名声比巨额财富更珍贵!"那些名企业、名学校、名医院、名科学家、名学者、名导演、名作家等等，人们之所以趋之若鹜或愿意频繁交往，除了因他们拥有比较先进的东西外，无疑也同名气有一定关系。有的人完成了一部有创见性的科学论著，若有相关领域的著名学者或著名科学家的鉴定、肯定和推荐，就可能很快地推向社会；反之，则可能长时间默默地无人问津。当然，名气要真正地符实，借其力才有价值，否则反会被其阴影笼罩。同时，切不可“拉大旗，当虎皮”，靠借名人之力来掩饰自己的无能，那样不可能获得求胜防败的效果。要知道，靠虚假之名撑着，经不起风吹雨打，更经不起阳光的照射，到头来只能既害人又害己。还有的人为了吸引别人注意自己，不惜借助些与众不同的或惊天骇俗的蠢事，以达到“扬名求胜”的目的，无疑也是极为可笑和不足取的做法。

**（2）正确对待与选用人才最为重要**

古人云：“功以才成，业由才广。”尤其在致胜活动中，无论要借什么样的力，通过什么途径和方式去借力，都会遇到人才的问题。之所以如此，是因为致胜活动缘于人类生存与进步的需求，以实现人们的正当利益为目标，从来就是一项以人为中心、为主体的能动性活动。离开了人及其能动性，就谈不上有致胜活动和用于致胜活动的核心力量。然而，不仅人与人不同，人才与奴才、庸才可能形成的致胜力量不同，而且人才在形成个体与群体的致胜力量时，表现的状况也有所不同。可以说，能不能正确选择人才、对待人才、使用人才，乃是群体的领导者发挥下属之力与借助外力，以及个体借助他人之力来强化致胜力量的关键所在。

选择好人才是借助人才之力的重要前提。这里面的关键，主要是由谁来选择、根据什么标准选择和怎样进行选择等三件事。由谁选择的问题，可因致胜主体类型的不同而有所不同。致胜个体主要靠个人加以选择，可是致胜群体选择人才时却复杂得多，可以由群体的主要领导说了算，也可以通过民主的、科学的途径来选择。大量的事实表明，要想选到真正的优秀人才，任凭主要领导者之好恶选人是难以办到的。这不仅是因为领导者个人的认识、判断难免存在片面性，更重要的是由此很容易形成下级只对上级负责，唯上级之命是从，一味讨好上级的恶习，久而久之“吏治腐败”也就油然而生了。可以说，在权力至上和金钱至上以及权、钱、名、性等可以相互交换的社会里，这种一荣皆荣、一损皆损的“吏治腐败”，成了整个社会盘根错节性腐败的症结所在。其次，无论谁来选择人才，都有个正确把握人才标准的问题。选举时，每个选举人无疑是按照自己的标准选举，但如何使大家正确把握选人标准，则是成熟的民主政治应始终关注的一件大事。即使采取远不如民主选举制的由上级自上而下的选定制，如果领导者能出于维护群体利益去按正确标准选用人才，亦可能减轻这类选定制存在的消极影响。虽然选人的标准很多，随着时代、领域、主体需求的变化存在着种种差异，不过按德贤择人乃是共同的正确择才准则。作为进步的致胜人才，至少应具备两点共同的特征：一是能坚持和弘扬科学人道精神及其进步的致胜观，二是能在致胜活动中做出非同一般人的贡献。这也就是说，仅有突出的或特殊的才能，但不能坚持科学人道精神及其普世原则，还不算进步的致胜人才；只会坚持科学人道精神及其普世原则，但缺少突出的或特殊的才能，也不算进步的致胜人才。真正能为进步性致胜活动出力的人才，必须既坚持科学的人道精神，又拥有突出的或特殊的才能，并在两者的结合和相互作用下努力做出应有的贡献。当然，人才的标准具有一定的相对性，什么时候都要求“金要足赤，人须完人”，恐怕永远都选不到合适的人才。

那么，怎样才能正确选择人才呢？一方面要客观地、全面地认识人才，通过广泛而深入的调查研究，全面掌握其有关生理、心理与智能素质的材料，是什么样就是什么样，千万不能带着有色镜与哈哈镜看人，力避夹杂主观的好恶、偏见和臆断；另一方面要认真地、仔细地鉴别人才，透过种种的表现观其本色，判断哪些是真的，哪些是假的，哪些是半真半假的，真正掌握这个人才究竟具什么样的特点和才华，适合在什么领域和方面施展其本领。此外，在选择人才过程中，还必须打破旧的框框条条，不拘一格地去加以选用，并坚持严格的科学程序，以及采取必要的监督机制。民主选择人才时，应在认识与鉴别人才的基础上，按照一定的法规、制度与任免程序展开，尤其整个过程必须是公正、透明的，暗箱操作对选择人才可说百害而无一益。只有使其始终置于众目睽睽的监督之下才能选准人才。

正确地对待人才，才能留住所借助的人才，并使之能安下心来自觉自愿地为主体所从事的致胜活动尽心、尽力、尽责。在这个问题上，致胜个体与致胜群体的要求无疑会有所不同。个体要在正确认识、评价自身才能的基础上，善于团结和尊重所借助的人才，以共同去争取、创造和赢得胜利。然而群体却有一个如何面对、善待属下和借来的各种人才的问题。应该看到，影响人才发挥作用的因素很多，比如一个有本事、有能力的人才，假若他或觉得怀才不遇、专业不对口，无法充分发挥自己特长；或因与领导、周围人合不来，感到自己被忽视和精神受到压抑，认定干得再好也没什么意思；或认为回报和待遇不高，嫌工资低、福利差、条件劣，并有了其他更为优越的去处等等，无疑都会影响他安心与热心搞好本职工作，当然更谈不上创造性地开展活动。在这种情况下，作为领导、主管或活动主导者，如何做好拴心留人、激励上进的工作显得格外重要。首先，应充满爱才、惜才之情，主动关心和解决所用人才的实际问题或困难，不吝啬地给予各种优厚待遇，给各种不同人才提供施展才能、实现宏愿的充分机会。其次，要妥善处理团队的人际关系，作为领导者应有进不求名、退不避骂的胸襟，鼓励大家团结友爱、和谐合作，以形成优秀的团队文化精神。再则，应积极创造一种宽松的活动环境，多赞扬和鼓励人才的创造精神，少指责和训斥人才的失误之举，并注意充分保护人才的知识产权。只要你真心待人、真情感人，与人才共甘苦、同进退，就不至于出现人才们“身在曹营心在汉”，以致最后离你而去的现象，反而会为了他业已参与进来的致胜事业自觉贡献自己的全部才华。

正确使用人才乃是善借人才之力的归宿所在。为此，必须做到因需、因情、因才使用人才。俗话说得好：“使蟹捕鼠，必不得。”任何优秀人才站在你的面前，如不善于正确地使用他们，同样难以发挥这些人才特有的作用。使用人才的确是门高超的艺术，其中的关键就在于能否知人善任、扬长避短、人尽其才、才尽其用。要知道，“日月不同光，昼夜各有宜”，无论哪个人才，总是各有各的特长、各有各的短处，必须根据致胜活动的具体需求因人、因才而用。一个人才能否在致胜活动中充分发挥作用，并不在于他能否不断地去弥补自身的短处，而在于是否可以不断地发展和发扬其长项。只有扬长避短、人尽其才，才易充分发挥人才的特有才能去帮你实现致胜的目标。人们对于美国微软公司，往往只知道其缔造者盖茨的才华、努力及其拥有的巨大财富，但在其背后鲜为人知的，乃是他卓有成效地借助和使用了千千万万、大大小小的软件人才，正是在这些人各司其责、扬长避短地发挥各自才能的共同努力下，才打造成了这个堪称当今世界最大的“软件帝国”。

尤其作为担负重任的领导者，更要任人为贤、量才是用。邓小平就这样强调过：“善于发现人才，团结人才，使用人才，是领导者成熟的主要标志之一。”人们可能都知道历史上楚汉相争的过程，汉高祖刘邦比起与之争霸的项羽来，个人的本事并不大，整个队伍的力量开始时也显得较弱，然而最终却成了汉朝的开国皇帝。为什么会这样呢？很重要的一个原因，就是他知人善任和善于用人之长。正如刘邦自己所得出的结论："夫运筹帷幄之中，决胜千里之外，吾不如子房；镇国家，抚百姓，给馈饷，不绝粮道，吾不如萧何；连百万之军，战必胜，攻必取，吾不如韩信。此三者，皆人士杰也，吾能用之，此吾所以取天下也。"当然，善用人才还有赖于建立起科学的管理体制和用人机制。真正会用人的领导者，绝不靠哄、抬、宠之类的消极办法，而是在建立科学的评价体系的基础上，采取严宽相济、奖惩严明的激励机制。大量的事实亦表明，只求"严"不讲"宽"，如同只讲"宽"不求"严"一样，都不可能管好和用好人才。为避免此种现象，对于做出成绩和有所创造者，该奖的就必须奖，特别对那些在有关领域或方面做出突出贡献的顶端人才更应如此。而与此同时，该批评、惩戒的则应采取适当的方式方法加以处置。常见有的人虽有一定的才能，可是不把这种才用到正道上，而是一味用以追逐发财、争权与求取虚名，甚至不惜做出种种不利于他人、所在群体以至整个社会的事情来。如对此种举动不予以制止，则不利于对人才的全面、有效的管理使用。

**(3) 善于借助和发挥咨询机构的作用**

自古以来可以看到，任何有所作为的致胜人物，单靠个人与几个亲近者的拼搏，所获取的成就往往有限，必须借助为之服务的参谋机构或智囊团才行。这种情形，到了现代愈来愈成为了一种经常的、普遍的现象。正是此种缘故，促使着由各种各样专家、学者和专门人才组成的咨询机构，有如雨后春笋般地到处组建起来，从而为致胜主体借助智力提供了极为方便的条件。

所谓咨询，不外乎是指找人商量和询问之意，或者出主意、想办法，或者做预测、提建议。能提供有效咨询的人才，应该具有观察、分析、思维、研究与表达的能力，以及精通专业技术知识、掌握咨询方法、有高度责任心、讲究道德和遵守法律。作为咨询机构，显然应是一个由多方面咨询人才组成的、能提供出谋划策服务的集合体。虽然许多国家政府、大型企业和高级部门，领导者为了广泛、及时而又有组织地发挥有关专家的作用，往往会组建诸如思想库或智囊团之类的机构，直接借助其集体智力来为自己服务。然而，这样做往往并满足不了全部活动需要，决策时仍常须向社会上的相应机构进行咨询。至于致胜个体与一些小单位，要想更有效地借助有组织的智力，则更须通过社会上的各种咨询机构，来帮助自己对所关切的问题进行调查、诊断、建议和预测。的确，咨询机构里通常聚集着各种各样的人才，完全可以通过长短互补、集思广益，为致胜主体的活动起到很好的参谋作用。

不过，现在社会上打着各种招牌的咨询机构比比皆是，首先必须辨别其真伪、优劣，否则不仅会上当受骗，还可能被其引入歧途。一个真正合格、顶用的咨询机构是什么样的呢？第一须是正式注册的。社会上各种名目繁多的所谓“咨询”机构很多，有叫什么什么公司的，有叫什么什么研究所的，甚至还有叫这个院那个院的，真是五花八门。主体在选择时，必须看其是否经过有关部门严格审定并给予正式注册，而且该咨询机构能否做到严谨负责、遵守法律和严守秘密，只有这样才不至于花了钱去借智力还不知道借了何方“神圣”。第二应是有一定水平的。即使注册的咨询机构，其咨询的能力与水平究竟怎么样，还应深入去了解和加以考察。如其拥有些什么专家、研究人员和技术设备，人员配备和人才结构是否先进合理，组织管理是否严谨有序，曾有过那些咨询成果及其获得了什么样的效益，以及曾出现过一些什么问题等等，皆要做到心中有数。只有这样，才能对其水平作出比较客观的评价。第三要选专业对口的。除了那些规模较大的综合性研究院、所可能涉猎诸多专业外，通常每个咨询机构都有其一定的专业领域，主体找咨询机构进行咨询时，必须选那些能满足自身拟从事的致胜活动需要的机构。否则，其专业水平再高，亦未必能给致胜主体提供所需的咨询建议。当然，由于事物之间的广泛联系性，有时不同专业领域也有可能提出一些相关联的好建议。

另外要看到，从咨询机构借助的智力，并不等同致胜主体自身的智力，这不仅有个从外智力向内智力转化的过程，而且对于咨询机构提供的意见和建议，还须根据致胜主体的需要有分析地加以吸纳才行。有时咨询机构提供的意见和建议，完全符合致胜活动的主观和客观情况，主体可以全部吸纳和予以运用；有时咨询机构提供的意见和建议，大部分或少部分符合致胜活动的主观和客观情况，这就要认真加以分析与对待了。致胜主体只有根据所确定的求胜防败目标，在科学分析和有所取舍的基础上，才能把从咨询机构借助的智力真正转化为自身有用的智力。

## 三、充分借助、利用外部的物力与财力

借助物力和借助财力，虽内容有别，但都属于借助外来物质力量的范畴，并且两者具有一定的共性。之所以这样说，是因为在市场经济的条件下，主体拥有了财力通常也就意味着拥有了物力，金钱可以交换到所需的各种物质资源与产品。当然也有例外，如许多国家出于自身战略利益的考虑，有些特殊的物质资源和产品往往被禁止进入市场，即使有钱照样买不到。因此，当主体为了致胜活动要借助外力时，既应看到物力与财力相通的一面，又要看到物力与财力并不等同的另一面，灵活地、从实际出发地处理借助物力与财力的相关问题。

### （1）致胜活动常须借助外部的物力与财力

在社会生活中，任何主体都不可能完全处于自给自足、不需要别的主体提供物力与财力帮助的状态。尤其在致胜活动中，主体很难做到时时、处处、事事都始终拥有物质力量的绝对强势或优势，不是在这方面有所欠缺，就是在那方面有待加强。面对此种实际情况，致胜主体只有在进一步强化自身的同时，善于经常借助外界的物力与财力，才能为自身的求胜防败之举奠定必要的物质基础。

主体向外界借助物力与财力的现象，可以说随处可见，几乎是人类社会生活中的一种常态。比如在日常生活里，互通有无的情形就很多，像直接向邻里借点东西，向亲戚、朋友借点钱和借间房，农民之间常常互相借耕牛、农具与粮食等等之类。再放大点看，每个人的衣、食、住、行、乐，要持续地生存下去并不断得以升华，无论是生产、交往还是防卫等各个方面的发展，几乎都得通过各种直接与间接的渠道，借助其他个体或群体互相提供的物质财货。这点，也许在古代完全自给自足的经济形态中尚不十分明显，但随着社会生产与社会各项活动的分工愈来愈细，此种情形就愈来愈明显。只要翻开一部人类社会生活发展史，就足以见到端倪。

如果从展开致胜活动的角度来说，借助物力、财力的现象，同样屡见不鲜。比方说主体要办工厂、搞企业，缺少厂房和办公楼房时，可能得先借用

或租用别人闲置的厂房、办公楼房；如果资金不够，可能得向他人和银行贷款，大型企业还可发行债券和采取股份上市等途径筹措资金；当工厂或企业一旦实因力量不足无法再办下去时，为了求生存和将来东山再起，还可以借助别的工厂或企业与之合作，必要时甚至实行合并同办等等。又如要建个学校或科研机构，搞个运动队或艺术团体，办个杂志、报纸或其他传媒等等，物力、财力不足也是常有的事，怎么办？不外乎就是先向有关单位、银行、私人借用与筹措。尤其是银行之类的金融机构，现代社会到处都有，它通过存款、放款、汇兑、储蓄等业务，起着金钱方面信用中介的作用，任何主体从事任何重大建设活动都不能不借助于它。所有这一切皆清楚地表明，无论任何创业型致胜者，都必须巧借他人与相关单位的物力、财力，才可能使创业变成致胜的事业。

即使在政治、军事领域，借助他人与自然界的物质之力的情形，同样屡见不鲜。无论从事哪项政治活动，没有一定的物质条件与财力保障，几乎都很难有效地展开，且不去说办公的设施、人员的工薪和日常的保障，就是相关的各种活动，像选举或竞选要经费，宣传要用传媒和各种花销，执法离不开特殊的场所等等，皆须借助国家、政党、团体、资助者等的物力和财力。军事领域更是一个要耗费大量物力与财力的领域，各个国家每年无不为军费问题争论不休，就是最好的证明。此外，像有的国家军队租借外国的军事基地，部队租用地方上的各种设施，作战时借有利于己的地形地物来增强防御能力，以及借不利于敌的气象条件使其减力以至丧失战斗力等等，皆是军事上借助外部物质力量的表现。很显然，主体如果打算在政治、军事上有所作为，要借助外界物质形态的东西的确非常之多，在此就不去一一罗列了。

### (2) 要通过多种途径借助外部的物力与财力

尽管借助外部物力与财力的来源与途经多种多样，有自然界的，有社会群体的，还有各种个体的，然而究竟通过谁和什么途径来借物力、财力，并不是想当然的事情，必须根据客观对象提供的可能性，以及主体在致胜活动中究竟需要借哪些物质力量来确定。有时只通过一种或两种途径即可，有时则要通过多种途径才行。仅从借物力、财力的可能对象和途径来说，如有：

借助自然界的物质力量。对于致胜主体来说，自然之力既是一种源于自然界自身矛盾运动产生的力量，又是一种客观存在的有待开发和利用的力量。主体能否借其为致胜活动所用，全视对这种客观运动有无正确的认识，并有目的地发挥主观能动性去掌控和驾驭。比如，借水的浮力驾舟行船，借风力和潮汐力发电，借上升气流之力驾驶飞机和滑翔机，借煤和油气等获取热能动力，借原子的分裂与聚合之力获取新的能量等等，都必须通过充分了解和把握水、风、潮汐、气流、煤、石油、原子等的运动规律，有目的地加以把握和运用，否则不仅借不了力，还会受到这些自然力的制约和阻碍，甚至造成大小不等、程度不同的破坏。可见，要想借助自然界提供的物质力量，并非任凭致胜主体信手取来即用之事，必须先了解、认识、适应自然界，并始终遵循其运动的规律行事才行，否则就难以达到目的。

借助社会群体的物力与财力。在人类社会里，几乎所有的大小群体，皆拥有一定的物力和财力，但又并非所有的群体都同意借和有力可借。通常能给致胜主体借这些力的，对个体来说主要是些公共性社会服务组织，如银行、信贷社、服务公司之类；对群体来说除了上述组织外，还可以是各种对等性互利合作组织，如国家与国家、企业与企业、单位与单位之间等。这种借力，必须遵循一定的行事规则、相关的法律法规和签定相应的合同协议，尤其在借力后偿还的方式方法上须有明确的规定。因此，致胜主体为了能有效、顺利地向有关社会群体借物借钱，就必须根据自身的需要与偿还的能力，在充分了解有关社会群体的性质、规模和特点，以及相关的各种法律和规定的基础上，以求做到实事求是和有的放矢地展开才行。

借助各种个体的物力与财力。社会的个体可谓数以亿计，不过，真正同致胜主体熟悉与有联系的，为数毕竟有限，而有力可借的就更少。就一般来说，致胜主体向个体借助物力与财力时，主要是在亲戚、朋友、同事、熟人之间进行，数量少时可以口头承诺偿还，数量多时也可以签定相关协议。要想达成此种借力，除了必须客观评估借方的物力或财力状况外，讲究道德和遵循相应的法律法规，起着非常重要的作用。有时，还应获得必要的、权威的公证。在平时经常可以听到，许多人和家庭常为借还财物之事争吵不休，甚至诉诸于暴力，对簿于公堂，实在得不偿失，就是因为忽视了这些问题。由此可以看出，向个体、即使是向亲朋好友借钱借物，虽然方便易行，但也不是一件可以随意对待的小事，搞得好与不好，轻则可能影响致胜活动的展开，重则亦可能影响致胜活动的成败。

### （3）外借物力、财力时应把握的几个问题

致胜主体要想顺利而有效地外借物力、财力，有几个问题必须把握好，并遵循一定的原则。首先，一定要量力而行。当需要借助别人的物力和财力时，应事先客观估计自己的偿还能力，尤其向银行贷款或向人借钱时更是如此。为了搞科研、办企业、开创新事业，借贷往往是难免的事情，但一定要根据投入和今后的收益状况，就需要借多少和尔后什么时间能偿还多少等各个方面，进行精打细算，决不可“狮子大张口”，只顾借的需要，而不管今后还的可能。尤其是靠借贷用于消费时，更要慎之又慎。如现在有些年青人，收入并不是很高，却急于贷款买高级轿车和房子，从适度超前消费的角度看未尝不可，但如果不量力而行，则可能因负过重的债务，反过来变成“车奴”、“房奴”之类就糟了。你即使早早享用了高级轿车，住上了宽敞的别墅，但债务累累的重大压力，到头来只好成天为之“俯首称臣”。在这种情况下，也许就一时的某些生活方面来说是个胜利者，但从人生整个事业和长远生活来看，往往只能得出相反的结论。

其次，一定要讲究信用。人们常说：“有借有还，再借不难。”借别人的钱，借别人的物，毫无理由地老赖着不还，如果想再次去借，恐怕很少有人会愿意再借给你。对一个个体是这样，对一个群体也是这样。为什么呢？因为你失去了信用。而讲信用，不仅仅是个道德问题，还是个为人处事的原则问题。一个个体或群体，你失信了，就很难在社会上继续同他人正常打交道。古今中外对此类问题都十分强调，譬如有“言而有信”、“以信义为重”、“诺言是神圣的”等各种名言出现，甚至还有如英国的“人生在世，如失去信用，就如同行尸走肉”之类的谚语问世。如果主体在借力过程中，确因后来遇到了意想不到的困难情况，亦应及早地、真诚地向借力方说明和致歉，并同时采取积极的措施予以弥补。一个真正的致胜者，什么时候都应在借力的过程中严守信用才对。

再就是，不能靠歪门邪道。借物借钱，应是一件光明磊落的事，既要避开别人设的陷阱，又不能给所借对象设置陷阱。社会上的事情十分复杂，不要说国家与国家之间，都是从自身利益出发来考虑问题，利害关系经常会变，

今天是友邦相助，明天就可能以敌相对，因此任何借贷都应在公认的国际法框架内进行；就是同在一个国家或地区的大小主体之间，搞欺骗、设陷阱的人与事也非常之多，搞得不好很容易上当，如陷入骗子、高利贷者的泥坑等之类，同样必须依据相关法律行事才好。尤其作为一个进步的致胜者，在向别人借物力与财力时，除了必须搞清所借对象的真实情况外，自身切忌搞小动作或要小聪明，一切都必须严格按照相应的法规、严格的程序和遵循一定的道德准则办理。

## 四、应高度重视借用外部的信息"力"

信息，本来是人们对客观事物存在方式及其运动状态的描述，表现为情况、消息和资讯等。虽然其本身并不像物质及其运动一般量度的能量那样直接产生力的作用，但始终蕴含着一种潜在的、无形的力量。一个主体对其掌握和利用的状况，常常对主体的力量及其运用起着增力或减力的作用。它一方面可以为任何主体所共享，另一方面这种共享又不等于平均享有，要看谁对信息拥有更大的控制权和是否善于借用。可以说，制信息权不仅在军事上有特殊的价值与意义，在政治、经济、文化、科技等各个领域皆然。

### (1) 信息是致胜活动中的一种无形力量

信息是物质属性的反映，虽然不能离开物质而单独存在，但它又不等同于物质，并具有相对的独立性。信息的多寡与价值并不由物质的质和量来决定，信息资源不同于物质资源，它具有明显的无限性和共享性。信息与能量虽然都是对物质及其一定属性的反映，但并不是一样的东西，获取、传递、处理信息需要能量，驾御能量又需要信息，只有能量没有信息，飞机就不能正确起飞，舰艇就无法导航，导弹也不知会打到哪里去，等等。可见，物质、能量、信息既有联系，又有区别，始终统一于物质及其运动之中。人类由认识物质、能量进而认识信息，并把三者辩证统一起来，实是认识史上的一个巨大进步。

面对同一个信息，有的主体没有获取或者获取后重视不够，而有的主体却早已获取并加以利用，两者在致胜活动中对这一信息的借助状况可以迥然不同。随着信息技术的飞速发展，社会信息化的程度愈来愈高，信息这种谁都可以借助的无形力量，通过电子、数字与网络的作用，对善于及时掌握与正确运用者产生的增力效应也会愈来愈强。并且，从一定意义上说，在当代要想快速而高效地借助外来的人力、物力、财力，亦在很大程度上有赖于对相关信息的把握与利用。你都不知道哪个主体有力和有哪种力可以借助，以及如何通过借助这些力来增强自己的力量，你就很难在借力上有所作为，当然更谈不上及时而有效地去开展自身业已展开的致胜活动。我们经常听人说："一条信息救活了一个企业"、"这条信息使我发了财"、"那条信息引导他获得成功"、"某某信息在关键的时候发挥了关键的作用"云云，都反映了信息所起的特殊作用。

需要强调的是，信息在致胜活动中经常是以情报的形式出现的，情报是信息经过主体分析、判断后获得的成果。可以说，情报是主体借助信息并将其内化的产物，构成了主体筹划与指导致胜活动的重要依据。情报准不准、细不细、及时不及时，有时可以影响到致胜活动的进程以至结局。这一点，以往人们在战场上体会较深，情报把握的程度如何和准确与否，直接关系到作战的指挥与胜负。后来逐渐在经济、政治、文化、科技等领域，也渐渐引起了高度的重视。比如，在商场上，一些精明的企业家已明确地把情报同资本、技术、人才并列为决定企业命运的四大要素，就很能说明情报的价值与作用；在外交场合，精准的情报有助于取得斗争的主动权，而缺乏情报或情报不准则会把自己搞得十分狼狈；在科学研究过程中，对相关课题的情报资料把握得愈全面和精细，无效或重复劳动就会愈少，就愈能准确把握科研的方向和集中力量去解决新问题，等等。

**（2）当代社会中信息"力"的作用明显增强**

人类认识和利用信息的历史渊源流长，早就学会了运用信息这种无形的"力"来为自己服务，如从古代的"结绳记事"、"举烽火为号"之类，到近、现代的无线电通信和媒体传播等等。随着当代科学技术和社会生产力的迅猛发展，不仅信息技术随之得到了空前发展和广泛运用，而且反过来还促使人类社会逐渐步入了信息化、智能化时代。这样一来，使人类认识世界和改造世界的能力和手段，从四肢和体能的解放（机械和动力的使用），发展到感官和大脑的解放（各种感知和探测器材、计算机和信息处理设备的使用），从根本上改变了人类的生产、交往、日常生活和防卫方式。

在当代社会中，尽管物质与能量仍然是一切社会活动的基础，但信息的地位和作用愈来愈明显增强，甚至逐渐成了构成致胜力量的主导性因素。这主要表现在：一方面，信息成为了各种新技术工具发挥效能的关键因素。信息技术发展和运用的最直接成果，是造就了一大批以信息技术为基础的生产、科研和维安的技术性设备。这些新工具、设备与器材一个崭新的特点，是不再单纯地追求物质、能量这两大因素的有机结合，转而追求物质、能量、信息三大要素的有机结合，从而使生产、交往工具和其他各种设备的性质发生了根本性变化。依靠注入信息和利用信息技术所获得的崭新能力，可以充分利用信息和信息手段来对其实施更加有效的控制，使其更充分发挥应有的效能，更好地满足主体的各种需求。也许机器人的诞生与运用，算得上是信息技术发展的骄人成果。尤其是未来的智性机器人，不像现在的生活、工业与军用机器人那样，只会按照使用者的指令或事先编好的程序从事某些简单的拟人活动，而是具有明显的生化性、智能性、自创性等特征。它可以通过感受器获取各种信息，具有视觉、听觉与触觉等方面的超强功能；内置电脑与人工神经网络，能够快速而准确地理解语言以及卓有成效地进行识别、学习、思考、决策等；各种巧妙的机械装置，可以根据命令指挥其四肢和各个部位灵巧地动作。由于这种智性机器人，是由各种各样的专家们系统优化设计的产物，又能有效克服人体诸多的生理限制（例如感知的程度、反应的速度、工作的强度、活动的环境、持续的时间、记忆的能力、思维的广度等等），因此致胜主体可以通过它创造性地从事人体本身无法进行的复杂活动。

另一方面，信息本身还日益成了重要的社会活动力量资源。在社会活动、尤其是斗争型活动中，主体如果准确掌握了信息和取得了信息优势，不仅是夺取力量优势及其能动运用的首要条件，而且是最终赢得胜利的重要保证。比如展开斗争型致胜活动时，拥有信息优势的一方，可以有效地实施“信息垄断”、“信息威慑”、“信息攻击”和“信息防护”等行动，从而有助于改变力量的优劣对比以至获得更大的优势，进而能动地取得致胜活动的主动权，等等。这一点，在20世纪末期以来所发生的伊拉克、科索沃、阿富汗与利比亚等各次战争中，均有着程度不等的表现。当然，不仅仅如此，无论是合作型还是融进型的各类致胜活动，信息的优势皆同样是帮助主体获取主动权不可或缺的重要因素，只不过表现的形式与斗争过程有所不同而已。可以说，随着信息技术的发展与广泛运用，人们对于信息与信息系统的依赖性不断增强，甚至达到须臾无法离开的地步，信息的社会作用将会更进一步得以明显的提高。

### （3）借好外部信息“力”的关键与要求

借信息之“力”来强化致胜力量，看似比较容易，其实并不简单。由于信息有真、伪之分，其产生的效果全然相反，因此主体在致胜活动过程中，面对大量的各种各样信息，如何做到拨开迷雾、去伪存真，充分发挥真信息的作用，摈弃各种伪信息的干扰，乃是借助外部信息“力”最关键和最核心的问题。

首先，致胜主体应力求全面、及时、准确地把握信息，充分借助真信息来发挥其增力的作用。信息不仅仅有真有伪，而且在真信息中可能含有部分伪信息，在伪信息中含有部分真信息，致胜主体只有在认真分辨的基础上依据各种真信息采取行动，其力量在运用过程中才能因此而得以强化。为了做到这点，致胜主体必须在收集、储存、分析、整理、检索、评价和运用信息等各个环节上下工夫，确保及时而周到地获得有关致胜活动的信息，以及自觉运用好各种真正如实反映客观事实的信息。当代一系列武装冲突与局部战争的实践表明，准确掌握和借助真的信息，并善于将这些真信息运用于对抗之中，确实有助于夺取战场优势和主动权，确保最终赢得斗争的胜利。其实，何止军事领域是如此，在政治、经济、文化、科技等各个领域事涉信息与力量关系时概无例外，只要主体在掌握与借助真信息上拥有优势，就可以通过信息和信息手段，快速准确地操纵和控制活动中相关的物质与能量，成倍地提高自身的行动效能，更卓有成效地实现求胜防败目标。

其次，致胜主体要密切注视各种干扰、破坏真信息和散布伪信息的行为，防止伪信息产生的减力作用。信息有真有伪，自古以来就是如此，然而随着现代信息技术的发展和广泛运用，这种真与伪的表现形式、斗争方式更显得五花八门。在当代，无论是政治、经济、军事领域，还是文化、科技、体育领域，甚至在日常的社会生活中，无不充斥或夹带着各种伪信息，它们对致胜活动往往起着消极的作用。当我们说在致胜活动中要掌握制信息权时，既包括能及时而有效地掌控与运用真信息，又包括能及时而有效地防止、消除各种伪信息的干扰与破坏。这个问题，一切致胜活动概莫能外。可是，平时由于鱼目混珠、真假难辨，人们往往容易忽视伪信息的负面性及其可能产生的恶果。比如当代传媒十分发达，一个消息、新闻、广告、图片，可以在几天、几个小时甚至几分钟传递到全世界，其中有不少往往虚实混淆、真假难辨，搞得不好就可能被蒙蔽甚至吃亏上当。眼见多少人根据报刊、手机或互联网上的虚假信息和欺骗广告，去求职、找对象、买保健品或想发笔横财，结果纷纷上当受骗，轻则花了许多冤枉钱，重则误了身体、婚姻、事业等大事，实是很惨痛的教训。的确，媒体与网络在当代的信息、情报交往中起着愈来愈重要的作用，搜集、储存、整理信息与情报离不开它们，分析、检索、评价信息与情报也离不开它们，因此有必要坚决采取各种有效手段来防止、清除各种伪信息。当然，在斗争型致胜活动中，也可以利用伪信息从相反方向来借助与利用信息“力”。比如，通过篡改、扭曲、欺骗或压制对方的信息和信息系统，使对方的设备无法正常工作或使其行动失去控制；通过向对方信息系统馈入计算机病毒、逻辑炸弹等，造成对方通信、管理链条混乱或陷于瘫痪；利用精心制作的传媒图片或宣传手段来改变对方的文化心理，使其做出错误判断和决策等，就属于此种情形。

再就是，致胜主体还要善于借助友方提供的信息，来进一步有效增强自身的力量。在合作型致胜活动中，这无疑属于题中之议，因为大家有着相同的目标，信息与力量皆可互相借用。不过，即使开展其他类型的致胜活动，这也是弥补致胜主体获取真信息时在能力上有限的重要途径。要做好此点，其中的关键莫过于先须判明是否是真正志同道合的朋友。因为只要是真正的友方，通常不会故意对你以假乱真，所提供的信息和情报往往有较高的可信度，因而具有重要的参考与利用价值。当然，即使来自友方的信息与情报，如同自身直接获得的信息与情报一样，错误的与虚假的成分同样在所难免，仍有一个鉴别与验证的问题。也就是说，一方面必须同友方不断加强交流与合作，共享任何信息和情报，另一方面又应通过多种途径，来有效印证友方提供的信息和情报，把借助信息“力”当作一件共同关心的事情来对待。

## 五、处理好借助外力过程中的各种关系

在致胜活动中借助外力，并非一件顺手牵羊、得来全不费工夫的事情。致胜主体要想真正有效地借助外力来为自身所用，尚必须做大量艰苦细致的工作，如认真选择借力的对象、客观确定借力的方式、善于实现外力向内力的转化以及正确运用借助的力量等。只知借力的需要，不知借力过程中可能遇到的矛盾、问题，不善于找到解决这些矛盾和问题的途径、办法，是借不好外力的，也不可能使之卓有成效地为主体从事的致胜活动服务。

### (1) 主体要正确选择借力的对象和方式

认真选择借力的对象，是搞好借力的重要前提。社会上各种个体与具体群体众多，即使同你熟悉的个体与具体群体也不会太少，然而他或他们之中能真正借给你力的却很有限。或因他（们）没有多余的力可借，或因他（们）不太愿意借，或因你有顾虑而不想向他（们）借，或因他（们）会提出让你无法接受的借力条件，等等。主体开展致胜活动时，究竟向谁借力，只能从那些愿意借并有力可借的个体或具体群体中去选择。可是在有力可借而且愿意借的个体与具体群体里面，他（们）是无条件的还是有条件的？有条件的话你又是否接受？这都要通过双向的沟通和磋商才行。有时，可以借力的对象可能有多个，必须在对他们逐个分析和相互比较的基础上，择优加以选定。

增进致胜主体与借力对象的相互了解，是搞好借力的基础。作为一个借力的主体，必须根据致胜活动的需要，在充分了解借力对象的基础上，全面衡量利弊得失后再做出如何借力的决定。在日常生活里，可以看到有不少随意借力的人，稍微遇到点困难便胡乱找人帮助，不是“急病乱投医”无济于事，就是借了点“芝麻”到头来却丢了“西瓜”，甚至发展到“缺钱就乱借高利贷”那样最后受人摆布、控制的地步。要是主体在重要的致胜活动中也如此，问题就更大了。另外，既然借力的实现是双向选择的结果，那么仅仅靠充分了解借力对象的情况并不够，还必须让选定的借力对象对你亦有所了解才行。可靠的借力对象，对你与你从事的致胜活动了解得愈全面、愈深刻，

认识到帮助你与你从事的致胜活动确实很有意义，他或他们才会愈积极地、自觉地借力与你，必要时甚至还可能达到鼎力相助的地步。

坚持平等互利的原则，是致胜主体搞好借力的必要条件。如果想使借力不至于成为一时一事的权宜之计，而是需要时即可持续展开的一件事情，那么讲平等、重互利就显得特别重要。靠以势压人、以假骗人、夺人之利来借力，很难持久；要这个“菩萨”时即树起来，不要这个“菩萨”就推倒，借完力便过河拆桥，一般来说很难实现后续的再借力。欲使借力对象诚心地帮助你，而且愿意持续地帮助你，就必须把彼此的关系建立在互相尊重、互相爱护、互相关心与互相帮助的基础上。要知道，同利才容易同心，并做到同向地使用彼此的力量。如果你只会利用别人的力量来谋求一己的利益，别人付出之后不仅毫无收获，甚至损失惨重，这样的话谁还会再借力给你呢。的确，凡是吝啬、小气的人，尤其那些好损人利己的人，很少有人愿意主动去帮助他；而那些慷慨大方、乐于助人、好善乐施的人，遇困难时则总有人会主动伸出援助之手。当然，平等互利不等于事事要求回报，不等于回报须与付出完全等同。有的人在帮助别人时，想到的总是“施恩图报”，这容易使人怀疑其助人的诚意和企图，并不利于回报的实现。反而是那些肯真心助人的人，在他将来面临艰难困境的时候，恰恰会有不请自来的回报。另外，主体平时注意与人平等相处，增进彼此精神上、感情上的融洽，亦有利于必要时获得别人的帮助与借力。那些严于律己、宽以待人，会微笑、会说话，善于赞赏和表扬别人的人，一旦有难也易获得八方支援。不仅个体是这样，具体群体向其他具体群体借力时也是一样，邻里之间、团队之间、民族之间、国家之间，如果不能坚持平等相处、互助友好，在相互往来中始终照顾到对方利益，那么到了需要向对方借力的关键时刻，就很难得到其他相关具体群体的鼎力相助。很显然，任何时候和做任何事情，只有大家平等互利，才能合作，才能团结，也才能持续地彼此借力去实现各自的目标。

讲究借力的方式方法，乃是主体搞好借力的重要措施。主体在致胜活动中，究竟采取什么方式借力比较好，完全取决于致胜活动的需要程度和实现借力的可能程度。借力的方式，从时间上说有暂时的借力与长久的借力之分；从范围上说，有全面的借力与部分的借力之分；从途径上说，有直接的借力与间接的借力之分，等等。在实际运用时，这些方式往往相互交叉和融合在一起：暂时的借力可以是全面的或部分的，也可以是直接的或是间接的；长久的借力可以是全面的或部分的，也可以是直接的或间接的；全面的借力可以是直接的或间接的，部分的借力也可以是直接的或间接的，等等。比如在古今中外的借力方式中，“结盟”就是一种经常使用的综合性借力方式。结盟可以存在于两方、三方和多方之间，可以缘于生存或进步利益的趋同所至，可以表现在政治、经济、军事、文化与宗教等各种领域。中国战国时期的合纵与连横之争，就是各弱小的诸侯国通过“合纵”来互相借力对付某一强国，而强国则通过“连横”向其他国家借力来各个击破弱小国家。秦始皇在统一六国的战争中，一直运用连横之策对付合纵之策，终于获得了成功。两次世界大战，参战国皆是以联盟的方式，借助盟国之力来实现各自的战略目标。第一次世界大战，是以英、法、俄为核心组成的协约国战胜了以德、奥为主组成的同盟国而告终。第二次世界大战，是以美、苏、中、英、法等结成的反法西斯同盟战胜了德、意、日等法西斯国家而结束。结盟当然不仅仅存在于国家之间，从事致胜活动的各种个体与具体群体，皆可为了达成共同的利益与目标通过结盟而借力。像科学家为了在某个科研项目上获得突破，经常需要寻求其他科学家和相关研究单位的帮助，建立起密切的协作关系；当代许多跨国企业集团，为了同强大的对手竞争，常常在国内以至世界范围寻找盟友，以不同的形式联合起来谋求继续生存与拓展，等。可是，为了达到借力的目的，究竟应同借力对象建立何等程度、何长时间的联盟，却必须从需要与可能相结合的实际情况出发来确定，对此很难有一个固定的、统一的模式。

**(2) 善于将外力转化成“为我所用”的力量**

致胜主体所借的外力，同自身所拥有的内力，虽是两股力量，但必须将外力转化为“能为我所用”的致胜力量，使两股力“拧成一根绳”，才能在其求胜防败的活动中发挥积极有效的作用。为此：

一方面要爱护、关心所借的外力，并采取因力制宜而用的原则。致胜主体对所借之力，应同自身所拥有的力量一样，加以熟悉、爱护和对待，充分了解它的优长与不足，并在各项保障上给予更多的关心、照顾，千万不得歧视和另眼冷待。主体在使用所借助的外力时，必须注意人尽其才、物尽其用，根据这些力量的特性、大小和作用，用其所长，避其所短，分配和赋予适当的任务。只有这样做，才有利于发挥所借的各种不同力量的优势，从而更好地达到借力的目的。在通常情况下，所借外力一般不宜担负主要的致胜活动任务。尤其在活动中遇到危险与困难时，致胜主体更应自力地多挑重担，而不要把那些容易造成牺牲和严重损害的任务，都交给所借的外部力量来完成。否则，很容易造成被借对象产生种种不必要的疑虑和反感，而不利于充分发挥其积极性和能动性。当运用所借外力在致胜活动获得可喜成果时，该感谢与奖励的必须加以感谢与加重奖励；如果某些方面做得不尽人意，亦要客观地加以分析与对待，注意指出与纠正时的方式方法，以免引起不必要的误解。也就是说，严于律己、宽于对待借力方，才有助于持续做好借力的工作。

另一方面要根据不同情况，善于内外一体地综合运用致胜力量。主体所开展的致胜活动，种类繁多、情况复杂，有时可以主要运用内力与部分运用所借外力，有时却要求综合地、全面地运用内力与外力。为了保证致胜活动的多种需要，借力的同时就必须明确组织领导关系，并采取各种行之有效的措施，确保内、外力量的协调运作与统一使用。毕竟，主体自身拥有的力量与所借助的外部力量，都是用于展开致胜活动的力量，如果任其各自行动，只会造成力量的分散，严重时甚至可能削弱整体的致胜力量。这样的话，借力不仅等于白借，搞得不好还会适得其反。但同时必须看到，由于所借外力的拥有权和领导权多半仍然属于被借对象，因此为了避免运用外力时出现“一仆二主”的现象，就必须在借力之始就协商好管理办法及其各项协调行动的措施，以便主体在致胜活动中能够做到统一组织、统一筹划、统一指挥，以达到协调一致、拼力一向地采取行动的目的。当然，致胜活动的性质不同，借力的方式不同，对统一组织、协调行动的具体要求亦有所不同。军事活动无疑要求得严格些，由某一致胜主体主导的联合军事行动，无论有多少其他的军种、兵种部队参加进来，原则上均应如同一支军队那样来进行组织、协调和指挥。但是不是意味着非军事活动就无所谓呢？当然不是。在政治、经济、文化和科技等各个领域，同样经常要求程度不等的内外力量一体化，否则便会影响到主体使用致胜力量的效率与效果。

另外，还要善于借助反向的外力，转化为我所用的正向力量。主体在开展各项致胜活动时，往往并非总那样径情直遂，当遇到困难和挫折所产生的反向作用力时，经常会感到自己似乎已力不从心，再也无力继续展开活动。

这无疑是一种弱者的心态。作为强者，应该换一种视角去正确对待，善于变困难为克服困难的勇气，变阻力为新的致胜动力。事实上有些外力，可能具有正、反两个方向的不同作用，就看你如何正确去面对和运用。正如水有了压力才能形成美丽的喷泉那样，人在面临种种挑战的情况下，往往亦会因压力而激起自己内心深处的奋发潜力。还应像风筝一样，可以借助逆风造成的升力飘然而上，登高而望远，运用希望与理想蕴涵的内动力来增强致胜的勇气。因此，真正的有作为的致胜者，从不为暂时的失利或挫折所吓倒，总是善于从逆境的阻力中进一步激起自身内在的勇气和力量，不断创造出新的求胜防败态势，从而获得如同“美丽的喷泉”和“上升的风筝”那样的效果。

**（3）始终坚持以我为主、以借为辅的原则**

主体从事致胜活动时，善不善于借助外力，固然是件会影响到胜与败结局的重要事情。但同时又必须清醒地认识到，在整个致胜活动中，关键还是要看主体自身拥有何等的能力。这也就是说，致胜主体只有坚持以我为主、以借为辅的原则，才能确保始终拥有强势或优势的力量，形成实现求胜防败目标的坚实基础。因此，在对待借助外力的问题上，致胜主体必须处理好以我为主和以借为辅之间的关系，以卓有成效地运用好所借的外力。

首先必须坚持以我为主。毕竟，主体的事情主要靠主体自己去做，主体要达到的目标必须经过自己的努力才能实现。任何时候，做任何事情，主体自身力量的强弱、优劣，在致胜活动过程中始终起着决定性作用，借助外力只能作为一种辅助性手段。必须认识到，主体所借的外力，要么作为增强致胜力量的一部分直接发挥作用，要么通过一定途径转化成内力的组成部分后间接地起作用。因此主体借助外力时，应视致胜活动的实际需要和客观可能，量力而行地加以运作，并不是借得越多越好。毕竟借力是主体与被借对象的一种互动行为，从来都是有借有还，才能使这种互动行为持续下去。而且，主体在致胜力量的把握和使用上，切不可主客不分、喧宾夺主，否则究竟是你借助别人的力量为自己服务，还是别人利用你的力量为他服务，就很难说了。尽管借力时既是互动的，又是互利的，然而必须明确：主体的借力行为是为实现一定的致胜目标服务的，不能“为我所用”的借力便不是致胜主体所指望的借力。

同时又要重视以借为辅。需不需要借力，向谁借力，借多大的力，都不是想当然随意确定的事情。要根据致胜活动的需要和客观条件的可能，进行仔细分析之后方能得出结论。同时，所借之力亦不能完全等同自身之力，需要一定的转化过程并取决于转化的状况。这里面，掌控借力的主导权非常重要，必须尽量让所借外力有效地转化为“为我所用”之力，并防止外力“尾大不掉”和内力向外力转化的现象。每个主体，尤其对于一个民族、国家，如果不把借外力放在一种辅助的位置上，甚至不管借力对象的本质和愿借的企图，不认真审视借力对象提出的种种条件，便随意大借外力来解一时之困，确实有可能带来可怕的后果。比如，历史上有不少国家，为了对付“内乱”或“外患”，轻易让外族、外国派大批军队进驻，却未想到“请神容易送神难”，以至到头来造成了一种“尾大不掉”以至“引狼入室”的困境。更为甚者，如果主体在把外力转化为内力的过程中，不注意内外与主次关系，忽视了内力亦会向外力转化的反向可能性，其结果往往不是你去借别人之力，而是你自己的力量变成了为别人服务的力量了。

当然，以我为主与以借为辅之间，并非彼此孤立或完全对立的关系，主体只要把这种关系处理得好，就可以互相促进，有利于求胜防败目标的实现。这里面，既要强调两者在实现目标和运用方向上的一致性，又要注意我之力和借之力之间常会产生这种或那种矛盾，需要不断地加以调整与解决。毫无疑问，两者的一致性是主要方面，因为任何主体虽然依靠自强才是根本，必须始终坚持以我为主的原则，但同时由于自身的力量有限，又得借助一定的和别的主体拥有并愿意借予的外力，来增强自身之力以满足求胜防败的需要。俗话说，好花要有绿叶配，一个好汉常须他人帮。再强有力的致胜主体，只有在自力更生的基础上，善于借好力、借对力，才能加快致胜的进程，或者扩展致胜的成果。然而，在借力的过程中，或因主体与借力对象之间在利益与目标上的差异，或因双方在力量的构成与运用方式上的不同，或因双方在活动过程中出现认识上的这种、那种分歧等，皆有可能使我之力与借之力出现裂缝、不谐甚至异动的倾向，致胜主体必须及时发现、善于调解和正确处理这些矛盾，以达到我之主力与借之辅力在致胜活动过程中的真正统一。

# 第四章　能动面对致胜环境

主体从事任何致胜活动，都是在一定的环境条件下进行的。不仅始终处于各种自然环境和社会环境之中，而且还要不同程度地受制于诸如家庭环境、学习环境、工作环境等。如果说主体拥有的致胜力量是决定胜败的内在因素的话，那么主体面对的环境条件则是决定胜败的外部因素。因此，每个主体都不能不高度重视致胜活动的环境及其作用问题。然而，致胜主体要做到正确面对和利用活动的环境条件，并非一件容易的事，只有避免被动地、消极地任其摆布，做到正确地认识、自觉地适应、能动地改造，才能充分发挥环境条件的积极作用来实现欲达的目标。

## 一、正确认识致胜活动的环境条件

对于致胜主体来说，致胜活动的环境条件乃是一种客观的存在。无论其孰优孰劣、孰好孰坏，主观上都不能回避，都不能想当然，只能实事求是地面对它。致胜主体要想在客观环境条件面前，不至于盲目地、完全被动地受其影响和制约，能够卓有成效地发挥环境的致胜作用，并力争获取一定的主动权，那么首先就必须正确认识致胜活动所面对的各种环境条件，把握其所涉及的各种要素和整体构成状态，以及它发展变化的规律。

### (1) 全面审视环境条件的相关要素

明了主体从事致胜活动时，究竟会涉及到环境条件中的哪些要素，乃是把握其处于一种什么样的环境状态之中，首先要搞清楚的事情。可以说，主体及其所从事的致胜活动性质、目标不同，所涉及的环境要素均会有所不同。比如，是个体还是群体，是小群体还是大群体，从事的是斗争型、合作型还是融进型致胜活动，活动过程与实现目标所涉时间长短以及空间大小如何等，所要求和面对的环境要素就始终存在着明显的差异。因此，主体从事致胜活动时，必须仔细地考察可能会涉及到那些直接与间接的环境要素。

就自然环境来说，银河系、太阳、月亮等相关天体和地球本身所形成的各种各样客观状态，凡与人类社会及其各种具体主体的致胜活动有关联者，皆属比较宏观的环境因素。尤其是具体的个体与群体所处的自然地理状态，像开展致胜活动时面临的地形、地貌、水文、气候、土壤、地质、生态等，均可能直接或间接地对其产生各种影响作用。作为致胜主体，必须清楚了解究竟哪些因素和方面，对自身开展的致胜活动具有直接或间接的、较大或较小的影响，并且是通过什么途径来产生这些影响的。比方说，指挥员打起仗来必须先对面临的地形地貌作出分析和判断，企业家搞经营开发不能不考查本国、本地区的自然地理和生态系统状况，等等之类。尤其当前世界各国，在考虑、安排下一步经济发展计划及其目标时，无论谁都不能不顾及到本国的各种资源，以及未来全球气候的变化问题，“防止大气层恶化”甚至愈来愈成了人类社会的一种共识，更清楚地说明了这点。

关于社会环境的方方面面，对于每个具体主体开展致胜活动来说，更是需要认清和把握的重要因素。除了每个民族、国家必须清楚了解人类社会发展的现状与时代特征，以及国际间的政治、经济、文化、外交等关系外，其它的个体与较小群体，还必须对本国和本地区的政治、经济、文化、军事、法律和道德等状况有深入的认识。我们从事各项致胜活动时，经常强调要充分了解国际、国内环境形势，必须顺应社会的发展并与时俱进等，道理也在于此。而且，除了应考察横向的当今社会环境条件外，还应看到纵向的历史环境条件，比如所处社会的发展水平、文化传统、风俗习惯之类，往往对各种具体的求胜防败过程起着潜移默化的作用。其中一个很典型的例子，那就是东方文明传统与西方文明传统，基督教文明传统、佛教文明传统与伊斯兰教文明传统等之间，存在着这样或那样的差别，如果致胜主体忘了自身所处的环境及其特点，不仅会悄然地影响所从事的各种活动的效果，甚至可能招致巨大的损失以至失败。这从当今世界许多地区、国家与民族所展开的各种斗争中，可以得到很好的证明。

除了宏观的自然、社会环境因素之外，每个个体以至较小的群体开展致胜活动时，还会涉及到诸如家庭、学习、工作、生活等方面各种比较具体的环境要素。人一生下来，就处于一定的家庭环境之中，从小到大始终受到它这种或那种影响，诸如从身体的成长、性格的形成、知识的获取到道德观念的养成，再到后来对婚姻和事业的成败，皆可看到其直接与间接的作用。学习环境也很重要，且不说一个人从幼儿园、小学、中学、大学到读研的二十多年的漫长过程，就是后来工作了还有个继续学习的问题，这种环境究竟如何，皆明显地影响到他会成个什么样人才的问题。工作的环境条件，是好是坏，是优是劣，无论对参加该项工作的个体还是群体，均会直接影响到工作的效率与成绩，此点尤对从事复杂性、创新性的各种致胜活动显得更为重要。生活环境涉及到方方面面，除了最基本的食、穿、住、行、乐等环境外，还有交往、安全、人文等方面的环境，无论对个体还是具体群体开展的致胜活动，都会产生各种直接或间接的作用。

最后，一定要高度重视同具体致胜活动直接相关的致胜场环境条件。这里所说的致胜场，有点类似引力场、电磁场等，并非单纯的空间范围与区域，指的是致胜主体为了实现一定的目标同客观对象、环境条件产生相互作用的活动场。很显然，致胜主体要想达到一定的目标，就必须始终在相应的致胜场中展开各种活动，直到实现了这一目标为止。在致胜场中，除了所指向的客观对象外，环境条件无疑是一个非常关键的因素。而且必须看到，具体性致胜活动所在的致胜场的环境条件，又是各种同致胜活动相关的自然、社会、家庭、学习、工作、生活等环境条件的集中体现，并直接地对致胜活动产生影响与作用。因此，致胜主体不仅应把致胜场环境条件同所有的外在环境条件联系起来加以审视，而且还必须对形成致胜场环境条件的内在因素认真而仔细地加以分析，以更深入地把握这种直接而综合的环境条件。

### （2）认真把握环境条件的整体构成

必须看到，致胜主体所处的环境条件，始终都不是一种孤立的客观存在，它们之间总是相互联系、相互影响、相互作用着的。无论人类社会所面对的各种自然环境要素之间，具体群体、个体所面对的各种社会环境和具体环境要素之间，以及自然环境、社会环境与具体环境之间等，皆是如此。因此，在主体认识环境条件的构成时，不能满足于仅仅对所处环境的各种要素分别加以分析，还必须看到各种环境要素之间的密切联系，并把它作为一个综合性整体作进一步考察。

一是要弄清由远而近的环境纵向联系。在同主体及其致胜活动相关的各种环境要素中，有的是从宏观上或较远距离间接影响主体及其求胜防败目标实现的，如相关的自然界宏观环境要素和人类社会中的国际环境要素，对较小群体与个体及其活动的影响相对较远而间接；有的则是从微观上或近距离直接影响主体及其求胜防败目标实现的，如相关的自然界微观环境要素和社会中的国内环境要素，对较小群体与个体及其活动的影响就相对较近而直接。而且，这些相距较远与较近的种种相关环境要素，还往往会相互联系、相互影响地产生作用。当然，对于不同的主体及其致胜活动来说，这种相关环境要素远近不同的纵向联系，并没有统一的模式，并且始终处于变化之中，需要不断地分析其由远而近产生影响的具体状况。

二是要弄清围绕主体的环境横向联系。在主体及其致胜活动中，那些直接和同时产生影响的各种环境要素之间，还存在着一种相互联结、相互作用的关系，同样必须搞清楚。的确，无论哪个主体开展致胜活动时，不可能在所面临的环境条件中，只有某个单一的要素发挥作用，或在多种要素产生影响时皆彼此孤立地单独发挥作用。实际上，这些不同的环境要素，通常总是相互关联、相互渗透地产生这种或那种影响。当然，在发挥这种交互性影响作用中，并非所有的要素皆呈一种状态，似乎没有大小、主次、轻重之分。恰恰相反，其中必有某个或几个环境要素完全可能属关键的、主要的要素，而其他的环境要素则居于比较次要的位置。不过必须看到，这种大小、主次、轻重之分同样处于变化之中，需要持续进行具体的分析。

三是要弄清环境纵横交错的系统性联系。主体面对各种相关的环境要素，无论其处于什么样纵向的与横向的位置，起到何种主要的与次要的作用，这些影响求胜防败的各种环境要素常会彼此关联、相互影响，无形或有形地发挥着环境条件的综合性效应。说它无形，是因为环境的诸要素并非形成了一个层次清楚、结构严密的环境系统；说它有形，是因为环境的诸要素往往是相互渗透、相互关联地起作用，既分别又共同地对主体开展的致胜活动产生着影响。因此，致胜主体面对环境条件时，切不可满足于只是分别弄清楚环境诸要素，或只是逐个地分析与对待这些要素，而必须把握这些要素之间的系统性联系，以及认清各种环境要素对致胜活动所产生的综合效应。

**（3）认真把握环境条件的变化规律**

要真正深刻地认清环境条件及其作用，仅仅知其由哪些要素构成，及其可能起些什么作用是不够的，还必须看到环境条件始终处于宏观的与微观的变化之中，并且这些变化又非杂乱无序的，总是呈现一定的规律性。认识与把握环境条件变化的一般规律，不仅有助于在致胜活动中更有效地适应与改造客观环境，还可以自觉运用这些规律来充分发挥环境条件在致胜活动中的作用。

一方面，致胜主体应认识与把握环境本身的各种运动变化规律。主体开展致胜活动时所面对的环境，既涉及到相关的各种环境要素，又涉及到这些要素构成的环境系统。我们不仅应看到各种环境要素及其构成的环境系统的变化，还应进一步揭示这些变化的内在联系和发展趋势。如果把那些宏观的、间接起作用的环境视为大环境，微观的、直接起作用的环境视为小环境，那么其内在联系通常可以呈现出两条基本规律：一是大环境从根本上决定着小环境的基本状态。比如，大自然环境决定社会环境，社会环境决定工作环境，致胜场周围环境决定致胜场内环境等。主体研究和把握致胜活动的环境条件时，务必站得高、望得远、看得宽，切不可只孤立地看到那些直接的、就近的、眼前的环境条件；二是小环境可以潜移默化地影响大环境发生变化。比如，随着人类社会的进步、尤其是科学技术的发展，社会环境可以通过多种渠道并在一定范围内影响某些自然环境条件；而无论是工作环境还是致胜场环境的优化，皆可在某种程度上影响所处的周围社会环境等。主体研究和把握致胜活动的环境条件时，不能只看到宏观方面的决定作用，也应重视微观方面可能产生的反作用。因此，致胜主体在致胜活动中，务必认真分析、研究环境条件变化的各种因素与综合状态，找出其互相影响和互相作用的运动规律，以不断提高运用环境来实现求胜防败目标的自觉性。

另一方面，还应认识与把握致胜主体同环境条件之间相互作用的规律。

主体与环境之间，实际上是一种主观与客观的关系，主要反映主观能动性与客观环境条件之间的对立性统一。主体无论开展什么致胜活动，都会遇到各种各样客观存在的环境条件，以及根据自身的需要对这些客观环境条件能动地加以运用与改造的问题。为此，致胜主体不仅要清醒地评估客观存在的环境条件和主观对环境条件的要求，还应对这两者的关联、尤其是主观能动性在其中所能起到的作用，作出正确的动态性分析，并找出其各种运动变化规律。比方说，客观环境条件是基础，主体通常只能认识它、适应它，但在一定的条件下主体又可适度地改造它，就是一条很重要的规律。根据这一规律，要求主体开展致胜活动时必须弄清：所面对的环境条件，究竟孰利孰害，还是利害相当？这些利害关系是不可改变的，还是可以改变的？应采取一些什么措施才能有效影响环境条件，真正做到趋利避害？等等。只有真正弄清了主体及其能动性同实际的客观环境条件的各种联系，明白了怎样才能促使客观环境条件朝着有利于主体实现致胜目标的方向变化，主体才可能在正确发挥能动性的基础上，因势利导地利用与改变客观环境条件来为求胜防败服务。否则，主体就有可能要么违背客观环境的运动变化规律，要么自身的主观能动性使不到关键点上，到头来只能在客观环境面前束手无策。

## 二、自觉适应致胜活动的环境条件

主体开展致胜活动时的环境条件，既然无法回避、必须面对，那么在正确认识它的基础上，显然就不能不自觉地去适应它。在人类活动的整个历史上，通常只有人去适应环境，仅仅在一定范围和条件下才会发生环境“适应”人的情形。以往，人们总爱喊“人定胜天”之类的口号，作为豪言壮语喊一喊未尝不可，但在实践上是难以全面做到这点的。因此，当主体在致胜活动中面对客观环境条件时，首当其冲应该考虑的事情，就是如何去自觉适应它的问题。

### （1）人类社会必须适应宏观的自然环境

科学研究表明，人类及其社会乃是自然界的产物。没有自然界，就不会有人类的出现，也不会有人类社会的形成和发展。因此，人类社会及其所有的个体、具体群体，要想继续生存和不断进步，就必须在正确认识自然界的基础上，自觉地去适应宏观的自然环境。

就像地球必须绕着太阳转，月球必须绕着地球转，地球上的一切生物必须面对白天、黑夜、冷热和风吹雨淋那样，人们的生活也必须始终适应自然界的环境及其变化。人类发展史清楚地告诉我们，从来不是自然环境适应人，而主要是人如何去适应自然环境。有些原始部族的消失，就是由于没能适应当时恶劣的自然环境变化所至。后来有些民族、国家的衰败，也与因肆意践踏自然环境而遭受其“报复”有关。即使人类社会的未来，如果按照传统的靠“掠夺”大自然的工业化方式继续走下去，亦难免有一天不会自食其果。的确，人类在大自然的面前，有点像《西游记》中的孙悟空，其本事再大，一个跟头可以翻过十万八千里，但仍然跳不出如来佛的掌心。人类这个能耐非凡的“孙悟空”，至今以至永远都无法离开大自然这个“如来佛”的天下。这不仅从历次地震、海啸、暴风、洪水、火山爆发和大瘟疫流行等，曾给人类造成成千上万家庭家破人亡，以至整个地区遭受毁灭性灾难的大量事实中，可以得到印证；而且即使到了今天，人类在这些巨大的自然灾害面前仍显得有些软弱无力，尤其对于诸如地外小星球与地球的可能撞击之类天灾，人类至今似乎尚未找到能有效应对的良策。

当然，这种适应有被动与主动之分，完全听任自然界的摆布，那是被动的适应；在对自然界有了一定认识的基础上采取积极的应对措施，才是主动的适应。而且，认识愈深刻、措施愈得力，这种主动的程度也就愈高。可以说，人类要想不断生存与进步下去，一方面必须适应自然界的“喜怒无常”和千变万化，以免自身由自然界中来再消失到自然界中去；另一方面又必须看到，人类毕竟是迄今为止最有本事的能动类主体，不仅可以逐步认识自然界和掌握其运动变化规律，而且可以在正确认识的基础上主动采取各种有效的措施来趋利避害，尤其是千方百计减少自然灾难造成的种种危害。就像穿衣、建房以避严寒酷暑，及时预警与快速撤离以躲避地震海啸，全面加强预防与干预措施以减少天灾危害等等那样。一个能动的致胜主体，理应在认识、适应自然界的过程中，努力争得相对的主动权。

**（2）具体主体必须适应所处的社会环境**

就民族、国家这类具体的大型群体而言，除了同整个人类社会一样，也须始终适应一定的自然环境条件外，还要适应整个人类社会的构成现状和历史发展情况。任何一个民族或国家，不可能完全孤立于人类社会大家庭之外，一切与之有直接关联的其他民族、国家的现实状况，以及由全球各个民族和国家共同形成的政治、经济、文化、安全的战略格局现状，对于这个民族或国家皆是一种客观存在的社会环境条件。而且，一个民族或国家以及整个人类社会以往的物质与精神状态，诸如物产特色、道德风尚、风俗习惯、宗教信仰、人文倾向等等，还可通过传承性积淀或发扬的影响，对这个民族或国家悄然发挥一种历史环境的潜移默化作用。历史环境是业已形成的客观事实，你只能面对它、认识它、适应它，任何主体都无法改变它，能做的仅仅是如何去应对而已。

尤其随着人类社会的飞速发展，整个社会形成的生存与进步氛围，变化之快前所未有，每个具体的群体开展活动时，不仅要像往常一样自觉适应业已形成的社会环境条件，而且必须适时面对社会环境条件的急剧变化。可以说在将逐渐形成的“地球村”里，没有一个民族和国家可以不理会“地球村”整体形成的社会环境条件，我行我素地在世界范围内当个“独行侠”。以人们普遍关注的全球气候条件为例，它既属于自然环境，又始终同人类社会的各种行为、举动戚戚相关，尤其随着工业化的进程和能源消耗状况的偏颇，直接或间接地影响到全球气候的恶性变化，更使得每个民族和国家都不能不面对当前的这种客观状态，并且只有适应自然与社会共同形成的新气候环境才能更好地生存和进步。

至于那些广大的较小群体，无论是家庭、村落、社区，还是学校、企业、部队，其活动不仅每时每刻必须适应各种自然环境，诸如水文、气候、地质、地貌等等之类，而且始终不能忘了所处社会业已存在或正在变化的环境状况，像历史传统和政治、经济、文化、科技的发展水平等。大量的历史事实表明，任何较小群体都无法在社会上“离群索居”，大凡不能认识、适应社会者，最后很可能被社会所淘汰。从来只有具体群体适应整个人类社会，而不可能让整个人类社会逐个去顺应各个具体群体。尤其在存在国家等政治集团的条件下，较小群体的命运甚至须始终同民族、国家的兴衰态势紧紧联系在一起。为什么有的政党能在一个国家长期执政，有的企业能在一个国家逐渐壮大，莫不是由于它们始终坚持从这个国家的实际环境出发，能在政治上或经济上为之不断作出贡献紧紧相联在一起的缘故。与之相对照，那些总想充当社会主宰，一意孤行地要求按照自己的意志和想法行事，企图凌驾于民族与国家之上的各种小集团，却终归难以长期如愿地一个个退出历史的舞台。

作为个体，同样必须适应社会和所在群体的环境状态。在人类社会中，个体通常总属于各种大小不等的群体。即使离群索居者，也必定曾经属于某个群体。因此，个体的活动除了始终离不开一定的自然环境条件与社会环境条件外，还必须适应所在群体业已存在和正在形成的环境条件。任何人只有在适应自然界和社会环境条件的同时，还适应所在具体群体的历史与现实环境条件，才能更卓有成效地开展各项活动。如果恣意违背所在群体的客观环境状态，企图强行让所在群体来适应自己，往往很容易陷于孤掌难鸣的境地。其中，对个体适应客观环境的要求，比较直接的主要体现在家庭环境、学习环境与工作环境等方面。首先每个人从出生伊始，都必须适应社会最小群体——家庭的环境。尤其在少年儿童时期，受家庭环境的影响与制约可谓大矣，通常只能适应而无法选择与改变。即使等到长大成人后，成立了新的家庭，其状态如何亦潜移默化地从正面或反面影响着一个人的事业，同样有个逐步适应过程。可以说，每个主体在人生的各个阶段或时间里，均不能不客观地面对和适应所处的家庭环境。另外，一个人总要不断地求知，而求知过程却有个自觉适应学习环境的问题。年青时为了系统地从师学习，多半都得进学校，可是老师的教学水平、学校的教学设施与周围环境等如何，无不直接或间接地影响到学习的效果。你对于进哪个学校固然可以预先选择，但一旦进去了就必须适应这种学习环境，否则很难取得理想的效果。即使后来还有个继续学习与不断更新知识的问题，而且这种干到老、学到老的行为主要靠自觉，但客观上业已存在的求知氛围与学习条件如何，也不能不在适应的基础上好自努力才能获得较佳的效果。再就是，工作环境乃是每个人从事各种各样工作时必须适应的环境条件。可以说，人们无论从事哪个领域、哪个方面、哪个专业的工作，诸如生产、企业、机关、部队、科研、院校、文艺、体育、传媒等等，莫不受到诸多客观环境因素的制约，你只要选定了某个单位、部门与岗位，就必然要面对这个单位、部门与岗位的具体状态，比如业已形成的组织结构、领导水平、专业分工、办公条件和生活环境等等。所有这一切，对于从事某项工作的个体来说，其实就是一种工作的环境条件。也许当你感到不满意时，有可能重新选择工作单位、部门与岗位，然而一经选定后，只有很快适应所在单位、部门与岗位的环境条件，才可能在工作上获取硕果。

不过必须强调的是，要求主体适应社会和所在更大群体所形成的客观环境，主要是指必须适应社会和所在更大群体的进步主流及其形成的态势，而不是不分青红皂白地随波逐流，甚至同各种退步之势同流合污。作为一个进步的致胜主体，只有认清和适应社会进步的潮流及其形成的活动环境条件，紧随社会和所在更大群体不断向前的步伐，其从事的致胜活动才具有积极的意义。

## 三、能动改造致胜活动的环境条件

人毕竟是能动的主体，当然不会永远满足于只是正确地认识和自觉地适应所处的环境条件，还会根据自身生存与进步的需要，去改造某些环境条件，以更有效地实现求胜防败的目标。尤其在当代，随着新科学技术的迅猛发展与广泛运用，人类获得了愈来愈强的改造能力，从而为主体能动地改善致胜活动的环境条件，提供了愈来愈多的选择与可能。当然，改造环境并非一件随心所欲的事情，还必须遵循环境运动变化的规律才能奏效。

### （1）人类可以能动地改造自然环境条件

人类的最大优势，也是其他动物根本无法比拟的，就在于不仅能在认识的基础上主动地适应自然界，还可以在进一步认识的基础上能动地改造自然界。也许人类的祖先，开始时同其他群居动物差别并不显著，但随着人类智能的不断提升，及其掌握和运用工具的能力不断提高，使得人类愈来愈有可能按照自身的要求来实现改造自然的目的。

自古以来，人类不断能动地创造了辉煌的人造世界，就是最好的证明。从总体上看，人类改造自然的本领一直处于发展之中，从牧业社会、农业社会、工业社会到智业社会，开始只是在有限的范围里利用自然，继而在一定程度上逐渐控制自然，尔后甚至达到了可以变革自然的地步。这是人类主观能动性的不断飞跃，并通过反作用于自然界不断地表现出价值的实现。比如，世界上所出现的愈来愈多的人化“自然”物和人造“自然”物，像运河、水库、公园、防护林、建筑物、机器、汽车、火车、轮船、飞机、电子计机、机器人、人造地球卫星、航天飞行器、虚拟现实系统和基因复制生物等之类东西，就可以清楚地说明此点。不过，在人类改造自然取得了前所未有的成就时，有人甚至认为人类可以创造世界的一切，进而成为统治自然界的主宰，这无疑是种被胜利冲昏了头脑的表现。

的确，“生存与进步”是人类的一个永恒主题，主体的需求一直处于攀升的状态，很难说哪里才是尽头。比如人类不仅可造出地球内自然界许多原先没有的新东西，而且还可以进入地球外的自然界进行太空开发活动，在地球——宇宙系统的大自然界留下各种控制与变革的痕迹。但是必须看到，当人类进行改造自然的活动时，仍始终需要以自然界作为根本依托，自然界不仅是人类生存与进步的基地，而且人类毕竟处于被决定者的地位，在从事改造自然界的时候，客观上具不具备这种可能性，始终受到诸多主、客观因素的制约。其中，一方面要求人们全面而深入地认识与把握自然界的运动变化规律，另一方面要求人们依据这些规律不断提升与完善人类对自然界的改造能力，然而这都不是一件简单的事情，人类的能力毕竟有一定的限度，只能不断探索地一步一步地向前迈进。

### （2）致胜主体可以能动改造社会环境

每个具体的致胜主体，无论人类社会中的个体还是具体群体，不仅应认识、适应自然界和人类社会，而且为了满足自身生存与进步的需要，往往必须能动地去改造所面临的自然界和人类社会环境。就个体对于所在的群体、较小群体对于所在的较大群体而言，均会有类似的情况。大量的事实表明，除了这些主体作为人类社会的各个组成部分，可以积极去参加改造自然环境的活动外，还可以能动地遂行改造社会环境的任务。

由于各个个体与具体群体大小的不同，从事活动领域的不同，及其所处地位和所具能力的不同，往往使得这种对社会环境改造的范围大小、痕迹深浅和时间长短等，均有着较大的差别。比如，每个历史时期的世界强国与先进民族比之于那些弱小国家和后进民族，身处大小群体的领导者比之于一般成员，杰出的思想家、政治家、科学家、艺术家、教育家、革新家比之于相关领域的其他人等，在改造社会等更大群体环境过程中留下的烙印，通常就大得多、明显得多。同时，主体对社会等更大群体环境的影响，有的比较直接，有的比较间接，有的效果立现，有的要等很长时间之后才显现出来，决不可直观地、简单地观察与评价各种具体主体改造社会等更大群体环境的效果。一个执政党，一个领导人，一个革新家，其活动对社会与所在具体群体环境的影响，相对来说就比较直截了当、立竿见影、范围较广。可是一个伟大思想家所提出的改造社会的理念，有的可能不被当时社会所接受，有的可能要隔几代人才为大家所理解，有的甚至像孔子影响东方、苏格拉底影响西方那样持续了两千多年之久，时隐时现地产生影响作用。

另外，改造社会等更大群体的环境，难于适应社会等更大群体的环境。适应社会等更大群体的环境，主要强调主体融入其中，并顺应其客观状态以求继续生存，可是改造社会等更大群体的环境，则主要是在适应社会等更大群体的基础上，能动地影响和改变社会等更大群体环境的现状，以求有利于实现进步的目标。这样一来，主体从事改造社会环境等更大群体的致胜活动时，面对的便不仅仅是社会等更大群体这个总客体，还必须面对维护社会等更大群体现状的其他能动性客体，由此便增加了改造社会等更大群体环境的复杂性和阻力。当反对改变社会等更大群体现状的势力占优势时，这种改造更是一项长期而艰巨的事情。可以这样说，改造社会等更大群体环境的活动，不仅比适应社会等更大群体环境的活动难度大，而且比改造自然界环境的活动也往往显得错综复杂多了。

### (3) 改造环境条件必须遵循客观的规律

认识环境的发展变化规律，既是为了自觉地适应环境条件，也是为了能动地改造环境条件。尤其这种改造的过程，并非致胜主体随心所欲的事情，只有遵循环境自身的发展变化规律，才能得心应手，取得较理想的效果。

要改造自然的环境条件，就须从自然界的实际情况出发，遵循自然界的客观运动规律行事。因为只有这样，才能正确选择改造方向和突破口，从主体需求和客观可能相结合出发，分轻重缓急和先后顺序地展开改造活动。毕竟，改造自然环境时，始终离不开自然界本身提供的元素、结构和条件，以及必须时时、事事、处处遵循客观的自然界运动规律去展开。任何时候，人只能按照自然的内在规律去能动改造自然，也才有可能创造出某些新的自然之物。就像掌握和运用了浮力原理与规律才能造出有用的船舰，掌握和运用升力原理与规律才能造出空运的飞机，掌握和运用了电子运动规律才能造出电子计算机一样，人们要想创造出新的生物种类就不能不掌握、运用遗传与基因变换规律，要想建造飞往远地外星球的载人航天器就不能不掌握、运用反作用推动规律与地球仿生规律，等等。可以说，不掌握与遵循自然界固有的物质运动规律，一切只能永远停留在人脑的思考与设想之中。无论谁如果以为“人是一切的主宰”，可以任意摆布和奴役自然界，那就大错而特错了，其结果只能受到自然界的“报复”和“惩罚”。的确，一个从事致胜活动的主体，只有既深刻认识与把握自然界固有的各种规律，又同时充分发挥自身改造自然界的能动作用，并把它们统一起来，方能在自然环境面前真正立于主动的地位。

改造人类社会等更大群体的环境，更不是个体与较小群体随心所欲之事。因为，人类社会等更大群体比之于自然界，往往具有能动的特点，当你想改造它以形成新的环境时，它还可能反作用你，使得这种改造活动更具不确定性，更要求必须按照客观规律行事。比如，一个学生想改变学校的环境，一个企业想改变市场的环境，一个科研团队想改变社会科研活动的环境，一个国家想改变世界战略格局的环境等等，都不是主体想当然和轻而易举能办到的事情。即使一个人企图改变家庭环境这种看似较小的举动，亦得花费相当长的时间和相当大的精力方能做到。因此，一个个体和较小群体要想改造人类社会等更大群体的环境，就必须认识和把握人类社会等更大群体环境的运行变化特点及其规律，并始终遵循这些规律行事才行。比如一个企业如果企图改变市场的环境，先得深入把握当前市场的特点，正确预见市场的发展趋势，不仅自身要尊重市场出现的各种新情况与新规律，而且能说服和影响与自身有关的企业也能认同和遵循这些规律，才有可能为下一步改善市场环境创造必要的前提，不致于陷于想当然和孤掌难鸣的境地。一个国家要想改变世界战略格局的环境，涉及的因素和条件就更为错综复杂了，它需要在把握时代特征与历史发展趋势的基础上，正确分析国家与国家、国家与地区、国家与世界的错综复杂关系，把握和运用加强经济、政治、文化、外交与军事等方面建设的规律，采取不断强化自身、削弱对手和争取盟友的积极措施，只有在此基础上经过长期的努力与运作，才有可能逐步实现这种战略格局环境的转变。很显然，当一个企业或国家作上述努力时，其对手亦有可能作逆向的努力，这就要看究竟谁更能在遵循客观规律的基础上，充分发挥主观能动性的作用了。

## 四、善于发挥环境条件的致胜作用

环境条件对于致胜活动的影响与作用，有的比较大，有的比较小，有的比较直接，有的比较间接，有的比较正面，有的比较负面。具体状况究竟如何，既取决于环境条件所具备的性质与状态，又取决于环境条件同致胜活动的关联程度，以及致胜主体对环境条件的运作状况。一个有作为的致胜主体，必须在正确认识、适应和改造环境条件的基础上，灵活转换环境条件的作用机制，善于掌握致胜场的主动权，辩证对待环境条件的致胜价值，才能在一定的环境条件中稳操胜卷。

### (1) 不断转换环境条件的作用机制

主体开展致胜活动时所处的环境条件，不仅是由各种环境要素构成的客观综合体，呈现出多样化的状态，而且其作用于主体的机制也是十分错综复杂的。一个主体要运用好环境条件来实现求胜防败的目标，就必须充分了解环境条件彼此间相互联结的交错关系，灵活地转换环境条件的作用机制来为致胜活动服务。

从环境条件发挥作用的形式来看，有个单独起作用还是综合起作用的问题。毫无问题，每个环境要素都起着它自身的独有作用。比如，土地面积和矿藏状况、江湖分布和气候变化、和平环境和战争状态、法治程度和道德氛围、经济水平和历史传统等等，对一个民族、国家的发展皆可起到各自的作用；家庭境况和父母状况、学校环境和学习条件、恋爱对象和婚姻情况、生活状态和工作岗位等等，对一个个体的发展亦可起到各自的作用。然而，这些要素又完全可能在同一时间、同一空间里，两个、多个或整个联系在一起产生新的综合作用。切不可在开展致胜活动过程中，只是孤立地面对和发挥各个环境要素的作用，而忽视了其相互影响、相互渗透后产生的综合效应。为此，既要注意避免综合性环境的减利效应，又要大力发挥综合性环境的增利效果，尤其在综合各个环境要素时应力求达到长短互补、趋利避害的要求。

从环境条件发挥作用的渠道来看，则有个直接起作用还是间接起作用的问题。一般来说，离致胜主体活动的时空距离愈近和关系愈密切的环境条件，其起的作用愈直接、愈明显；反之，则愈间接和愈不明显。像家庭、学习、生活、工作等环境条件，比之于一般的自然、社会环境条件，对致胜个体的影响就直接得多。不过，环境条件所起作用的直接与间接，往往并非绝对的，更不意味着可以始终决定其所起作用的大小。在许多情况下，直接的环境条件与间接的环境条件之间可以发生转化，有些间接性环境条件在转换成新的直接性环境条件后所起的作用，甚至可以超过原先的那些直接性环境条件。虽然说，主体家庭、学习、生活、工作的环境状况，通常对其致胜活动起着比较直接的作用，而一般的自然与社会环境条件则起着比较间接的作用，可是一场由自然界或社会中突如其来引发的恶性天灾人祸，却可以使这个主体正在顺利展开的致胜活动夭折甚至逆转，就是最好的例子。

因此，主体必须全面把握和调控环境条件对致胜活动作用的机制。一方面，在认真分析环境条件各个具体因素的基础上，不仅切忌将其加以割裂，更要注意把各个具体因素联系起来，使之能够相互扬长补短、以优补劣，产生更为有利的环境系统影响；另一方面，在认真对待环境条件各个具体因素所起的直接或间接作用的同时，必须注意这种作用的联系性与可变性，善于由近而远、由远而近地因势而动，充分发挥环境条件的趋利避害作用。很显然，在上述不断转换的过程中，尊重客观与发挥能动性均缺一不可。

### （2）努力把握致胜场环境的主导权

在每个主体开展一定的致胜活动时，尽管与之有直接或间接关系的具体环境因素，均或大或小、或直接或间接地起着各种影响作用，但其中起最直接、最关键作用的，应该说当数致胜场的环境莫属。致胜主体只有通过各个方面的努力，始终掌握致胜场环境的主导权，充分利用其有利的方面，注意限制其不利的方面，才可能为求胜防败创造最重要的环境条件。

首先，主体在选择与确定什么样的致胜场之初，就必须充分考量其中的环境因素，以在这个问题上获得占先的主导权。从大的类型上来说，致胜场既包括主体根据自身的一般期望与理想所选择的宏观性致胜场，诸如商场、官场、战场、科场、艺场、赛场等等之类；又包括主体根据自身的某种具体需求与目标所选定的具体性致胜场，诸如主体为了实现身体、学习、工作、婚恋、致富、升迁、科研、出名等某项具体目标所选定的实际活动场。一个富有远大理想而又脚踏实地的致胜主体，通常会先选择一定的宏观性致胜场，然后再根据具体追求的目标去选各种具体性致胜场。致胜主体只有选定对自身比较有利的致胜场，才能针对一定的客观对象，有计划、有组织、有步骤地成功开展各项具体的求胜防败活动。尽管在选定致胜场的过程中，主体的利益与目标是根本依据，并且必须认真考察所针对的客观对象，但这一切都离不开环境因素的参与和作用。因此，选定致胜场之始，就不能忽视其中的环境因素及其所形成的各种条件，认清这些因素和条件的作用机理，否则将意味着致胜活动只能在人们一厢情愿的遐想中展开。

同时，致胜主体要想在利用致胜场环境上获得主导权，还必须把主观的要求与实际环境的可能有机地统一起来，正确地选定和对待能具体付诸实践的致胜场。就客观的可能而言，通常很难找到或获得一种万事皆优的环境，总是利弊、好坏、顺逆等因素并存。任何致胜主体，都只能在一定的时间、空间和实践范围里，有所挑选、有所回避、有所进入、有所利用地采取行动，分对象和分步骤地去认识、适应与改造所面对的环境条件，从而达到抓住顺境、避开逆境、有的放矢、趋利避害的要求。因此，要把握致胜场环境的主动权，并非一件想当然的事情，必须客观地、辩证地去分析和认识这种环境，全面把握和利用其有利的方面，限制和避开其不利的方面，才有此种可能。比如一个主体学习时必须面对欲进学校的环境，工作时必须面对欲进单位的环境，一开始选择就必须认真考察哪个学校或单位的环境条件对自身比较有利或不利的问题，然而一经选定与进入之后，只有充分利用那些有利于学习或工作的环境因素，克服那些不利于学习或工作的环境因素，才能搞好自身的学习或工作，以力争取得优异的成绩或成就。

另外，不断优化致胜场中主体、客体与环境条件相互作用的过程，也是把握致胜场环境主导权不可忽视的环节。事物是发展变化的，致胜场的诸要素及其关系也不例外。在求胜防败过程中，难免会遇到各种不确定性因素的困扰，致胜主体必须充分把握和运用反馈信息，能动地不断加以调节与控制，以确保自身能在所选定并改造、优化的致胜场中，以最小的代价获取最大的胜利。尽管主体选择致胜场时，一经选定便成了一种客观存在。然而面对此种存在，致胜主体完全可以在研究其构成的各种要素及其相互关系、运动规律的基础上，能动地对其进行利于实现求胜防败目标的改造与优化。除了要首先不断优化主体自身，并促使客观对象朝着有利于主体实现求胜防败目标的方向转化外，就是要在改造和优化致胜场环境条件上下功夫。其中既有继续认识、适应、利用环境条件的问题，又有进一步能动改造与创造环境条件的问题。当致胜场的环境条件不那么理想时，如能尽最大努力去适当改变此种状况，对实现求胜防败目标无疑大有裨益。

(3) 辩证对待环境条件的致胜价值

要想充分发挥环境条件在致胜活动中的作用，除了应灵活转换一般环境条件的作用机制，善于掌握致胜场环境的主动权外，正确地分析、认识和对待环境条件的致胜价值，也是一件不可忽视的重要事情。之所以如此，是因为环境条件的致胜价值并非凝固不变的，主体完全可能随情而变和转害为利地对待之。

实际上，环境条件表现出来的利与害，既具有绝对性，又具有相对性，对于不同的致胜活动来说其价值亦可能发生变化。比如在同样的自然环境条件下，一个国家既要卓有成效地从事经济建设又要加强国防建设，虽然两者存在许多利弊一致的环境要素，像幅员的辽阔、矿藏的丰富、土地的肥沃、气候的适度等状况；但也有不少虽利于经济建设但未必对国防建设有益，或不利于经济建设却有利于国防建设的情形，像地形地貌的复杂、江河湖泊的分布、各项建设的布局等状况，对两者的影响就有所不同。当然，如果从经济建设与国防建设始终相互联系的角度来看，那又是另一层面的事情。又如在同样的社会环境条件下，主体是从事斗争型致胜活动、合作型致胜活动还是融进型致胜活动，是从事经济活动、政治活动、军事活动还是科研活动、教育活动、文艺活动等等之类，这些环境条件所起的作用除了有相同的一面之外，也存在着许多明显的差异。因此，不宜凝固地、一成不变地看待某种环境条件的致胜价值，而应做到对具体问题作具体分析。

从环境条件的作用状况与效果来看，主体还有一个如何对待其起正向还是反向作用的问题。一般来说，大凡有利的环境条件对致胜活动起着正向的促进作用，可以加快致胜的过程，促成求胜防败目标的早日实现；而不利的环境条件，则对致胜活动起着反向的阻碍作用，只会扰乱致胜的过程，影响和推迟求胜防败目标的实现。然而，随着主体的参与和能动性的发挥，实际情况往往会变得复杂许多。对于一个有作为的致胜主体，完全可能在不利的环境条件中找到磨练与激励自己的因素，善于从逆境中崛起，使某些不利的因素及其反向作用，转化成有利的因素并发挥正向的作用。有人作过试验表明：盲人在“黑暗”中行进与做事情时，比正常人在“黑暗”中行进与做事情更得心应手。为什么会这样呢？就是因为盲人在长期看不见周围情况的不利生活环境中，使自己对外界的感受和判断能力，得到了更多的锻炼和提高，而正常人却因一时适应不了在“黑暗”中活动而变得不如盲人所至。类似的情况，在许多只要经过各种各样艰难困境的磨难，就可以获得致胜能力提高的活动中，皆可得到印证。

的确，对于逆境也可能起正向作用的问题，许多人可能都会有同感。我认识一位颇有建树的社会科学学者，当他正值青春年华并准备在科学研究领域大展宏图之际，却遇上了所谓的“文化大革命”，这个“臭老九”莫名其妙地突然被整往大西北的农场“屯垦戍边”，当时同去的许多人均感到心灰意冷，他却不以为然地把此当成了一次难得的磨练机会，总是积极地面对各种挑战，勇于克服各种各样的困难，后来还在多个单位担任基层领导工作，正因为这样，使其在社会实践经验方面得以不断充实、丰富，并掌握了不少第一手资料，从而为后来在科学研究领域取得骄人成绩奠定了很好的基础。当然，这类体验在社会上很多，个体有，群体也有，只是人们没有注意总结和宣扬罢了。

# 第五章　充分利用致胜机遇

主体开展致胜活动时，总要面对由主体、客体与环境条件所形成的某种态势。机遇作为其中一种比较特殊的态势类型，在各种致胜活动中亦往往会或隐或现、或多或少地存在着。大量的事实表明，任何时间较长、范围较大、情况较复杂的致胜活动，不管主体是否认识，是否把握，均有可能面对这种或那种机遇，不同的仅仅是利用得如何而已。因此，每个进步的致胜者，都应该认清机遇的性质和作用，在事先做好各种准备的基础上，做到敏锐地发现机遇，及时地抓住机遇，能动地创造机遇，并卓有成效地利导机遇为求胜防败服务。

## 一、机遇及其在致胜活动中的意义

我们这里所说的机遇，乃是主体在致胜活动过程中所遇到的特别有利于自身生存与进步的一种客观态势。它不仅仅指对自身特别有利的境遇，还包括各种难逢的、宝贵的机会，属于主体与客体在一定环境条件下相互作用的特殊产物。虽然机遇在所有的致胜活动中是种常见的现象，但在具体的致胜活动中却是一种难逢、难得的状态与条件，因此致胜主体必须对其特性、类型、价值与意义有充分的认识，自觉地运用机遇去实现自身的求胜防败目标。

### (1) 致胜活动中机遇的特点

人们在致胜活动中，虽然经常谈起机遇，但不少人又往往不能正确理解其真正的涵义，不是把它看成碰上好运气，就是当作投机取巧之类的事情。其实，机遇里虽然包含有运气的成分，谋求机遇同投机取巧在表面上也有某些相似之处，但机遇既非纯粹的偶然碰巧现象，更非主观上可以随意取巧的事情。其同听天由命的运气以及钻营妄为的投机，确实有着本质的区别。从根本上说，机遇乃是必然性与偶然性的结合，系主观与客观相互作用的产物。并且，这种结合和产物，又不是主体经常遇到的那些稍为有利的种种环境条件，而是主体遇到的那种特别有利于自身生存与进步的、比较难得的客观态势。

一方面，机遇作为必然性与偶然性的结合，具有有利巧合与稍纵即逝的特性。我们知道，就世上某一事物来说，在其存在、发展与同其他事物相互联系的过程中，总是同时存在着必然性与偶然性两个方面。所谓必然性，是指事物联系与发展中不可避免、确定无疑的趋势；所谓偶然性，则是指事物联系与发展中可能这样也可能那样出现的现象。就两者的关系而言，必然性虽居支配的、主导的地位，但通常总寓于大量的偶然性之中，并通过偶然性为自身开辟前进的道路。在致胜活动中，人们固然应基本依据反映事物必然性的客观规律、科学原则行事，但事物的联系与发展过程是非常错综复杂的，难免不遇到这种或那种偶然性的影响。这些偶然性及其影响，有的对致胜活动的顺利展开与发展起正面的作用，有的则起负面的作用。我们所说的机遇，正是必然性通过偶然性起作用的一种特殊形式，产生于决定事物发展方向的必然性与可产生有利影响的偶然性的巧合之中。很显然，这种有利影响是仅对致胜者而言的，否则对于致胜者就谈不上什么机遇了，而仅仅是一种利害难料的遭遇而已。之所以说是巧合，乃因为主体依据必然性开展致胜活动时，所遇到的偶然性有的明显表现出来，有的尚未明显表现出来；有的影响较大，有的影响很小；有的被认识到了，有的尚未被认识；有的起积极作用，有的起消极作用。在致胜活动中，只有活动的必然性与对活动主体有利的偶然性相结合，才能形成致胜机遇。

这也就是说，要想获取各种难得的致胜机遇，必须是在致胜活动发展变化的必然性过程中，遇上了起积极的、重大的正面作用的偶然性才行。人们常说“机不可失，时不再来”，为什么会“时不再来”呢，就是因为不会随时随地出现这种有利的巧合。同时，基于事物的多变性，无论哪种机遇，要长时间维持下去是不可能的。作战中有个“战机稍纵即逝”的问题，其他领域的机遇亦同样如此。或许其他领域的活动，在时间上不像两军对抗那样瞬间变化极快，但如果抓不紧的话亦同样会稍纵而逝。比方说，个人的婚恋机遇、事业机遇，企业的拓新机遇、占领市场机遇，科研群体的合作机遇、发明机遇，民族与国家的建设机遇、革新机遇、大发展机遇，等等，尽管这些机遇在时间的延续上有长有短，并且越是宏观的活动其持续时间也相对较长，然而都存在参差不齐的稍纵易逝现象。

另一方面，机遇作为主观性与客观性的结合，还具有目的明确与态势难得的特性。仅有主体的主观要求与想法，不可能产生机遇。客观上存在着产生机遇的种种条件，如果主观上无此需求，机遇也不可能进入主体活动的视野与范围。在求胜防败的过程中，此点表现得尤为明显。致胜主体为了自身的生存与进步，总要追求一定的利益及相应的目标，并围绕着利益与目标展开一系列的能动性活动。所谓能动性活动，除了正确认识客观对象的性质与致胜活动的基本规律，做好致胜活动的各项准备等之外，就是要始终审时度势地分析、研究和判断活动的客观态势，看何时、何地、何种条件对自己的行动有利及其有利的程度。

显然，主体在致胜活动中希望达到什么样的目标，是其寻求与利用机遇的原因和依据，也是衡量某一机遇是否具有价值的标准。不难看到，商机对于一个军人、教育家来说没有什么直接关系，战机对于一个艺术家、企业经理来说也不会有多大兴趣，因为这不是他们所追求目标的需要。可以说，有什么样的利益与目标追求，才会去期望出现实现这种利益、目标的特好境遇与机会。然而，主体需要是一回事，客观上是否出现了对其特别有利的态势又是另一回事。致胜活动在什么时间、什么地点和什么条件下展开，才特别有利于实现预定的目的，并不是由谁主观愿望来决定的，而要看客观上是否具备了这种优越的有利态势。即使主观上有时也能充分发挥能动性来创造某些有利的态势，同样不能不受到客观方面的种种制约。因此，机遇总是产生于主观需求与客观存在相对优越态势的结合点上。那种把机遇视为一种纯粹的客观存在，如同把机遇视为一种纯粹的主观诉求一样，都是片面的认识，也不符合机遇产生的实际情况。

（2）致胜活动中机遇的类型

既然致胜的机遇是主体在求胜防败过程中，由必然与偶然、客观与主观相结合的特殊产物，那么根据它们之间的相互关系，就可以将其分成许多不同的类型。比方说：从致胜主体类型与机遇的关系来分，有个体型机遇和群体型机遇；从致胜活动领域与机遇的关系来分，有政治型机遇、经济型机遇、文化型机遇、军事型机遇等；从致胜活动的客观对象与机遇的关系来分，有事物型机遇、属性型机遇、关系型机遇等；从致胜活动所用方法与机遇的关系来分，有经验型机遇、逻辑型机遇、非理性型机遇等；从致胜活动过程与机遇的关系来分，有时间型机遇和空间型机遇等。不过，人们往往喜欢根据机遇在致胜活动中所起作用的向度，来区分机遇的不同类型，主要如有：

一是正向型机遇。这是指客观态势从正面对主体求胜防败目标的实现，直接起着特别有利作用的机遇。其特点表现为主体确定的致胜目标，同实现目标时的客观态势相一致，客观态势可以起到特别有利的正面促进作用。在致胜活动的机遇中，其所占的比例较大，也是人们喜欢谋求和把握的类型。但在不同性质的致胜活动中，这种机遇具有不同的相对性，不能一概而论。比如，对于斗争型致胜活动来说，客体系斗争的对象，对主体特别有利的客观态势，往往意味着对客体不利，因此机遇对双方所起的特殊作用是对立的；对于合作型致胜活动来说，主体与客体的利益、目标在主要方面趋于一致，此种机遇对双方所起作用的大小虽然不一定等同，但总的方向是一致的；在融进型致胜活动中，正向型机遇无疑对致胜主体的活动特别有利，并始终起着正面的作用。

二是反向型机遇。这是指客观态势从反面对主体求胜防败目标的实现，间接地起着特别有利的促进作用的机遇。其特点表现为致胜目标与当前实现致胜目标的客观态势不一致，迫使主体乘势改变与纠正行动策略，从而更利于后来有效地实现求胜防败目标。在致胜活动中，通过遭遇困境、逆境而发现别有洞天的事并非少数，只要能正确认识和处置，就有可能把不利转变为有利，并乘势扩展这种向利方面的转化，加速与促成目标的实现。此类“因祸得福”、“由难促成”、“坏事变好事”的机遇，常被人们误解或忽视，但在许多领域尤其是发现性、创造性领域往往发挥着重要作用。比如，在科学研究中，当主体突然遇到了某种始料未及的逆情或逆象时，表面看起来不利于很快完成该项科研项目，其实恰恰从这些意外的境遇中，促成了主体获得更全面的科研结论，从而进一步卓有成效地实现了科研的目标。

三是多向型机遇。这是指客观的态势，随着情况与条件的变化，从不同方向、角度和部分，分别对主体求胜防败目标的实现起着特别有利作用的机遇。其特点表现为致胜目标中有的方面与部分同实现目标的客观态势相一致，有的可能相异或不完全一致，但只要善于因势利导，就特别有利于致胜目标的最终实现。此类比较特别的客观态势，既可以从正向起作用，又可以从反向起作用，关键在于致胜主体善不善于趋利避害、变害为利，灵活地加以把握和运用。在实际的致胜活动中，尤其是在时间较长、空间较大以及情况比较错综复杂的求胜防败过程中，比如一个国家的经济建设过程，一场大型战争的展开过程，一项政治体制改革任务的完成过程等等，想一帆风顺地实现预定目标是很难的，既可能遇到各种特别有利的机会，又可能遭遇这种或那种不利的情形，面对这些正向与反向并存的各种机遇，致胜主体必须从不同方向加以利导才行。

值得指出的是，无论哪种类型的致胜活动，上述列举的机遇类型，除分别出现外，有时还可能同时出现，或者是彼此包含，必须根据哪种类型占主导的地位和起主要的作用来做出判断。至于如何获取和运用上述不同类型的机遇，则必须根据主体从事的致胜活动的性质、目标及其所处的客观态势来综合确定。

### （3）机遇在致胜活动中的作用

在致胜活动中，虽然机遇并非一种贯穿始终、起决定性作用的因素，不可能凡事都依赖它来实现目标，但它的确是不可忽视的重要条件。古希腊思想家苏格拉底早就这样说过："最有希望的成功者，并不是才干出众的人，而是那些最善利用每一时机去发掘开拓的人。"无数的事实亦表明，能不能正确认识机遇的价值，会不会充分发挥机遇的作用，对于加速致胜的进程，顺利实现求胜防败的目标，确实具有重要的意义。

就致胜个体来说，大小机遇几乎不断，得益者不少，后悔者也有。在人的一生中，爱情和事业大概算得上是两项比较重要的事情，可是就在这两件事情上，机遇总是来去匆匆，就看你是否善于充分发挥其作用。许多人在婚恋问题上，常发出阵阵叹息或后悔之意：某某是多么好、多么理想，但可惜那时没能抓住好几次“相识”、“深谈”或“求爱”的机会等等。尽管说，抓住了某次或几次难得的机遇，并不一定能保证理想婚恋的成功，但失去了那些机遇，却使得后来再无可能去得到你心目中的那位理想爱人。在事业上同样是如此，有机会获得一个能充分发挥你才能的岗位或职场，你从此便有可能雄姿英发、干劲十足，一步一步地迈向事业的高峰，获得一个又一个巨大成就，这从许多经济家、政治家、军事家、科学家、艺术家、教育家、体育家等知名人士走过的一生即可获得印证。反之，如果因为种种主、客观原因，你失去了这种机遇，并一直未能再获得理想的岗位和职场，此后则可能是另一种样子。当然，由于人的一生中各种机遇很多，可供选择与利用的余地较大，不能绝对说失去了这次机遇就没有了其他机遇。也许正是这个缘故，使得许多人很不重视机遇。其实，各种有意或无意忽视机遇的结果，往往会给主体带来许多虽不显眼但却潜移默化的重大影响。这只要人们很客观地回忆自己走过的人生道路，就会有程度不等的同感。

对于致胜群体，机遇同样是常客，并一直起着重要的作用。历史上，几乎每个国家的发展都存在战略机遇期，大凡能抓住这种战略机遇的国家，后来者可以居上，先进者可以更先进；而那些没有抓住这种机遇的国家，落后者会继续落后，先进者则会逐渐沦为落后者。中国近代不是有个“康雍乾盛世”之说吗？的确，清代自康熙时期始，中经雍正而至乾隆时期，无论在经济总量还是人口数量上，都构成了当时世界上最强大的国家，算得上是中国历史上继汉、唐盛世之后又一个顶峰时期。然而与此同时，它由于执行各种闭关自守的方针政策，又使其同17、18纪世界的思想启蒙、科技发明、工业革命失之交臂，结果很快从盛世走向衰落，只不过呈现为一种“落日前的辉煌”而已。与之相反，原先一直处于落后与弱小状态的日本，在近代恰恰是抓住了这一战略机遇期，通过明治维新，从政治、经济、军事、教育等各个方面大力进行改革，很快走上了资本主义的发展道路，进而在工业和科学技术上迅速超过了清朝时期的中国，并在后来1894年爆发的日本侵华战争——中日甲午战争中取得了大胜。然而同是一个中国，自20世纪70年代末开始，面对新的科学技术革命以及世界正处于和平与发展的战略机遇期，因实行了全面改革开放的政策，又使国家经济、社会发展真正走上了快车道，在短短的几十年中便达到了世界上许多发达国家经过一两百年才实现的目标，重新成为了世界上最强大的国家之一。

## 二、要不断地敏锐发现致胜机遇

机遇到处皆有，每个主体几乎经常自觉与不自觉地同各种机遇打着交道。只不过在这些机遇中，有的同致胜活动关系不大，有的则同致胜活动的关系密切而已。致胜主体应时刻关注的，无疑是敏锐地找出那些同致胜活动紧紧联系在一起的相关机遇。而要做到这点，就须看致胜主体善不善于寻找和能不能很快捕捉各种有关的机遇，并迅速地辨析所发现机遇的真伪，客观地判明这种机遇在致胜活动中可能起到的作用。

### （1）应主动寻找和捕捉有关的致胜机遇

人世间的机遇林林总总，可谓多矣。致胜主体需要捕捉的，当然是与自身开展致胜活动相关的那些机遇，否则只会淹没在机遇的海洋中而不知所措。德国著名诗人歌德曾这样讲过："善于捕捉机会者为俊杰。"说明善不善于捕捉机遇，并非一件可以随意对待的事情。而要做到这点，关键就在于不能无目标地杂览乱碰，而应始终不忘求胜防败的目标，并围绕着实现这一目标的各种活动，利用一切可以利用的途径和手段，来敏锐地寻找、发现和捕捉各种有关的机遇。

适时掌握相关信息与情报，是敏锐地捕捉有关机遇的客观依据。可以说，信息与情报是发现机遇之源。一个主体，如果成天把自己关在"鸡蛋壳"里与外界隔开，或者"闭门造车"、"坐井观天"地看待外界的一切，那是很难有机遇自动找上门来的。只有通过观察、调查、实验、参观、访问、电视、广播、看报、读书和网络等渠道，直接和间接地搜集同致胜活动相关的各种信息、情报，并及时加以分析、研究和筛选，才能获得和掌握各种有关机遇的第一手材料。平时应眼观六路、耳听八方，多看、多听、多接触周围有关的事物。不能只关注大事，还应从小事上多加留意。尤其不要小看各种苗头，正是这些苗头可以引导我们更早、更快地发现机遇。在当代，尤要善于利用互联网广泛地搜集和掌握相关的信息，并运用各种现代化技术手段和科学方法获取、整理、查阅有用的资料。主体从事任何致胜活动，只有随时把握了相关的信息和情报，致胜的机遇才有可能在你面前逐一地表露出来。

主体善于洞察与扫描分析，是敏锐地捕捉机遇的主观条件。机遇经常不是显现的，而是深藏于客观的活动环境之中。掌握了相关的信息、情报，并不意味着就一定能找出机遇，还要有敏锐的眼光和洞察力，见微而知著的本领，小中见大的能力才行。对一切都无动于衷或熟视无睹的人，即使机遇站在他的面前，也会听而不闻、视而不见，以致同机遇失之交臂。英国有段古谚语很形象："机会老人先给上它的头发，当你没抓住再后悔时，却只能摸到它的秃头了。"致胜主体必须不断提高自身的发现能力、预见能力和捕捉能力，不仅善于从一丝一发中发现机遇的苗头，而且善于预见机遇在什么时间、地点和情况下出现的可能性。主体一旦获悉有了或将会出现有利的机遇，便应紧追不舍、捕捉加力，抓住一切可供利用的机遇来为求胜防败服务。

**（2）迅速地辨析各种有关机遇的真伪**

世上的事情，常常有真有假，机遇也是如此。由于在致胜活动中，不仅主体与客体的情况会变，而且这种活动的环境条件也会变，尤其在斗争型致胜活动的过程中，所指向的对象还经常制造种种以假乱真的情况，客观态势往往更显错综复杂，这就使得机遇经常带有扑朔迷离的色彩。如果不善于加以辨识，只是一味地采取快刀斩乱麻、碰上便抓的办法，就有可能分不清真伪，把不是机遇当成了机遇，或是把无关机遇当成了相关机遇，结果小则吃亏上当，大则导至挫折以至失败。

在战场和商场上，此类现象表现得最为明显。常见作战中，有的指挥员善于迅速捕捉各种"稍纵即逝"的有利战机，打了一个又一个胜仗；而有的指挥员却往往依据敌人制造的假象，把种种圈套误判为有利的战机，并以此为据迅即展开行动，结果吃了败仗，就是典型的例子。另外，我们在报纸和广播中，经常听到"一条信息救活了一个企业"的报导，之所以会出现这种奇迹，也是因为企业主通过这条信息，敏锐发现和利用了起死回生机遇的缘故。与之相反，也有许多投资者和公司经理，仅仅依据各种假信息，便误以为找到了乘势加大投资和拓展市场的好机会，结果"肉包子打狗有去无回"，遭到了更大的以至企业倒闭的挫折，则是明显的教训。当然，不仅仅是战场与商场，其实在其他领域和人生旅途中，由于不能分辨机遇的真和伪，吃亏上当的事情经常发生，就像千百万甚至上亿闻风炒股或买基金者那样，由于天天都有这种或那种“涨”与“跌”的不实消息，使许多人总觉得会不断遇到发财的机会，事实上却不断遭到“缩水”与“蒸发”那样……在此就不去一一罗列了。

因此，致胜主体在捕捉机遇的过程中，必须不断对机遇进行由表及里、去伪存真的认真分析，并通过多种渠道来加以验证。首先是保证所获得的有关信息和情报要真，必须摈弃各种虚假材料和保留真正的客观事实；其次是思维分析的过程要正，应采取理性与非理性相结合的方式正确展开；再就是得出的结论要准，要经得起逻辑的和实践的检验，并通过各种相关的渠道来加以印证。当然，在机遇真假难辨时，往往冒点险在所难免，甚至有时也是需要的。毕竟在各种致胜活动中，偶然性、突然性、随机性的因素比比皆是，不可能时时、处处、事事对情况都把握得那么清清楚楚，都做到没有丝毫偏差，只要经过各种分析与验证说明确系机遇，就可以适当地冒点险果断地加以捕捉。当然，任何冒险皆必须保持在一定的限度内。

**（3）客观判断各种有关机遇的价值**

机遇不仅有真伪之分，其价值和作用还有大小不等之别。有时在致胜活动中只存在一种机遇，主体只要对其究竟可以起到什么样的作用，作出客观的估量就可以了。但有时在致胜活动中，可能同时发现多种机遇，主体仅仅对其分别具有什么样的作用作出估量就不够了，还必须对这些机遇的价值进行分析比较，看一看究竟抓哪个机遇更有意义，或者能否将多个有价值的机遇加以综合优化。因此，客观判断每个机遇究竟能起到何等程度的作用，是捕捉机遇时不可忽视的事情。

一方面应从时间、空间、条件等方面分析所发现机遇的价值。从时间上来说，主体从事致胜活动的过程中，有些时间段对自己特别有利，也有些时间段对自己不利或利弊相当，对此要作正确地分析和判断，以便找准对自身特别有利的活动时机。尤其在斗争型致胜活动中，对自己特别有利的时机，对对方往往极为不利，反之也是一样，更应敏锐地作出判断；从空间上看，不同的地点、区域与范围，对不同的主体及其从事的致胜活动，可能具有不同的成功机会，致胜者应根据实现求胜防败目标的具体需要，判明何处才是特别有利于自身实现目标的空间。同样，在斗争型致胜活动中，从空间争夺制高点、有利点，常是非常重要的方面，尤应引起高度重视；在活动的条件上，有的情况可能对双方皆有利或不利，有的情况可能对致胜主体比较有利，有的情况则可能对客观对象比较有利，致胜者应在客观分析与判断的基础上，着力发现和找出那些特别有利于自身行动的所遇条件。致胜主体在进行这类分析的过程中，应力避主观、尊重客观，有利就是有利，不利就是不利，以便为判明哪些才是真正有利于主体开展致胜活动的机遇奠定客观基础。

另一方面应对所发现机遇的价值与作用加以综合地判断。在比较复杂和过程较长的致胜活动中，除了须从时间、地点和条件的不同角度，找出价值相对较高的机遇外，还经常要求把这些方面综合起来进行分析才行。因为，所找到和发现的机遇，往往很难在时间、空间与条件上都达到理想的程度，有时时机好但空间范围欠佳，有时地点、区域、范围佳但时机未必很好，有时时机、空间范围都不错但其他条件却不太理想。毕竟世界上的事情常常是相互交错和充满矛盾的，要使所发现的机遇能达到天时、地利、人和都满意的程度，实在太难了。因此，为了敏锐地发现和找出比较理想的机遇，就必须在从时间、空间、条件等几个方面进行价值分析的基础上，再把这几个方面综合起来加以考察，才能得出比较全面的价值判断结论。当然，这类综合性分析和判断，说起来容易，做起来难，当所发现的诸多机遇存在种种矛盾情形时，必须善于找到矛盾的焦点和处理矛盾的恰当方法，从而使致胜主体能做到客观而辩证地面对与选择机遇。毫无疑问，最理想的机遇是时间、空间与条件均对主体自身特别有利的机遇，如果达不到此种程度，则应根据致胜活动的需要，看准和找出其中对致胜活动起主导作用的较好机遇。

另外，对所发现的机遇不断加以优化也是十分必要的。有些人以为，发现致胜机遇只是一过性的事情，其实并非如此。要看到，机遇不仅有真假之分和优劣之别，还始终处于不断变化之中。只要所开展的致胜活动尚未结束，致胜主体就应不断地观察原先所发现的机遇有无变化，以及是否出现了新的机遇。为此，致胜主体必须随时对所发现的新机遇作出鉴别，分析利弊，全面衡量，认真加以筛选，在所发现的全部机遇中找到对自身最有价值的机遇，并择其最佳者而从之。如果同时存在多种不同而又有价值的机遇，还可在选择最佳机遇的基础上，将其他可加以利用的机遇结合起来，使之形成更加优化的机遇。

## 三、必须及时地抓住致胜的机遇

由于机遇具有偶发突现、稍纵易逝的特点，再好的机遇如果未及时地抓住它，或未能抓住不放的话，仍会意味着同机遇无缘，因此要求主体在各种类型的致胜活动中，必须及时地紧紧抓住和利用各种相关的机遇，来加速求胜防败目标的实现。尤其在各种对抗性、竞争性、竞赛性致胜活动中，先于对手抓住机遇，更具有占先之利。而要做到这点，既须树立高度的时间和速度观念，又须抓住机遇后立即付诸实践才行。

### （1）致胜机遇始终同抓住的速度相联

我们知道，在任何社会活动中，时间意味着生命，速度意味着能否争得主动与更有效地运用力量。尤其随着科学技术的发展，时间与速度不仅具有战术的而且具有了战略的意义。机遇作为开展致胜活动一种难得的特别有利的境遇，无疑始终要同致胜力量的运用紧紧联系在一起，否则便失去了机遇的致胜意义。何况，机遇本身所具有的来去匆匆、稍纵即逝的特征，也决定了它始终同时间与速度为伴。可以说，谁在抓机遇时争取了时间和速度，谁才可能争得抓机遇的主动权，也才可能拥有运用机遇的占先之利。

一方面，机遇本身并非一件慢慢呈现的现象，必须迅速地抓住它才不至于逝去。尽管各种机遇存在的时间有长有短，如战略性机遇存续时间较长，而战术性机遇存续时间则较短，不过通常来说，它都是相对地比较短暂而难得的特别境遇。因此，在机遇存在的相对性短暂时间里，稍不留意与把握，它便会与你擦身而过。可以这样说，机遇无时不伴随着时间和速度之神，就看谁能当这尊“神”的主宰。正是这个缘故，决定了无论是谁都不仅应很快地发现机遇，而且还要求发现机遇之后必须迅速地抓住它才行，否则便很容易让机遇在人们面前晃一晃就消失了。关于机遇的有效期问题，时机无疑表现最为明显，其实即使空间与条件方面的机遇，也同样如此。像在人生的旅途中，“过了这个时辰便没了这个机会”、“过了这个村便没了这个店”的现象，可以说比比皆是。因此，致胜主体在任何时间、空间和条件下，不仅应十分珍惜所发现的机遇，更应迅速地抓住它，充分发挥其在求胜防败过程中的积极作用。

另一方面，机遇并非可以由谁垄断，先抓住者才能获占先与主动之利。主体在各种致胜活动中，始终要同客体与各种各样的环境条件紧紧联系在一起，如果在抓机遇时慢了一步，就很容易失去行动的良机。这点，在开展各种斗争型致胜活动时，无疑最为明显，抓机遇本身就是双方的一种竞赛，谁抓在先谁就可以更充分地运用自身的力量，谁就可能获得更多的主动权，而慢者只能眼巴巴地看着对方夺去优势。之所以会如此，是由于速度对于力量运用的过程及其结果显得非常重要，而作为何时、何地、何条件下能更有效地使用力量的机遇来说，如果抓得及时无疑极有助于进一步改变双方力量的对比态势，既可保证自身行动的突然姓，又能陷对方于措手不及的被动境地，从而有助于夺取行动的主动权和胜利。这种情形，其实在一切要面对能动对象的致胜活动中，都同样有个抓机遇能不能“跟得上趟”，以免陷于被动状态的问题，不同的仅仅是力量的具体构成及其运用方式存在一定差异而已。这也就是说，在致胜活动中一定要力争最快地抓住机遇，因为谁这样做了，谁就更能充分利用所获得的机遇较快地实现求胜防败的目标。

### （2）必须对机遇牢牢抓住不放

对机遇，只强调敏锐地发现与捕捉并不够，还须始终抓住不放才行。就像人们做任何事情一样，时做时不做，一会儿抓抓一会儿又放下，到头来什么事情也做不好。面对机遇，如果抓而不紧，或者先抓紧后放松，那么实际上仍等于没有及时地牢牢抓住机遇。主体在开展致胜活动的过程中，任何时候只有十分珍惜已觅得的机遇，并始终对其抓得很紧，才能充分利用机遇为致胜活动服务。

要知道，在致胜过程中真正大好的机遇并不多，得之不易、发现较难，而抓住不放、付诸实践更难。有的人一碰到机遇，就只顾沾沾自喜，以为抓住的机遇成了自己的专利，而不是毫不放松加以充分利用，结果往往只能虎头蛇尾，得而复失，最后让机遇化为了乌有。无论在官场、市场和战场上，还是在科学研究、文艺生涯和日常活动中，这类教训可谓多矣。我就听到过有人发出这样一些感叹：好几次领导给了自己“挑重担”的机会，可惜当时因顾虑太多都放弃了，结果今天仍只能做点具体业务工作；本来可以乘不少企业破产之机扩大自身公司的规模与业务，但由于当时怕冒风险，未敢及时加大资金与生产的投入，以至十多年了公司仍是老样子；曾经好不容易考上了一位优秀导师的研究生，却因当时急于结婚生子、赚钱养家而弃学，使得至今在学识、能力上仍停留在原有的水平上，云云。如果翻开一部战史，更可以看到在古今中外的战争中这类例子之多，几乎在每个时代和各个国家的军队作战中，均可发现不少本可乘势、乘机打胜仗之旅，皆因犹豫不决未抓住有利战机，以至后来反而遭到失败……这里就不赘述了。

可以说，在一切致胜活动的过程中，凡事抓而放松或半途放弃就等于不抓，这对于抓机遇来说尤显贴切。面对同样的机遇，抓与不抓，抓得紧与不紧，效果确实大相径庭。比如在科学界，X 射线的发现过程可算得上是一个典型的例子：在德国物理学家伦琴发现 X 射线并进行科学阐述之前，已有许多的科学家，如德国的雷纳特、英国的克鲁克斯等，均曾看到过放在阴极射线管附近的照相底板被感光了的现象，但他们没有及时抓住这些偶遇的新现象展开进一步研究，结果让科学发现的良机从眼前而过。可是伦琴不同，他紧紧抓住 X 射线被偶然发现的机遇，及时地、深入地加以探究，终于对物理学的发展做出了杰出的贡献，并因此荣获了诺贝尔物理学奖。

类似情形，固然在科学界比比皆是，其实在政治、经济、文化以至生活等各个领域也是一样。像江苏省华西村，由一个原本只有 2000 名左右村民的普通村子，迅速发展为当代中国最富有的现代化村子，其原因无疑是多方面的，但其中始终牢牢抓住了当代中国改革开放所提供的农村发展机遇，不能不说是一个非常重要的因素。当然，不仅仅是华西村，那些近几十年来迅速成长起来、并在世界上都占有一定地位的数百强中国企业，无不同样如此。由此也就告诉我们，面对机遇千万不要只顾欣赏与感叹，谁能及时并紧紧地抓住它不放，谁才可能真正成为机遇的主人，并助其去获得这种或那种胜利。

### （3）怎样才能做到及时地抓住机遇

既然面对林林总总的活动态势及其蕴涵的机遇，只有对机遇迅速作出鉴别，准确地选择出最佳机遇，并及时用于所开展的致胜活动，才算得上真正及时地抓住了机遇。那么在致胜活动中，怎样才能做到及时地抓住机遇，并将其付诸实现以达目标呢？显然，这并非一厢情愿的事情，致胜主体必须充分发挥主观能动性才行。

首先，抓机遇之前须有所准备。要想及时抓住机遇，靠临时抱佛脚是不行的。只有事先做好抓机遇的准备，才不至于真正遇上机遇时不知所措，或等临时再作准备而造成延误，致使所遇到的机遇擦肩而去。预有准备的内容，包括精神与物质两方面：精神上除了应高度重视抓机遇的必要性之外，就是要有充分的耐心和恒心。机遇既然是必然性与偶然性、主观性与客观性相结合的特殊产物，这就决定了机遇既非随时可以碰到的事情，往往需要耐心地等待，只要时间上允许，还可以持之以恒地不断去寻觅。物质上除了开展致胜活动的一般准备外，则需要有可以立即投入行动的人力、物力、财力等保障。不然的话，遇上再好的机遇，也只能心有余而力不足，望洋兴叹一番而已。就像有的企业，明明先发现了扩大市场的良机，可就是自己拥有的资金受到限制，人才储备也显不足，想临时筹措、运作又缺乏足够的条件的渠道，结果只好眼巴巴地看着别的企业乘势而上，占去那些本来可以归于自己的市场份额。

其次，抓机遇的过程要强调快。如果机遇来了，敏感性差、发现得慢，即使有所察觉，也不立即作出抉择，仍然慢慢吞吞地“迈八字步”，最后只能落个稍纵即逝的后果。因此，面对各种各样或隐或显的机遇，不仅仅是要求发现得快，选择与优化的过程要快，而且要求随即采取相应行动的动作也必须快。这在任何类型的致胜活动中，皆须如此。尤其在有对手的竞争型、对抗型致胜活动中，诸如市场竞争、体育比赛与武装对抗等，更是应该强调的事情。要知道，机遇作为一种客观存在，对谁都一视同仁，你在抓机遇，对方也在抓机遇，谁反应慢谁就容易使自己处于被动的境地，只有快了才能获得对对手的占先之利，充分发挥机遇特别有利于自己的优势。香港首富李嘉诚，原本是个小学徒，在倾其积蓄走上创业之路的过程中，因从杂志上看到用塑胶制造的塑胶花即将畅销欧美市场的消息，立即联想到一个塑胶花的黄金时代即将来临，并紧紧抓住这个良机，立即让其所办的工厂迅速转向生产既便宜又逼真的塑胶花，并全力打入了正在日益扩大的世界塑胶市场，从此李嘉诚的企业才蒸蒸日上，为后来的进一步拓展打下了基础。

再就是，对抓机遇的结果须及时加以评价。抓机遇究竟能不能做到及时，固然应该看主体在发现与采取行动的过程中是不是达到了快的要求，但又不仅仅如此，因为有的活动及其可能遇到的机遇，其持续的时间较长和范围较广，或者各种机遇接踵而来，必须对抓机遇的结果及时地作出评价，才能更充分发挥机遇的持续作用。为此，既要对每个机遇的作用结果及其意义及时地加以分析，又要把这些分析放在致胜活动全局中加以客观评价。评价中，不仅应站得高一点、看得准一点、辨得清一点，而且应随时随地迅即展开，使对抓机遇结果的评价真正达到快而准的要求，以更及时而能动地抓住机遇为求胜防败活动服务。

## 四、善于能动地创造致胜的机遇

机遇作为主、客观相互作用的产物，致胜主体除了要及时地发现与抓住客观业已存在的机遇外，还应根据求胜防败的需要、条件与规律，在力所能及的情况下能动地改变主、客观之间的态势，创造出对自身特别有利的各种机遇。大量的事实表明，客观上确实存在创造各种机遇的可能性，关键要看主体能否正确地认清与把握此点，并善于通过各种有效途径和科学方法，将这种可能性转化为现实性。

### (1) 机遇并非全是可遇而不可求的态势

在人们的各种活动中，经常可以听到不少失败者总是喜欢埋怨“自己的机遇不好”，而谈起别人的胜利时，则往往强调“人家如何如何赶上了好时间，好地点，好运气”云云，往往把致胜过程看成是降临在幸运儿头上的纯粹碰巧事件。实际上，世界上的成功人士无不是主动寻找和抓住所碰到的各种机遇，必要时甚至根据机遇形成的机制与规律，能动地创造这种或那种难以求得的机遇。可以这样说，机遇并非全是可遇而不可求的客观存在，不仅其经常掩盖在各种扑朔迷离的现象之中，有待主动去发现与求得，并且随着主体能动而有效地作用客体，同时一定程度地改变环境条件，还可以强化种种特别有利的客观态势，弱化那些不利的客观态势，甚至创造出各种新的机遇，从而使之更有效地为实现自己的求胜防败目标服务。

关于这个问题，英国近代思想家培根说得好：“只有愚者才等待机会，而智者则造就机会；智者创造的机会比他找到的机会要多。”大量的事实也表明了这点：寻常人靠的是等待机遇，强者与天才除了积极寻找和抓住业已存在的机遇外，还会不断地去创造各种机遇。人们都熟悉“守株待兔”的故事：其中的这个农民，因碰巧遇到一次兔子撞在露出地面的树根而致死的便宜事后，连地也不种了，成天守在那里想再遇此机会来“得兔”。显然他就属于只会等待机遇的这类愚者。尽管大家都会对此加以讥笑，可是在现实生活中仍不断有类似“守株待兔”的现象发生。之所以如此，因为它适应了某些不愿付出艰苦努力却想侥幸获得成功机会的人士的需要。一个智者，或者说一个想有所作为的人，当然不会这样，他至少会想出各种更有效的办法和利用更多的机会，来捕捉更多的“兔子”。

显然，真正的进步致胜者应作为智者和强者，善于在一定的客观物质条件的基础上，充分发挥自己的能动作用来创造各种求胜防败良机。不仅做到及时而有效地抓住客观上提供的机遇，而且当缺乏此种机遇时，还能创造出各种有利于致胜活动的境遇与机会。只要翻开历史，就可看到历代有许多著名的政治家、军事家、企业家、科学家、外交家、文艺体育工作者等，皆是这方面的高手。以往人们听到较多的，也许是古今中外那些著名的统帅或将军，亦即他们在作战中通过制造假象和声势，不断调动敌人，同时积极调整自身的兵力与部署，从而创造各种对己极为有利的战机去赢得胜利的事绩。其实，在其他许多领域，皆有大量善于创造机遇以求胜防败的事例。比如，个人婚恋中通过巧妙增强交往和把握对方特点，市场竞争中通过加大投资力度和强化营销机制，政治竞选中通过深入广大选民和形成文宣优势，科学研究中通过运用新技术、新方法和引进尖子奇才等，均是为了形成某种特别有利于己的客观态势，事先便积极创造各种相关条件，以能动谋取求胜防败良机的具体表现。

**（2）创造致胜机遇是主客观相结合的产物**

机遇的特性，决定了创造致胜机遇决不是一件随心所欲的事情。它既要求主体应从致胜活动的客观实际出发，看其有无创造新机遇的可能条件；又要求主体必须充分发挥自身的能动作用，看其是否具有创造新机遇的实际能力。只有把这两方面结合起来，创造致胜机遇才有可能如愿以偿。

一方面，客观上是否具有形成机遇的可能性，是创造致胜机遇的前提条件。要知道，机遇是作为一种对主体特别有利的客观态势出现在世人面前的，它究竟存在不存在，有利到什么程度，并非任由主体的主观方面来决定。尤其如果想改变这种客观态势，比如由不利变得有利，或由小利变为大利，更不能由主体想当然所定。所谓创造致胜机遇，看似致胜主体单方面争取与去做的事情，其实不然，它必须看客观上是否有这种可能，是否具备相应的条件。就像任何人都不能主观地选择社会、选择时代，只能在一定的客观条件下，去认识和适应社会、时代，进而加以改造和利用一样，机遇作为客观上提供的一种特殊的客观态势，致胜主体也只有先面对它，然后才能去改变它。离开了客观上是否具有形成新机遇的可能性，创造致胜机遇也就成了一种纯主观的愿望而已。

另一方面，主观上能否积极发挥主体的能动性，是创造致胜机遇的基础所在。如果说现成的机遇，主要靠主体能否发现与抓住的话，那么要创造新的机遇，就只能靠主体依据客观的可能去作特别的努力了。创造机遇的过程，实际上不外乎是当客观方面具备了这种可能性时，主体乘势运用富有创造的新思路、新方法、新对策，来促成建立一种对已特别有利的客观态势，所作的能动努力而已。为此，需要人们发扬竞争、拼搏与不断进取的精神，主观上既要尊重客观实际，又要大胆地去改变现状。当然，创造机遇并非一件非常容易的事情，在此过程中如果缺乏足够的勇气和魄力，就不可能大胆地去创造机遇。这一点，许多政治家在不利的社会氛围中崛起，军事家在敌强我弱条件下指挥作战，企业家在艰难运作之际发展壮大自身的企业，科学家在科研遇到困难时独辟蹊径地开拓前进等过程中，均曾是这样做和有切身体会的。

当然，创造致胜机遇能否成真，归根到底必须把客观的可能性与主观的能动性紧密地结合在一起才行。只有客观的可能性而缺乏主观的能动性，创造机遇只能与主体无缘；只有主观的能动性而无客观的可能性，创造机遇便成了纯粹的主观愿望。同时还要强调的是，主体创造机遇时必须讲究法律与道德，否则创造机遇同热衷于投机就没有什么区别了。毕竟，投机是一种主体依靠窥伺机会以谋取私利为目的的行为，如投机取巧、投机倒把、投机钻营等等之类，并非我们所提倡的求胜防败之举。或许投机者一时会对自身之所为沾沾自喜，但在许多情况下不但创造不了机遇，而且还往往会自设障碍或陷于“偷鸡不成反失一把米”的困境。可以这样说，只有在符合法律与道德规范这一前提下创造的机遇，才是一种真正可以充分利用的机遇。

**（3）创造致胜机遇要遵循正确的途径**

创造机遇并不是一件很容易的事情，只有采取正确的途径与方法，才能取得满意的结果。根据以往人们从事各种致胜活动的经验，通常应把握以下几点：

第一，要清楚了解什么才是主体所需要创造的机遇。机遇的类型很多，有的同自身从事的致胜活动有关，有的则关系不大；有的客观上早已存在，只需发现和抓住就行了，有的则尚待主体去创造。如果连自身都不清楚究竟应获得什么样的机遇，其中哪些业已具备，哪些尚未具备或未完全具备，那么创造机遇也就无从下手了。主体除了对现成的机遇应抓住不放之外，必须对尚未具备而又需要创造的机遇，从各个方面积极提供条件，不断加以营造才行。如果主体面对的是能动的对手，还应从双方互动中来分析、研究所需创造的机遇。很显然，谁先对所需创造的机遇心知肚明，谁就有可能在创造机遇的过程中获得占先之利。

第二，要深刻把握所从事的致胜活动的客观规律。任何致胜活动都有其内在的、必然的联系，主体只有不断研究和考察在自身所从事的致胜活动中，存在哪些规律和怎样去遵循这些规律，才可能顺势创造各种机遇，有的放矢地去避开或改变不利于己的态势，使这种活动朝着有利于自身的方向发展。比如，“趋利避害”、“强胜弱败”乃致胜活动的两条基本规律，也是能动的主、客体必须遵循的基本原则，创造机遇时必须服从之、体现之，如果与之相悖，创造的“机遇”也只能导至南辕北辙的结果。可以这样说，只有真正地掌握、运用了致胜活动的客观规律及其发展趋势，才可能在创造机遇的过程中处于主动的地位，也才可能使所创造的机遇真正具有求胜防败的实际意义。

第三，要善于运用超常思维的方式创造机遇。机遇作为一种必然性与偶然性相结合的产物，不能不常与各种不确定性因素联系在一起，这一特征决定了光靠习惯性思维，是无法创造机遇的。必须打破常规，运用立体思维、多向思维、发散思维等多种方式，不断开拓新的思路，才可能理出创造新机遇的头绪。比如，主体长期从事某一项科学研究，一直处于久无结果、进退维谷状态，此时如果仍按部就班地依照惯常性的思路搞下去，是无法改变面貌的，只有换一种非常规的思维方式，更广泛、更深入、更系统地分析科研项目的内容，看一看问题的症结究竟在何处，具备了和缺乏着哪些客观条件，寻找出新的突破点和另辟蹊径的办法，才能为创造新的致胜机遇开辟一条别开生面的坦途，去能动地完成这项难以完成的科研项目。

## 五、充分利用机遇为求胜防败服务

要使机遇真正成为致胜活动的重要一环，能为主体的生存与进步提供特别有利的态势，仅仅靠发现、抓住和创造机遇并不够，还必须站得高，望得远，辨得清，用得好，自觉地、正确地、充分地利用机遇为致胜活动服务才行。为此，主体一定要正确认识和对待机遇，不断提高自身掌控机遇的能力，并把利用机遇纳入到致胜活动大系统中去，以充分发挥机遇的求胜防败作用。

### （1）必须科学对待与利用致胜机遇

机遇的价值是种客观的存在，但如何发挥其在致胜活动中的积极作用，却始终同主体能否正确地认识和科学对待它分不开。面对机遇，通常会产生两种截然相反的倾向：一种是始终忽视机遇的地位与作用，认为致胜活动全凭实力及其运用，强胜弱败或者优胜劣败乃天经地义之事，能否遇上机遇不能影响和左右其最后的结局；一种过于夸大机遇的地位和作用，认为无论是个体还是群体，能不能在所从事的致胜活动中获得成功，关键就看能否碰上机遇，将机遇视为决定性因素。实际上，这两种看法和态度均有失偏颇，如果照着去做，没有不栽跟头的。

为什么这样说呢？因为无论肆意贬低还是过于抬高机遇作用的认识与态度，均不符合客观实际。应该承认，机遇在人类社会生活尤其是致胜活动中，确实始终起着不可忽视的重要作用。有人曾调查与研究过当代中国 500 位名人获得成功的各种要素，结果把“抓住机遇”排在了各种要素中第一位。暂且不论这种调查研究结论的科学性与准确性如何，但把机遇作为成功的重要要素之一，的确为古今中外所有大小主体的活动历史所证明。人们不是常有“时势造英雄”的说法吗？这里面就包含着成就“英雄”的社会机遇。综观各种“英雄”人物，确实发现没有一人不是顺应了当时的社会发展趋势，利用了当时各个方面提供的机遇，才成就了其后来的惊世之举。比如，人们喜欢议论的武则天，她之所以能成为中国封建时代唯一的女皇帝，不能不说与她一进宫便遇上了后来继位的皇帝——唐高宗有关，唐高宗不仅柔弱无能，而且又十分宠爱她这个皇后，以至发展到了事事依赖于她的地步，这就不仅磨炼了武则天，也给了武则天逐渐掌管朝政大权的机会，因此待唐高宗一死，她也就乘机取而代之了。

然而话又要说回来，客观的态势再优越，通常只能在致胜活动的过程中起重要的影响作用。如果以为没有遇到机遇就寸步难行，那就错了。常见有些人，总爱把一生败笔与无所作为归咎于“始终没有遇上好的机会”，就属于此种情形。仍以武则天为例吧，如果她自身缺乏足够的智慧、本领和可借助的力量，仅仅靠顺应与利用当时特别有利的客观态势，亦不可能建立起大周王朝，即使完全靠机遇当上了皇帝，要么会很快被别人赶下台，要么只能做一个傀儡皇帝，绝对不可能有后来的那番作为。再看近代法国的拿破仑也是如此，他原是一个无名的低级军官，如果说后来竟能一步步走上法兰西帝国的权力巅峰，确实同法国资产阶级大革命时期发生了土伦叛乱事件，他在调防途中被人推荐，临时接管了围攻土伦的炮兵指挥这样一个机遇，使其从此获得了一个崭露锋芒的舞台分不开。但同时又必须客观地看到，主要还在于他的革命激情、充沛精力、清醒头脑和组织指挥才能，使之能赢得一次又一次战斗、战役的胜利，并在此基础上进一步发挥了惊人的政治才华，才最终登上了法兰西帝国的皇帝宝座。

这也就是说，机遇确实在一定条件下能积极影响主体的相关活动，当这种活动比较简单和目标比较单一时，甚至可能左右活动的结果。然而真正全面地、长期地对致胜活动结局起决定性作用的，仍始终是主体本身的素质、智能与拥有的力量，以及对致胜活动的正确把握和科学运筹。毕竟，必然性是主要的，偶然性是辅助的，内因是根据，外因是条件，机遇作为一种特别有利的活动环境条件，只能起到辅助性的作用。因此，要正确发挥机遇在致胜活动中的作用，就必须科学地对待和恰当地运用机遇才行。

（2）不断提升主体驾驭致胜机遇的能力

主体能不能让机遇在致胜活动中发挥应有的作用，尚须看其是否具有利用机遇的愿望、能力和条件。机遇从来不会在社会活动中自动起作用，它总是青睐那些有迫切需要、做好了准备并有能力有效驾驭的主体。人们之所以急切地谋求与主动地利用机遇，一定与其活动的需要密切相关。如果主体没有某种需求，哪怕是被人们看作最好的机遇，也不会引起他的注意和兴趣。而且，明确了需要什么样的机遇并不够，还必须对机遇的真伪与大小作出正确的分析、鉴别才行。因为有些机遇，表面看起来好像是机遇，其实是假象，利用的结果甚至有可能步入陷阱。还有些机遇，只能产生极小的影响，如利用时估计过高和寄予厚望，只会给自身以误导。因此，必须高度重视和不断提升主体自觉驾驭机遇的能力。

毫无疑问，主体能不能有效地利用和驾驭机遇来为致胜活动服务，从来不是偶然所为或一厢情愿的事情，需要依赖自身素质与能力的不断提高。除了一般致胜活动对主体所要求的身体、心理与智能素质，以及认识能力、交际能力、决策能力与实践能力等外，如果从驾驭机遇的角度来看，主体是否具有很强的洞察能力、预见能力、策划能力、应变能力和创造能力则显得特别重要。许多机遇，都不是明显地摆在人们面前的，往往一时难以看清它在致胜活动中可能起到的作用，这就要靠主体透过大量扑朔迷离的现象，对其进行正确的分析、思考和预测，方能使其逐渐显示出来。当然，利用机遇为致胜活动服务，有时还要敢于冒一定的风险。凡事循规蹈矩、四平八稳，不敢越雷池一步，遇到良机也是前怕狼、后怕虎，只能同机遇无缘。因此致胜主体利用机遇时，既不能因怕担风险而远离机遇，又不能因敢冒风险而可以无视机遇的风险。事实上，只要正确分析、判断了机遇的性质及其所形成态势的状况，做好了各种应付风险的准备，并注意随时修正对机遇得失的认识，就可以大胆地利用各种机遇。

认清了机遇可能起的作用还不够，要将其变为促进致胜活动的有利因素，并随情况的变化及时调整行动，尚须科学策划和采取积极的应变措施，必要时甚至应积极创造条件进一步影响机遇朝更有利的方向演变。而所有这一切，既不可能靠客观态势自动变革，也不可能靠别人拱手相让，全靠致胜主体自身能动性的高度发挥。尤其在以斗争为主的致胜活动中，由于双方利益相悖、目标相反，必然在机遇的面前出现互相制约、互相争夺的局面，致胜主体能否充分利用机遇提供的有利态势，更有赖于主、客体在主观能动性上竞赛的结果。这也就告诉我们，只有在不断地、全面地提高主体掌控机遇能力的基础上，能够随着客观情况的变化而变化，卓有成效地及时采取相应的应对措施，才可能使机遇在求胜防败过程中始终发挥积极的作用。

**（3）要把充分利用机遇纳入致胜活动体系**

为使机遇能始终为致胜活动有效地服务，主体还一定要把利用机遇纳入致胜活动的整个体系才行。机遇从来是主观与客观相结合的产物，既没有纯主观的机遇，也没有纯客观的机遇。在致胜活动的过程中，机遇是作为一种对致胜主体及其活动特别有利的态势出现的，它不可能孤立地、独自地存在，只有同整个致活动及其环境条件联系起来，才具有实际的意义并发挥其积极作用。

我们知道，致胜活动本身是由各个要素、部分与方面构成的，有主体，有客体，还有媒介和环境条件，而这些要素、部分与方面又由更小的各相关的要素、部分与方面构成，一层又一层地形成了一个完整的致胜活动系统。当主体与客体通过媒介进行多层次、多方面相互联系和相互作用时，皆一刻都离不开所处的环境条件，并形成了各种各样的客观态势。只不过，这些客观态势，有的对主体有利或有害，有的对客体有利或有害，有的也许对双方皆有利或有害；有的对主体和客体的某些要素、部分、方面有利，有的对主体和客体另外的要素、部分、方面有害。我们这里说的机遇，由于是指对主体开展的致胜活动特别有利的那种客观态势，因而只能是致胜活动整个系统中主、客体相互作用态势的一个部分，或表现在一定的时间段上，或表现在一定的空间域上，或表现在一定的运动条件与状态上。因此，对于各种各样的大小机遇，都必须将其纳入整个致胜活动体系，在作了各种分析的基础上再加以综合地考察，否则便可能失之于片面与局限。

同时，无论是官机、商机、战机、科机还是其他各种机遇，都不过是政治、商业、作战、科研和其他活动中对致胜主体特别有利的那种态势，用得及时和有效，可以对整个致胜活动产生积极的影响；失去了或用得不当，则会给整个致胜活动带来消极的影响。然而所有的活动，尤其持续时间长、涉及范围广、相关因素多的致胜活动，不可能完全靠机遇来实现其全部目标。这也就是说，如果把机遇孤立起来加以利用，其结果或不能发挥其应有的效益，或因活动系统内部缺乏必要的联结而影响整体目标的实现。因此，主体对于机遇，不能就机遇谈机遇，或是孤立地运用这个、那个机遇，而应从致胜活动整个系统的高度做全盘打算与统一运筹，以使之能在求胜防败的过程中充分发挥应有的作用。

# 第六章　灵活运用致胜方法

人们无论从事何种致胜活动，不仅应十分明确“究竟指向什么”和“为什么要这样做”，还应在作好各方面充分准备的基础上，知道“怎样具体去做”，才能卓有成效地实现求胜防败目标。致胜方法问题，就是解决致胜主体“怎样具体去做”，亦即如何正确认识世界与改造世界的行为方式问题。因此，研究和运用致胜的方法，对于致胜主体来说是一件极为重要的事情。要想灵活而有效地运用好致胜方法，致胜主体除了应充分了解、把握致胜方法的一般性质和构成体系外，更重要的是能够科学选择、优化和创造性地运用有关的致胜方法，以找到一条通向胜利的捷径。

## 一、重视方法在致胜活动中的作用

尽管方法贯穿于人类社会的一切活动，任何人从事任何活动都离不开一定的方法，然而究竟什么是方法，方法是怎样形成和演变的，致胜方法在致胜活动中会起到什么样的作用，等等，并不是每个致胜者在开展致胜活动时都很清楚的。可是，如果致胜主体不把这些问题弄明白，就不可能自觉地运用各种方法去实现预定的目标。

### （1）一般方法与科学的致胜方法

究竟什么是方法的问题，人们的认识有个历史演变过程。“方法”一词，最早源于古希腊，表示“沿着”、“道路”，亦即“通向某事物的途径”之意。公元前古希腊哲学家赫拉克利特和亚里士多德，已先后提出了这个问题。中世纪末欧洲哲学家霍布斯对此做了强调，认为方法是指“采取最便捷的道路”。另一位同时代的哲学家、科学家笛卡尔，也把方法看作是“遵循正确的道路”。中国古代则通常把方法叫作“道”，如处世之道、治国之道之类，就是指处世的、治国的方法等。到了近代德国哲学家黑格尔那里，他又把方法加以高度理性化阐释：一方面强调方法是主观联系客观的工具和手段，通过这个工具和手段可以获得关于客观方面的经验材料；另一方面又说方法还是使主观能运用已有的知识、概念对经验材料进行思维加工，以获得客观的真理性认识。显然，自古以来对方法的理解渐趋深化。

如何全面理解和正确把握方法的科学涵义，乃是现代方法学研究的专门内容。在对其内涵与外延如何做出更符合客观实际的规定时，人们对此仍有着各种不同的看法。对此，本人经过长期分析研究，在拙著《军事方法学》一书（新版于2011年1月由解放军出版社出版）中作了如下阐述：认为“方法系主体选择、创造并运用一定的媒介，来达到认识世界与改造世界目的的行为方式。”之所以这样说，是因为无论什么样的方法，总是由主体要素、客体要素与媒介要素等通过相互联结和相互作用而形成的一个系统，其中主体提出、决定认识与改造客观世界的目的，客体是主体所指向的认识与改造的客观对象，媒介则起着联结主体与客体的桥梁与纽带的作用。而且，我通过研究还进一步发现：方法系统中的各要素之间充满着矛盾，其中最基本的矛盾乃是主体认识与改造世界的目的同所使用的媒介要素状况之间的矛盾，其他矛盾皆围绕这一矛盾展开。随着这一特殊的基本矛盾的逐步解决，方法也就不断得到了更新与发展。同时，由于各种不同的主体总有着各不相同的认识与改造客观世界的目标，而且又不断选择、创造和运用不同的媒介来实现这些目标，于是呈现出许许多多的活动形式、途径、程序和手段等。所谓行为方式，正是对这些活动形式、途径、程序和手段等的高度概括与抽象，等等。上述的认识与界定，我认为也完全适用于致胜活动及其方法，亦即致胜方法乃是致胜主体利用一定媒介来达到求胜防败目标的行为方式。

就实际的致胜方法及其体系来说，它始终处于发展变革之中，并大体上经过了唯心的、经验的和科学的几个主要阶段。而且，这些方法在演进的过程中，也不是新的方法很快就全部取代了旧的方法，往往是长时间地新、旧方法并存着。在古代，主要是求助神灵的唯心主义方法和朴素的经验方法占统治地位。那时，无论在东方还是西方，崇拜神灵的现象十分普遍。与此同时，人们为了满足生产活动和社会生活的实际需要，又往往自发地运用以往的成功经验与技能，来处理后来遇到的各种事情，于是简单的、朴素的经验方法渐为大家所重视。然而随着人类社会不断地向前发展，人们在经济、政治、文化、军事等各个领域实际活动的体会愈来愈多，经验的积累亦愈来愈丰富，特别是近代开始进行工业革命、技术革命之后，科学实验有了长足的发展，数学与逻辑得到了广泛的应用，人们在继续发展古代经验型方法的基础上，便开始沿着科学的轨道来总结社会实践与认识活动的各种方法了。尤其现代人类社会生产力和科学技术的突飞猛进，人的智能与思维水平的不断提高，更为方法中媒介要素的变革与创新提供了愈来愈优越的基础与条件。于是，人们不仅使经验的方法逐步向科学的方法过渡，而且还能通过革新物化媒介和提高智化媒介水平，来进一步完善和创造新的科学方法。科学的致胜方法，正是与此同步地得到了长足发展。

**（2）方法是构成致胜主体能力的重要因素**

我们说过，为了满足致胜活动的需要，主体既必须拥有博大精深的知识基础，又必须善于把知识转化为认识、交际、决策和实践等能力。怎样才能做到这点呢？除了主体的自觉学习、接受教育和实际磨炼之外，就是不能不依赖一定的方法。从根本上说，方法是整个知识体系的组成部分，方法论就是一种普遍性基础知识，方法中的智化媒介，也是一种知识或者说是知识的直接产物；同时，知识的获取、构建和运用，及其转化成一定的能力，又始终离不开方法。可见，主体致胜能力的形成和发展，从来是知识与方法共同作用的结果。

任何主体要掌握知识，都有赖于相关的学习与教学方法。在各类学校经常可以看到，有的学生虽然刻苦用功，可是由于学习方法不对头，结果学习的效果和成绩并不理想。而那些学习效果好、成绩优秀者，无不是既刻苦用功又学习得法的人。当然，主体学习知识的过程，除了自学之外，实际上是教与学相互作用的过程。教有两种教法，学有两种学法：一种是灌输式与应试式的做法。主要靠教师照本宣科地满堂灌，学生坐在那儿像个录音机似的听讲和不停地、生怕有遗漏地满堂记，最多再到实验室做点实验和读点指定的参考材料，只求学生通过听课、背书和照猫画虎去做，死背硬记教师所灌输的全部知识，最后能应付书面考试并获得通过，就算达到了教与学的目的。另一种是启发式与活用式的做法。教师在讲授的过程中，既讲“是什么”、“为什么”的知识内容，又讲“怎样办”才能获取、把握与运用这些知识的方法，学生则理论联系实际、融会贯通地加以领会，力求在理解的基础上活记活用，并通过多种联系实际的形式检验教学效果，一切以全面提高学生的智能水平为目的。只要比较一下这两种做法，不难发现灌输式、应试式教学法，尽管也能使受教育者学到不少知识，但对于浩繁并不断更新的知识内容来说毕竟有限，而且效果较差。而启发式、活用式教学法，把教学的重点放在知识与方法的结合，以及开发受教育者的智慧与能力上，则可以充分发挥教与学两方面的积极性、主动性和创造性，大大提高教学的效果。

同时，主体通过实践所获的感性认识要上升到理性认识，以至达到把握真理的高度，也须依赖一定的方法。致胜主体对于一个客观事物，仅仅感知到它是不够的，只有揭示了其本质和运动规律，才能真正理解它、把握它。而要完成由感性认识到理性认识再及真性认识的过程，就有一个能不能正确选择和运用方法的问题。比方说，为了从客观事物的历史发展过程来揭示其内在的本质与规律，就要用到历史与逻辑相统一的方法。一方面，事物的历史从哪里开始，认识这个事物就应从哪里开始，并且随着事物的继续延伸与发展，认识亦逐步由低到高、由浅入深、由简到繁地得到丰富与提高；另一方面，对该事物的认识又不可能追随其历史发展过程的每个细节，毫无例外地逐一加以把握，而须以典型的、抽象的、理论上前后一贯的逻辑形式，从事物发展过程中成熟的、典型的阶段入手，对其本质与规律进行概括性研究。很显然，历史的东西决定逻辑的东西，逻辑的东西又是对历史东西的概括，只有把两者有机结合起来，才能形成既符合事物历史发展过程又具严密的逻辑结构的理论体系。

又如从抽象到具体的方法，在从认识上再现客观事物整体面貌中起着非常重要的作用。所谓抽象，系指人们在认识中，撇开欲认识的客观事物的某些关系和属性，而将该事物需要研究的某种关系与属性抽取出来加以分析考察的过程。对于客观事物整个性质与规律的揭示、把握，无疑需要通过一系列的科学抽象才能完成。抽象的对立面是具体，抽象前的具体是对欲认识事物的感性具体，进行一系列抽象后的具体是对欲认识事物的思维具体。思维的具体是由感性的具体通过一系列科学抽象而获得的结果，达不到思维的具体就实现不了科学抽象的真正价值与作用。正是通过由感性具体达到科学抽象，又由科学抽象上升到思维具体的过程，才使欲认识的客观事物整体面貌在思维上具体地复制出来。

再者，要把所掌握的知识正确地、有效地运用于致胜活动，方法所起的作用亦十分明显。致胜主体对各种知识的把握固然重要，但要做到正确地运用却涉及方法，如何把知识转化为能力也涉及方法。不说别的，即使个人进行比较简单的思考，不借助一定的逻辑方法便无法进行。再复杂一点，比如尽管你才高八斗、满腹经纶，但要用去认识客观事物，就涉及如何正确地去接触、观察它，通过调查研究等方法去深入了解它，并运用分析、综合、归纳、演绎等思维方法进一步去把握它；你要将认识的结果正确地表达出来，就涉及表达能力及其内含的方法，要口头表达有个如何报告、演讲的方法问题，要跃于纸上则有个写作方法问题，尤其写成专题论文或专门论著更要讲究因题而异的研究与论述方法。又如，主体在致胜活动中的决策能力非常重要，仅拥有丰富的知识和认识了客观对象是远远不够的，还要善于进行科学的预测和科学的决策。可是，能不能准确地预测客观对象未来的发展变化和未来致胜过程中可能遇到的各种问题，却有赖于从几百种预测方法中选出适当的方法来展开预测。要做到科学的决策，也一样有赖于从各种科学决策方法中找出适当的方法，同时还得按照科学的程序和运用科学的手段来实施，而这程序与手段皆属于方法的范畴。

尤其必须看到，方法对主体的创造能力影响极大。除了革新思维方式与运用直觉等思维方法，在提升主体创造性致胜智能水平的过程中起着非常重要的作用外，还要看到方法对于致胜主体如何去发现新事物、扩展新知识、获得新成果，也是不可或缺的重要因素。甚至可以说，在创造中能否掌握和运用科学的方法，比什么都显得更为关键。英国科学家、科学学主要奠基人贝尔纳说得好："科学中难能可贵的创造性才华，由于方法拙劣可能被削弱，甚至被扼杀；而良好的方法则会增长、促进这种才华。"可不是么，创造始于提出问题，继而解决这个问题而获得新的成果。在这个过程中，既要尽量吸收和继承已有的知识和成果，又必须在此基础上根据新的事实与新的需要，发现与揭露存在的各种矛盾，或是因为旧的认知同新的观察或实验所获事实之间不相符合，或是由于主体的真知灼见对旧的认知出现了怀疑或不满意，而提出一系列的新问题，并促使主体为了满足新的需要去解决这些问题。可是，如何去收集与掌握大量的、全面的新事实材料，如何来分析、整理、归纳这些事实材料，如何据此提出新的假说、设想或设计，如何进一步证明新假说、新设想的真理性以及新设计的合理性，以及如何来检验和评价新成果等等，均要依赖和运用一定的方法，必要时甚至还须改革与创造出新的方法。

**（3）致胜活动始终离不开方法的运用**

方法在社会实践活动中的意义，人们从不同的角度做过许多生动的说明，或比作“攻克科学堡垒的武器”，或比作“攀登事业高峰的云梯”，或比作“建筑高楼大厦的支架”，或比作“驶达真理彼岸的航船”，或比作“行路登山的拐杖”，或比作“过河的船与桥”等等，无论怎么去形容，不外乎说明方法是人们从事一切认识与实践活动不可或缺的行为方式，离开了方法就什么事情都做不成。同时，由于方法有科学的方法与不科学的方法之分，如果按照科学的方法行事，通常可以收到事半功倍之效，而不按照科学的方法去做，则容易走弯路，形成事倍功半以至功败垂成的结果。因此，把握和运用科学的方法，对于谋取求胜防败的结果显得极为重要。

我们可以看到，无论个体还是群体，无论从事什么性质的致胜活动，也无论在哪个具体领域进行这些活动，从认识、决策、计划、组织，到实施、协调、管理、善后的全部过程，时刻都离不开各种相应的科学方法。尤其在各种创造性、革新性的活动中，方法的创新乃是获得成功的重要前提。而且在这些方法中，从其实际运用的效果来看，往往并非平分秋色，即使都属于科学的方法，还可能有较好与较差之别；其中较好的方法便是人们常说的达成目标的“捷径”。这里的“捷径”，当然不是简单地指“笔直的道路”，一方面要看到不是什么致胜活动都有“直路”可走，另一方面即使有“直路”也未必能直通到底，何况在许多情况下，“以迂为直”反而可能成了一条“捷径”。这也就是说，通向致胜目标的道路算不算“捷径”，主要不表现为一个空间概念，而是根据致胜主体的能力与拥有的工具、手段与媒介，以及客观对象与环境条件的实际状况来决定的。亦即应从致胜活动主、客观的实际情况出发，看怎样才能既省时、省力、省钱而又高效地实现目标，这样的行进路线方称得上“捷径”。

在斗争型致胜活动中，此点表现得比较明显。这种活动，不仅是斗争双方所拥有的全部致胜力量之间的实力对抗，而且是双方如何更有效地动员与运用致胜力量的各种方法的比试。其间，不仅在主体掌握知识、正确运用知识并将其转化为能力时离不开方法，而且在把潜在性致胜力量变成现实性致胜力量，以及把现实性致胜力量有效地用于达成致胜目标的过程中，也始终离不开相应的方法。尤其要看到，在斗争中主体与客体不仅存在力量的竞赛，还有双方如何运用力量的方法的竞赛，就像作战方法的先进与落后直接影响到作战的胜败那样，几乎在一切斗争领域都离不开双方在方法上的比试，并直接影响或决定着斗争的结局。

在合作型致胜活动中，能不能正确地掌握和运用科学的方法，同样具有重要的意义。即使你想与所爱之人建立家庭这种最小的合作性活动，欲达到幸福、愉快、美满的目标，婚前恋爱会面临如何才能成功的方法，婚后夫妻之间要做到好合须讲究夫妻相处的方法，有了孩子又涉及教育子女的有效方式、方法等。再扩大一点，致胜主体要与人合作共事，先须讲究彼此了解与磨合的方法，无论谁出了毛病，都有个批评与自我批评的方法，遇到予盾还必须找到解决矛盾的恰当方法等。再从宏观方面看，一个民族、国家与联邦，既是一个群体，又是一个合作体，能否通过大家的共同努力，实现政通人和、兴旺发达、繁荣昌盛的建设目标，就与这个合作的群体在政治、经济、文化、军事、外交等各个活动领域的行为方式息息相关，是以民为本还是以官为本，是以人治理还是以法治理，是由少数人左右局面还是靠广大公民发扬民主，是发扬和合精神还是成天无休止地斗来斗去，是急功近利搞建设还是追求良性持续发展，是与其他民族、国家、联邦和平友好相处还是采取动不动就以武力相向等等，效果均会有巨大的差异。

方法在融进型致胜活动中亦不可小视。无论哪个个体融进群体，哪个具体群体融入人类社会或更大群体，以及人类社会各个主体融入自然界时，都会面对一个方法问题。不仅从事各类具体的融进型活动，必须采取不同的相应方法，针对不同的矛盾和问题只能采取不同的解决矛盾和问题的方法，背道而驰就永远无法在融进过程中获得成功。就是人类社会这个超级主体在融进大自然的过程中，究竟采取什么样的社会生产方式以及对待大自然的方式、方法，明显地显示出人类社会文明所达到的高度。如不尊重自然，不从自然界的客观实际出发，不按照符合自然界各种事物运动变化规律的方法行事，就完全可能在融进自然的过程中碰得头破血流。所有这一切，从世界各国的发展史以及整个人类社会的演进史，都可得到充分而有力的证明。

## 二、全面把握致胜方法的类型及其特点

致胜方法作为致胜主体的行为方式，包括了主体从事致胜活动的一切形式、途径、程序和手段。由于其本质同一般方法是相通的，因此致胜方法的类型同一般方法的类型亦无二样。但必须看到，致胜方法毕竟是致胜活动所运用的方法，又具有自身的某些特点。只有在认清致胜方法与一般方法所具共同性的基础上，根据致胜活动的特殊矛盾来考察致胜方法的类型及其特点，才能全面、系统地把握各种各样的致胜方法。

### （1）致胜活动的总体性方法及其特点

主体从事的任何致胜活动，都是人与人、人与社会、人与自然交往中的一个部分，只有把自身的活动同整个人类社会的实践与认识活动联系起来，并运用那些普遍性规律和一般行为方式来指导这种活动，才可能从根本上、方向上、整体上保证致胜活动沿着正确的道路达向目标。

可以说，这种致胜活动的总体性方法，既是一般方法论在致胜活动中的具体运用，又是致胜活动各类具体方法的最高概括。表面看，这种说法似乎是矛盾的，其实不然，恰恰反映了致胜活动总体性方法内在的辩证统一。因为，人们出于生存与进步的需要，必须通过各种各样的活动来处理自身同客观现实世界的关系。在这个过程中，一方面受到他们对客观现实世界基本看法的影响，亦即具有什么样的世界观问题；而且为了实现活动的目标，要在一定世界观的引导下如何正确地去认识和改造世界，这又涉及方法论的问题。所谓一般方法论，指的无非就是反映一定世界观的普遍性方法论。用这种方

法论来普遍指导人们的致胜活动，自然成了一般方法论在致胜活动中的具体运用。另一方面，历史上人们从事各项致胜活动时，由活动的复杂性与目标的系列性等特点所决定，这个主体从事这项活动要用许多具体方法，那个主体从事那项活动又要用到许多具体方法，这许许多多的具体方法中存在着不少的共性因素，正是对这些具体方法共性因素的高度综合与概括，才构建成了人们对后来从事各项致胜活动时具有普遍指导意义的方法论。很显然，作为一般方法论在致胜活动中的具体运用，同作为所有致胜活动具体方法的高度概括，终于在致胜方法论的层次上获得了一致性，形成了致胜活动带有根本性、方向性意义的总体性方法及其原则。

第一是致胜的客观性方法原则。任何主体从事何种致胜活动，都不能一厢情愿地从主观意志出发，而要从这种活动的客观实际与客观条件出发。所指向的对象无疑是客观的，就是致胜个体的身体、心理与智能素质，以及致胜群体的结构、功能和力量的实际状况，实际上也属于客观的存在；不仅自然环境、社会条件是客观的，而且致胜主体拥有的物质基础与精神因素也是客观的。任凭主体在主观上持有何种愿望、情感和要求，或拥有各种现成的本本、指示和理论，都不可能在致胜活动中保证做到正确地认识客观的事物、过程与规律，也不可能卓有成效地去适应、改造与融合客观的现实世界。致胜主体必须面对客观的对象、客观的环境和客观的自我，从客观存在的实际出发来思考致胜活动方方面面的问题，才能得出相应的、不以自身意志为转移的客观结论。同时，客观性方法原则还要求在致胜活动中，必须注意把握和遵循事物的客观运动规律。客观事物的存在与发展，既有现象的、偶然的、个别的方面，又有本质的、必然的、基本的方面，如果不去认真揭示致胜活动的本质与规律性东西，就有可能受其表面现象与个别表现的迷惑，甚至使得从客观实际出发变成了从某些假象出发。只有掌握了致胜活动及其运动变化的客观本质与规律，方能真正做到从客观实际出发。当然，坚持客观性方法原则并不是否定主观能动性的作用，恰恰相反，应把从客观实际出发同在一定客观物质条件基础上充分发挥致胜主体的主观能动作用紧密结合起来，以实现主观能动性与客观规律性的统一。

第二是致胜的联系性方法原则。世界既是个客观存在的世界，又是个普遍联系的世界。任何致胜活动都不是一项孤立存在的社会活动，不仅同自然环境、社会各个领域有着密切的联系，而且这项致胜活动与那项致胜活动之间也常常有着纵横交错的关联。因此，主体要搞好致胜活动，不能不时刻注意其前后左右、里里外外的联系，把握和运用全面的、历史的、综合的方法原则等。其中，所谓全面的原则，是指主体研究和处理致胜活动的有关问题时，忌用片面的观点，避免犯以偏盖全、只见树木不见森林的错误；既看到这项活动同社会有关方面以至自然环境条件的广泛联系，又看到这项活动自身各个方面的内在联系。所谓历史的原则，是指主体研究和处理致胜活动的有关问题时，除了注意横向的联系外，还要注意其纵向的联系，善于从过去到现在的前因后果中，揭示事物演变的过程及其规律。历史从来是一面宝贵的镜子，通过对历史经验与教训的总结，可以更好地把握现在。“以史为鉴”，在任何时候都是致胜主体不可忽视的问题。所谓综合的原则，是指主体应把所从事的致胜活动，作为一个同外界有着密切联系的综合体来考察，并纵横结合地认识与处理各种问题。应该看到，世上任何复杂一点的事物，不仅本身都是由一系列方面、部分、层次构成的系统，而且这系统又是整个社会活动系统的一个部分，并通过各种渠道同其他有关事物发生着直接或间接的网状联系。因此，对于致胜活动，必须在认真分析其各个组成方面、部分、层次的基础上，把各个组成方面、部分、层次里里外外联系起来进行综合研究，从综合到分析再到新的综合，逐步深入地把握致胜活动的内外关系，统筹兼顾地采取各项行动。

第三是致胜的发展性方法原则。致胜活动同其他社会活动一样，不是处于凝固不变的状态，始终随着人类社会的发展而发展，随着时、空、条件的变化而变化。从一般性质来说，致胜活动的发展变化过程，是个量变与质变相统一的过程。通常，总是先从量变开始，积累到一定程度时才发生质变，然后在新质的基础上又发生新的量变，待积累到一定程度时再发生更新的质变，如此不断地转化，从而形成了致胜过程不断地向前推进的状态。从其表现轨迹来看，致胜活动的发展变化过程，又是肯定与否定相统一的过程。致胜活动从展开到结束，很少是径情直遂的，其间充满着各种矛盾的斗争与统一，总是肯定中有否定、否定中有肯定，呈现出螺旋式上升、波浪形前进的运动轨迹。这也就告诉我们，研究、处理致胜活动中的问题，既不能完全肯定一切，也不能完全否定一切，遇到挫折、打击时要看到光明和希望，当顺利发展、一帆风顺时又要充分估计可能遇到的阻力与困难，切不可一味地强求有进无退、只直不弯，反而是以迂为直、退一步进两步乃常有之事。另外从变化趋势而言，致胜活动经常处于革故鼎新之中，还是继承与创新相统一的过程。之所以如此，是因为人类社会及其各个领域，一直在急剧地发展和变化，从牧业社会、农业社会、工业社会到智业社会，各种各样的物质、精神文明产品日新月异，从根本上决定了致胜活动的主体、形态、方式与条件不能不随之有所变化。因此，人们从事致胜活动时，必须在继承和扬弃的基础上，跟上形势、不断创新，认真研究新情况、新问题、新方式，不但要立足于当前，还要科学预见未来并着眼于未来，从而始终稳操求胜防败的主动权。

**（2）致胜活动的方面性方法及其特点**

如果说致胜活动的总体性方法，主要是从方法论和方法原则上指导人们如何正确去从事这种活动，从而具有广泛适用性的话，那么方面性方法就不同了，它是从致胜活动各种带共性的方方面面，可操作地告诉人们如何正确地去进行此种活动，因此只具有一定程度的普适性。致胜主体掌握和运用方面性方法，无疑有助于加深对致胜活动的理解，并可有效解决其中许多涉及某一方面或某几个方面的共性问题。方面性方法的种类不少，主要的如有感知方法、思维方法、数学方法、系统科学方法和预实践方法等等。

感知方法。这是指人们在社会实践中，通过自身的感觉器官或借助其他工具，直接获得有关客观对象的事实材料与经验知识的方法。在致胜活动中，通常用到观察方法、试验方法与调研方法等。首先说观察方法，这是指人们针对所开展的致胜活动的目的，通过感觉器官或借助观察工具，有计划、有步骤地感知客观事物、过程与现象，获得所需信息、情报和科学事实的方法。根据观察时使用或不使用工具，可以将观察方法分为纯感官的直接观察方法和使用工具的间接观察方法。其显著的特点，一是强调有目的、有计划、有步骤地围绕一定任务展开，二是被感知的对象处于非人为控制的自然状态与条件之下，三是综合利用各种感觉器官以至相关工具参与感知过程。其次说试验方法，这是指人们针对所开展的致胜活动的目的，通过一定的科学仪器、设施、手段和程序，有计划、有步骤地人为变革、控制和模拟客观对象及环境条件，来感知客观对象的性质、变化与结果的方法。根据试验对象、试验手段及其条件的不同，可以将试验方法分为实体试验方法与模拟试验方法、室内试验方法与野外试验方法、一般试验方法与典型试验方法等许多类型。在致胜活动中，有许多无法通过观察或观察受到诸多限制的客观事物、过程与现象，可以通过试验来感知这些对象，以获得第一手的科学事实材料。再就是调研方法，亦即人们为了达到致胜活动预定目的，深入到客观对象中去实际了解情况，获取关于该对象的信息、情报和科学事实，并收集其他有关的文献资料，综合分析、考察客观对象的方法。根据调研的对象、目的与要求的不同，可以将其分为全面型调研方法、典型型调研方法和专题型调研方法等多种。当致胜主体在面对那些涉及面十分广泛、比较错综复杂的客观对象，以及无法重演的客观事物、过程与现象时，不能不求助于调研的方法。

思维方法。这是指人们对所获得的事实材料和经验知识进行分析、思考和概括，将感性的经验知识上升为抽象的理性认识，进而逐步达到真理性认识高度的方法。在致胜活动中，通常用到的思维方法有逻辑方法、直觉方法、综合思考方法等。其中，逻辑方法用得较广泛，它是指人们根据所获事实材料，遵循逻辑的规律、规则展开，形成概念、做出判断、进行推理，从而获得理性认识的方法。它包括比较、分类、分析、综合、抽象、概括、定义、演绎、归纳、判断、推理、假说等各种具体形式和规则，以及同一律、矛盾律、排中律、充足理由律以及其他各种具体的思维结构规律等。广义的逻辑方法不仅指形式逻辑方法，还包括辩证逻辑方法。这种方法发展到现代，甚至出现了使用形式语言和数学方法，建立起演算系统的现代逻辑方法。致胜主体要想揭示客观事物的本质与规律，论证认识的正确性，以及建立一定的知识体系，一刻都离不开逻辑方法。至于直觉方法，乃是对逻辑方法必不可少的补充，它指人们对事实材料、感性经验和已有知识进行思考时，通过运用想像、灵感、理性直观等形式，直接领悟、洞察客观事物本质及其规律的方法。就其作为一种思维方法来说，总的特征表现在：一是非理性与理性相结合，二是笼统性与具体性相结合，三是偶发性与必然性相结合。正是这些特征，决定了致胜主体运用此方法解决问题时，既可称得上是一种创造性很强的方法，确实具有敏锐、跳跃、快速和富有启发性等优点，能经常给人以新的启迪、新的思路和新的概念；同时又是一种需要事后完善认识成果的方法，因为它缺乏严格的逻辑论证，显得比较模糊、笼统和原则，要使迸发的思想火花和骤然的顿悟之果达到科学认识的地步，就必须进一步加以明朗、细化和验证。此外还有综合思考方法，这是指人们对事实材料、感性经验与已有知识进行思考时，综合运用多种思维形式，来获得真实性认识的方法。这种方法要求思考过程必须力求做到过去、现在与未来相统一，正向、反向与横向相统一，定性、定量与集成相统一，传承、借鉴与创新相统一等。当致胜主体面对非常错综复杂的客观对象，以及矛盾多多、互相牵连的客观情况，单纯采取某一种或几种思维形式很难得出客观的、全面的、辩证的结论时，运用综合思考方法来获得相关的认识，提出解决问题的办法，无疑大有裨益。

数学方法。这是指人们在认识世界时，用数学语言表述事物的状态、关系和过程，并加以推导、演算和分析，以形成对所研究问题的解释、判断与预测的方法。由于事物总有质和量两方面的规定性，因此任何人要想对客观对象有深刻的、细致的了解与把握，就不能不用数学方法对其进行质与量相结合的分析析究。从同致胜活动联系比较紧密的角度来看，有概率统计理论与方法、规划理论与方法、排队理论与方法、搜索理论与方法、决策理论与方法、对策理论与方法、数学模型方法、网络技术方法、电子计算机技术方法，等等。尽管不同性质、不同领域、不同复杂程度的致胜活动，对运用各种数学方法的要求与可能性不尽相同，但基于数学方法具有高度的抽象性、严密的逻辑性和运筹的精确性等特点，决定了这种方法在致胜活动进行定量分析研究方面的普适性。只要明确了致胜目标，搜集到相关的数据资料，就可以在定性分析的基础上提出相应方案并建立相应的数学模型，然后通过对数学模型的运算、分析和研究结果，得出实现致胜目标的各项决策和措施。可见，数学方法对于致胜活动来说，不仅仅是提供进行数量统计和计算的手段，也不仅仅是为获得正确认识提供逻辑推理与证明的工具。随着电子计算机等技术手段的问世、发展与应用，以及数字化愈来愈呈广泛和普及之势，数学方法对于致胜活动的运筹决策无疑起着更为重要的辅助作用。

系统科学方法。这是指人们在社会活动中，运用系统科学的基本原理和相关技术，对客观事物及其环境进行系统分析、研究，从而揭示客观事物性质与规律的方法。在致胜活动中，常用到的系统科学方法主要有信息方法、反馈方法、黑箱方法与系统工程方法等。其中，信息方法用得比较广泛，它是指运用信息观点和信息变换规律，把考察对象视为一个信息流动系统，通过对信息流程的分析和处理，来探求所考察对象的发展变化特点与规律的方法。其特点在完全撇开考察对象的具体运动形态，而把这种运动过程抽象为一个信息的传输和变换过程，用信息联系、转化的观点来对事物进行综合研究。致胜主体运用这一方法，不仅有助于深化对客观对象的认识，而且可以有效解决组织、管理中的一些难题。反馈方法，乃是运用控制论的原理，通过反馈机制的作用，对活动系统进行调节和控制，从而达到实现预定目标的方法。根据反馈性质的不同，反馈方法可分为正反馈方法和负反馈方法两种。正反馈的结果，是打破系统的平衡与稳定状态；负反馈的结果，则是保证系统的平衡与稳定状态。致胜主体运用反馈方法时，一定要针对不同对象、不同情况和不同需要，来选用这两种效果不同的方法，必要时甚至还可以采取超前控制的方法，否则只能起到“南辕北辙”的作用。黑箱方法，是指把那些无法或不便直接观测其内部结构、机理的客观对象，当作“黑匣”、“暗盒”模型，通过观测、试验其输入和输出的变化，来把握客观对象的特性与功能的方法。在各个致胜领域，这类问题不少，或者确实无法进入对象的内部去观察、试验与调研，或者不需要具体了解对象的内部结构与联系，但又必须掌握其运动变化规律，此时致胜主体只能求助于黑箱方法来解决问题。系统工程方法，是指从系统与工程的观点出发，综合运用包括系统科学在内的多门学科理论、数学方法、模拟技术和电子计算机等工具，使复杂系统的组织管理、工程设计和自动控制等在整体上达到最佳处理的方法。其特点在于强调从系统的整体、全局考虑问题，使整体与部分达到辩证的统一，使定性与定量、分析与综合实现有机地结合，把解决问题的起点与终点皆放在整个活动系统的总目标与总效益上。很显然，这种思路适用于致胜活动的各个领域，尤其是那些复杂而宽泛的领域。

预实践方法。这里说的预实践，是指人类从事有目的地改造自然、社会和人本身的各种实际活动之前，预先在虚拟现实环境条件下所进行的近似实践活动的活动，以掌握从事该项实际活动的主动权和自由权，明显地具有预先、虚拟与直接为实践服务等性质。很显然，凡从事预实践活动时所采取的一切方式、途径、程序和手段，皆属于预实践方法。只不过，像以往的模拟试验与实验等活动方法，虽然都属于此种性质的传统方法，但由于以往这类方法受到模拟技求与条件的限制，尚达不到系统仿真和虚拟现实的高度，因此还算不上现代意义的预实践方法。我们这里所说的预实践方法，乃是指主体运用当代虚拟现实的技术，严格按照科学的程序，通过对未来所要从事的实际活动的全般性系统仿真，以及主体自身可以预先“身临其境”参与的途径，来获取、提出、实验、检验、论证、优化将要采取的最佳行动方案，从而为未来所要从事的实际活动提供预先干预和能动指导的科学方法。很显然，预实践方法具有了传统类似方式所不具备的高科技、更逼真、先参与等优势，看似有些相近，实际上却是方法领域的一次重大革命。只有这种具有当代意义上的预实践方法，才是一种具有突破性意义的新科学方法。预实践方法作为一种崭新的方法，虽然已经问世二十多年了，但由于受到诸多主、客观因素与条件的限制，至今还尚未作为一种非常完善的科学方法得以普遍运用。不过，随着科学技术水平和人们思维能力的进一步提高，尤其是人脑科学、认知科学、仿真技术、微型技术、人机一体技术以及虚拟现实技术等的突破，预期预实践方法将会得到进一步的发展。届时，有可能大家都把预实践方法及其运用作为致胜活动时必不可少的环节，使得到处呈现出虚拟与现实、认识与实践、现在与未来愈来愈紧密结合在一起的生动情景，从而更能动地和卓有成效地去达成求胜防败的目标。

### （3）致胜活动的专门性方法及其特点

各种致胜活动，尽管具有许多普遍的或某些方面的共同性质与规律，但又都各具各的特色。想仅仅用总体性方法和方面性方法来解决所有的求胜防败问题，显然是不够的，还必须有针对性地运用各种门类的、专业的方法，才可能具体解决这些各具特色的致胜问题。不过，由于各种门类的尤其是专业的方法太多，尺素之幅难以细列，在此只能举几个例子：

经济领域的专门性方法就有如满天星斗。仅经济学方法论来说，有古典经济学方法论、马克思主义经济学方法论、激进派政治经济学方法论、福利经济方法论、熊彼特经济理论的方法论、规范经济方法论、凯恩斯的经济学方法、新古典主义经济方法论、新凯恩斯经济学的方法、新剑桥学派方法论、卡莱茨基的经济学方法、弗莱堡经济学派方法论、斯堪的纳维亚经济学方法论、芝加哥经济学的方法、新自由主义经济学方法论、自适应经济学方法体系、混沌经济学方法、微观信息经济学方法，等等。再具体些的经济方法，有各种方面性方法在经济领域的具体运用，如经济学的系统方法、经济学的控制方法、经济学的信息分析方法、经济学的黑箱方法、经济学的协同论方法、经济学的线性规划方法、经济学的集合论方法、经济学的联立方程方法、经济学的调查研究方法、经济学的动态分析方法等；有其他领域专门性方法在经济领域的借鉴运用，如经济学的社会学方法、经济学的管理学方法、经济学的计量学方法、经济学的心理学方法、经济学的人类学方法等；有经济领域自身专门运用的各种方法，如经济增长的进化方法、技术进步的经济分析方法、经济的国家本位方法、经济的个体本位方法、经济周期的统计分析方法、经济的交易成本分析方法以及管理经济的各种法律方法，等等。至于经济领域各部门更具体的种种方法就更多了，无论生产、流通、消费活动，还是资本、人才、技术与信息方面，涉及的经济专业性方法简直是不计其数。显然，要想做个高明的、求胜防败的经济学家或企业家，仅仅懂得有关经济活动“是什么”与“为什么”的种种知识是不够的，还必须非常熟悉并掌握具体的“怎样去做”的各种经济活动专门方法才行。

法律领域的专门性方法，也许比经济领域相对少一些，但同样复杂而多样。从总体性方法在法律领域的具体运用来看，就有这种或那种法学方法论，如自然法学的方法、历史法学的方法、实证法学的方法、社会法学的方法、功利主义法学的方法等等。从方面性方法在法律领域的具体运用、其他领域的专门性方法在法律领域的借鉴运用来看，则有法律心理学方法、法律经济分析方法、法律符号学方法、法律的系统工程方法、法律解释方法、法律的阶级分析方法、法律规范分折方法、法律比较方法、法律分类方法、法律统计方法、法律综合评价方法，等等。至于在立法与司法等具体活动中，所用到的一系列专业性方法之多，更是局外人难以全部把握的。例如立法方面，有建立法律制度的方法、立法选举方法、立法表决方法、立法听证方法、立法质询方法、立法否决方法、立法权限划分方法、经济刑事立法方法、立法修正方法，等等；司法方面，有法律公示方法、法律核准方法、法律许可方法、法的实施方法、司法审查方法、议行合一方法、行政执行方法、行政诉讼方法、行政复议方法、行政调解方法、行政处罚方法、民事诉讼方法、民事裁判方法、民事审判管辖方法、民事仲裁方法、刑事侦察方法、犯罪物证检验方法、刑事审判方法、上诉审方法、罪与非罪的区分方法、行刑方法，等等。除了法律领域本身存在各种致胜活动外，即使开展其他领域的致胜活动，亦可能涉及各种各样的法律问题，能不能自觉遵守法律和遇到相关问题时懂得怎样去“打官司”，常常影响到事情的成败，每个致胜者对此都应引起高度的重视。

军事领域的专门性方法则别具风格，有着许多明显的特点。它包括反映整个军事活动规律并适用于指导各种军事专业活动的军事哲学方法论，反映几个军事专业的共性规律与只适合这几个军事专业活动的军事门类方法，以及反映某一军事专业的具体规律和只适用该军事专业活动的军事专业方法。比如，除了一系列适用于军事领域各个方面、各个专业的军事哲学方法原则，像对抗性方法原则之类外，在军事门类方法中尚有军事感知方法、军事思维方法、军事预测方法、军事决策方法、军事管理方法、军事系统科学方法、军队建设方法、国防建设方法、军事预实践方法、军事行动方法，等等；在军事专业方法方面，则有军事学术研究方法、军事技术研究方法、作战方法、指挥方法、政治工作方法、后勤保障方法、装备保障方法、军事教育方法，等等。这还仅仅是从比较大的专业来区分的方法，如果按照现有 2000 多个具体的军事专业细分，无疑有着更为具体的数千上万种军事专业方法。以作战方法为例，有合同作战方法、联合作战方法、陆军作战方法、海军作战方法、空军作战方法、战略导弹部队作战方法、天军作战方法、信息部队作战方法等等。再以陆军作战方法为例往下细分，有进攻作战方法、防御作战方法、机动作战方法、装甲兵作战方法、炮兵作战方法、通信兵作战方法、工程兵作战方法、生化兵作战方法等。而其中的每一种作战方法还可细分，如防御作战方法就有战役性防御作战方法、战斗性防御作战方法、防空作战方法、抗登陆作战方法等等，仅战斗性防御作战方法又有阵地防御战斗方法、运动防御战斗方法、机动防御战斗方法、仓促防御战斗方法、海岸防御战斗方法、江河防御战斗方法，等等。很显然，致胜主体为了夺取军事主动权和作战的胜利，务必熟悉与把握相关活动方面的各种军事门类方法和军事专业方法。

像经济、法律、军事各个领域的专门性方法及其分类状况，在政治、文化、教育、科技、外交、信息、体育、艺术等各个领域都有类似的表现，这里就不一一赘述了。不过对于致胜者来说，有两点必须明确：一是专门性方法除了本领域专有的方法外，还有许多专门性方法皆是对总体性方法、方面性方法的具体运用，以及对别的领域专门性方法的改造、借鉴。二是各种专门性方法类别之间，存在着一定的相互交叉、相互影响关系，有时甚至表现出一定的相似性和相通性。这就清楚地表明，由于各领域专业分工的相对性，亦使得方法分类也具有相对性。当然，方法分类的相对性，不仅仅表现在专门性方法之中。作为一个致胜主体，如能把握专门性方法产生与构成的这些特点，无疑有助于在致胜活动中灵活地把握和运用各种方法。

## 三、要正确选择和优化致胜活动的方法

大量的事实表明，主体在致胜活动中所用的方法不同，其效果就不同，有时甚至大相径庭。因此，我们无论做什么事情，开展什么样的致胜活动，都有一个如何正确选择与优化方法的问题。这里面，不仅要看到客观上提供了正确选用方法的可能性，而且只要主观上坚持从致胜活动的实际出发，针对致胜方法的特性加以选用和优化，就完全可以做到此点。

### （1）客观上存在选用致胜方法的可能性

主体从事致胜活动时，之所以有可能去选择方法，乃是因为方法与活动之间，并非一一对应的固定关系。“一事多法”与“一法多用”，反而是一种普遍存在的现象。而且，在这些多种多样的可用方法中，又总有好差与优劣之分，从而进一步为方法选优提供了多种可能。

大量的事实表明，做任何一件事情，从事任何一项致胜活动，都会用到许多的方法；而且，做这件事、从事这项致胜活动用了某种方法，做另一件事、从事另一项致胜活动还可以继续用这种方法。比方说，从政的方法很多，经商的方法很多，打仗的方法很多，工作的方法很多，创作的方法很多，学习的方法很多，恋爱的方法很多，没有哪项活动只固定用一种或几种方法。你从政、经商、打仗、工作、创作、学习、恋爱所用的方法，别人照样可以用或借鉴用，这次用了下次还可以用，任何方法都不可能为谁垄断、为谁专用。因此，在致胜活动中，只存在某项活动有许多可用的方法，而这许多的

方法又不止适用于某项活动的实际情形。正是这种客观状况，使致胜主体有了选择方法的可能性和客观基础。

不仅如此，并且在可供选择的诸多可用方法中，总存在一个或几个相对说来比较合适、比较满意的方法。要知道，任何致胜活动都是在主体为了满足一定的生存与进步需求，从而同客观对象、外部环境条件产生相互作用的情况下展开的。这种主观需求、客观条件的存在状况和联系状况，决定着致胜活动的存在状态和变化趋势。然而，主体的内在需求往往是由多方面构成的，里面有主要的与次要的方面，有急迫的与长远的方面；客观条件也是多种多样的，其中有些有利于主体实现需求，有些则不利于主体实现需求。因此，致胜主体为了使致胜活动朝着自身所期望的方向与状态发展，有必要针对预定的致胜目标，从各种可行方法中加以认真地选择。

如果说“一事多法”、“一法多用”是致胜活动中可以选择方法的客观基础，那么，“法中有优”就为致胜活动选择好的、满意的方法提供了可能条件。主体进行一项致胜活动，如同登山者进行攀登一样，常有捷径或者说较满意的途径可选，只要选得对、选得准，就可以省人、省时、省力、省钱地达到目标。尽管致胜活动的存在状态和变化趋势，由于其主观需求和客观条件相互结合的情况不同而有所不同，造成朝着致胜主体所期望方向发展的活动方法很多，但其中总有耗费相对较小而效益相对较大的方法，这就是值得选取的方法。

**（2）如何正确地选择致胜活动的方法**

怎么样做才能正确地选择致胜的方法呢？一方面，必须坚持从主体所开展致胜活动的实际需要出发。致胜活动的实际需要，是由致胜活动的性质、对象、内容、环境和所要达到的目标决定的。不同性质的致胜活动所要解决的问题与矛盾不同，要求选用的方法亦有所不同。如果不管问题、矛盾的性质如何，随便选一种方法去解决，甚至把解决这种性质问题、矛盾的方法，用去解决另一种性质的问题和矛盾，很可能导致适得其反的效果。像用解决斗争型致胜活动问题的方法去解决合作型致胜活动的问题，或是用解决合作型致胜活动问题的方法去解决斗争型致胜活动的问题，就不可能取得预期的结果。

不仅如此，即使致胜活动面对的问题与矛盾的性质相同，但在对象、内容、环境与目标上有差别，选用的方法也不能全然一样。比方说都属于斗争型致胜活动，但斗争的内容是对抗还是竞争，斗争的对手在力量上比自己强还是弱，开展斗争活动的环境条件对自身基本有利还是基本不利，要求实现的目标在时间上是急还是缓，在程度上是希望全部实现还是基本实现等等，对致胜过程中各种方法的选择皆有所区别。就像不宜以对抗之法照搬于竞争之中，不能用对付弱者的方法来对付强者，无法用缓慢起作用的方法来谋求快速取胜的效应，以及用粗放的方法来达成精确的目标那样，任何情况下所选用的方法，都必须符合每项具体的致胜活动的具体要求才行。

另一方面，必须认真了解与把握致胜方法的特性和运用条件。主体开展致胜活动的需要是一回事，能否正确选用恰当的方法去满足这种需要又是另一回事。为了做到选以致用，不仅应该充分了解究竟有多少相对应的致胜方法，还须切实把握这些方法各自的优长与不足，以及是否具备运用这些方法的主、客观条件等。应该看到，每种方法皆有其优长和不足。譬如在由感性到理性的思维过程中，采取归纳方法与采取演绎方法相比，归纳方法能通过对大量新科学事实的归纳，获得以前没有过的新认识，富有创新性，但其结论往往带有一定的或然性；演绎方法正相反，只要大前提正确，尔后能严格按逻辑进行推演，所得的结论就比较可靠，但这种可靠性又受到前提是否真实的制约，并且缺乏创造性。如果能把两者结合起来运用，就可做到长短互补了。

另外，有的方法虽然比较简单、粗放，但用起来方便、易行、省时、省力、省钱；有的方法很科学、精确，然而主、客观如不具备相应的条件，却未必用得成。如何是好，需要因事、因情、因条件而制宜。例如系统工程方法具有许多优点，尤其当要对致胜活动做出定性与定量相结合的分析研究，并进行科学的决策、调控、组织与管理时，它可以发挥以往许多方法所起不到的作用。但实际运用起来，却对主、客观条件的要求比较高，且不说大量不确定性因素的量化过程和建立模型存在不少困难，需要不断搜集和长期积累相关的资料、数据，就是对运用者的素质亦有非同寻常的要求，并必须拥有诸如电子计算机等比较完善的科学技术手段和设备，等等。如果不管主、客观条件是否具备，动不动就选用像系统工程方法这类性能优越但操作复杂、技术条件要求高的方法，反而会使简单问题的处理复杂化。

尚须强调的是，选择致胜方法的过程，实际上是致胜活动的实际需要同致胜方法的特性、运用条件相结合的过程。只强调致胜活动的需要，不顾及方法的特性与运用条件，或者只讲这种或那种方法有多好，却不顾对具体的致胜活动适不适用和能不能满足需要，皆不可能选择好方法。为了确保所选择的致胜方法能满足主体开展致胜活动的需要，而且有条件能使之产生满意的运用效果，在具体程序上通常可以这样做：先根据致胜活动的实际需要，列出各种适用的方法。然后，对这些方法的优长与不足进行仔细的分析、评估，取其善者而待定。最后，从待定的可选方法中，看哪种或哪几种具备运用的主、客观条件，并且又比较经济、方便、高效，进而确定拟采用的方法。这种由大视野逐步缩小范围的“聚焦式”选择法，可以帮助主体较快地选出符合各方面要求和比较满意的致胜方法。

**（3）必须不断地优化致胜活动的方法**

选定了致胜方法，并不意味着就万事大吉了，尚需要密切联系致胜活动的主、客观实际情况，不断加以改进、完善以至革新。再好的方法，如果把它作为一个永远固定的模式套用在主体所从事的致胜活动中，不仅届时难尽人意，而且会逐渐消蚀其优越性。因此，必须根据致胜活动的实际发展变化需要，以及客观上存在着不断革新方法的可能条件，通过各种不同的渠道和形式，使选定的方法继续得以优化，以充分发挥方法在致胜活动中以捷求成的作用。

如果主体从事的致胜活动始终保持不变的状态，或者很快就会结束所从事的这种活动，显然只要按照所选定的方法去做就可以了。但客观的情况往往并非如此，凡涉及面较广并由诸多因素构成的致胜活动，很少从里到外、从头到尾总是呈现一种状态。这就要求，无论个体还是群体，为了实现一定的求胜防败目标，不得不在方法上也应顺势而变才行。即使那些开始感到比较满意的致胜方法，亦应随着致胜活动情况的发展变化而发展变化。当然，致胜方法上的这种变化当属优化，并不是让它变得越来越远离已经变化的客观情况，而是要求其愈来愈符合致胜活动实际发展的新需要。以办企业的购、产、销方法为例，在计划经济的体制下，究竟生产什么要由政府经济部门来统筹安排，许多生产要素可以通过政府经济部门的调拨来获取，生产出来的产品多要经过政府经济部门投向市场。可是进入市场经济体制后，情况发生明显变化，企业首先必须根据市场需求确定生产什么，然后把货币投向生产要素市场，通过雇佣、招聘以及购买等途径来获取生产所需的劳动力和生产资料，生产出来的产品或者提供的服务，最后要拿到市场上去推销，以获得一定的利润。如果企业在整个活动过程中，不对购、产、销的方法加以革新，仍然事事指望政府经济部门，势必在市场经济的大潮中被淘汰。再看在敌我对抗的军事领域，作战的方法更需要不断地与时俱进，无论是进攻的方法还是防御的方法，不随着武器装备的更新、人员素质的提高、部队编成的变化以及作战行动类型的增多，从侦察、判断、决策、编成、部署、指挥、协调、行动等各个环节的组织实施方法上，加以改进甚至革命性变革，就必然意味着被动挨打。尤其是当今正在进行的智能化军事革命，一方面对军事技术研制方法、军队组织编成方法和军事理论创新方法等提出了崭新的要求，另一方面在作战方法方面，也出现了与以往金属化、火药化、机械化军事革命时期迥然不同的新发展趋势。在当代，任何国家的军队要想全面提升自身的战斗力，均不得不适应这些新要求、新趋势。可以说，在要求方法不断优化的问题上，经济、军事领域是如此，其他一切致胜领域概莫能外，不同的仅仅是内容、程度与形式的差异而已。

对致胜方法的优化不仅是主体从事致胜活动的现实需要，而且随着人类社会的不断进步也为这种优化提供了可能条件。我们知道，方法的革新是建立在其要素革新的基础上，各个要素之间存在的矛盾，尤其是主体要达到的目的同利用媒介状况之间构成的基本矛盾，决定着方法革新的方向和程度。人们之所以要改进、革新这种或那种致胜方法，根本的原因无疑是为了更好地实现预定的求胜防败目标。当原有的方法不能满足实现主体欲达目标的需要时，人们便会积极提高自身的能力和利用新的媒介来改进与完善原有的方法，或者创造新的方法，从而使致胜方法不断地得以发展。然而，方法的优化是离不开一定条件的，只有主观的需要而无客观的条件，这种优化只能成为泡影。好在人类社会持续地向前发展着，从客观上亦为此创造了条件，就看致胜主体善不善于抓住和利用这些可能条件。姑且不论随着人类社会的进步，致胜主体的能力一直在提高之中，能够有效地改进、完善、革新与运用致胜的方法，就是从社会生产力和科学技术水平不断发展，对方法的媒介要素所产生的巨大影响上，也可以看出致胜方法优化的可能性。例如，望远镜、显微镜的出现及其后来航空、航天观测设备的涌现，为不断改进与完善观察方法提供了可靠的技术基础；运筹学、系统科学以及电子计算机等技术的发展，不仅为试验方法闯出了一条新路，而且为优化思维方法、决策方法、管理方法等也创造了有利的条件。尤其是人脑学、认知科学、仿真技术、微型技术、人机一体技术等的突破，对预实践方法的进一步完善与优化，将产生难以估量的影响，各个领域都有可能出现真亦假来假亦真的情景，使人类实践与认识的方法产生一次前所未有的革命。

优化致胜方法的具体途径与形式，通常可以分为两种：一种是内源性优化。这是指由于致胜活动内部各个组成部分所用方法的优化，或是致胜方法中各个构成要素的优化，所引起的整个致胜方法的改进、完善和革新。稍微复杂一点的致胜活动，都是由各个部分构成的，所用的方法也是多种多样的。有时致胜括动方法的优化，并非一下子全面铺开，往往可能是活动的某一部分或几部分的方法先行优化，然后影响活动的其他部分以至全局的方法进行优化。再则实施致胜活动的过程中，或者致胜主体的素质、认识与实践能力提高了，或者客观对象的性质、结构、性能以及活动所处的环境条件起了新的变化，或者致胜主体拥有了更新、更先进的各种媒介，都会导至致胜方法的变革与优化。另一种是外源性优化。这是指随着整个方法科学的发展，通过向致胜活动方法渗透、移植与结合的途径，所产生的致胜方法优化过程。具体来说有：一是纵向移植，把具有普遍意义的总体性方法和方面性方法的新成果，通过“由高向低”、“由普遍到特殊”的途径，来丰富致胜方法的基本理论与基本原则；二是横向移植，将其他领域或部门的门类性方法和专业性方法的新成果，采取“拿来”、“改造”或“由特殊到一般再到特殊”的途径，用以改进与完善致胜方法；三是综合移植，把总体性方法、方面性方法与相关专门性方法的新成果，针对致胜活动的具体情况与实际要求，全面地、综合地影响致胜方法的革新。当然，对致胜方法的内源性优化与外源性优化的区分，只具有相对的意义。在对致胜方法实际优化的过程中，尽管有时内源性优化为主，有时外源性优化为主，但还应该看到，内源性优化不能不受到各种外源因素的影响，而外源性优化则不能不通过各种内源因素来起作用。

此外，无论优化致胜方法时通过何种途径、采取什么形式，都有一定的过程。有时，这个过程显得比较缓慢、不显著，呈量的优化状态，主要表现在对致胜方法的改进与完善上。有时则不然，这个过程很急剧，非常明显，呈质的优化状态，主要表现为对致胜方法的变革与创新上。显然，致胜方法量的优化与质的优化之间，并非完全割裂的两件事，它们往往紧密地联系在一起并产生相互作用。致胜方法通过量的优化积累，有可能导致其质的优化，而质的优化一经实现，又可能使致胜方法出现新的量的优化，如此循环往复，从而推动着致胜方法的不断优化。在各个领域的致胜活动中，人们之所以往往习惯于方法在量上的优化，是由于尚未触及原有致胜方法的彻底变革，并且原有的致胜方法毕竟经受过以往实践的检验，还取得过种种成功的缘故。可是对于致胜方法质的优化却不同，因为这样做易遭到传统意识、习惯势力的有意与无意的抵制，有的人总觉得创新的致胜方法还有待未来实践的检验，同时要熟练掌握和运用它毕竟得花费更多的时间与精力。由此可见，如何正确对待致胜方法的优化问题也不是一件简单的事情，需要致胜主体具有勇于破旧立新的精神，并积极地、自觉地去推动致胜方法的全面优化工作。

## 四、如何灵活运用致胜活动的方法

致胜活动的方法是如此之多，不仅有各种各样的选择余地，而且可以采取多种综合的形式和优化的途径。这样一来，既为致胜活动有效地选用各种方法奠定了广泛基础，也为灵活而恰当地运用致胜方法提供了客观条件。当然，要做到卓有成效地灵活运用致胜活动的方法，并不是一件很简单的事情。只有始终坚持从致胜活动的实际出发，善于综合地、因情而变地运用各种相关方法，才能使之成为真正的求胜防败“捷径”。

### （1）要从实际出发运用各种致胜方法

致胜活动所具有的客观存在性质，从根本上决定了致胜方法存在及其运用的客观性。尽管致胜方法为人们所总结、创造、选择和运用，但这种总结、创造、选择和运用并非纯主观方面的东西，而是通过长期的求胜防败实践与认识活动产生和发展起来的，它一经产生和形成，不管你喜欢不喜欢，都客观地存在着，并在致胜活动中发挥其应有的作用。因此，面对各种致胜方法，必须能动地从致胜活动的客观实际出发来加以运用才行。

应该看到，致胜方法赖以存在的基础和发展的条件是客观的。首先，从致胜方法只能随着致胜活动的产生而产生，随着致胜活动的发展而发展来说，既然致胜活动的产生、发展和变化是一个不以人们的主观意志为转移的客观过程，那么也就从根本上决定了致胜方法存在的客观性质。其次，从致胜方法本身的结构和内部联系来看，不仅其客体要素和媒介要素是客观的，就是主体的知识水平、思维状态和实际能力也受到客观环境与条件的制约。比如，与古代社会生产力、科学技术水平相适应，那时人们的思维方式只能是朴素、简单的思辨方式，认识的范围只能局限于经验的范围。到了现代，由于生产力和科学技术的突飞猛进，致胜活动所涉范围愈来愈广泛，情况愈来愈复杂，才使人们的思维和认识水平有了巨大的提高，认识的广度、深度和精度从而达到了前所未有的程度。另外，主体、客体和媒介三要素之间，以及诸要素组成因素之间存在的种种联系，尤其是致胜方法内在的本质联系，也具有明显的客观属性。它们之间谁居什么位置，起什么作用，又是如何相互影响的，并不依任何致胜者的主观意志为转移，而是其自身矛盾运动的必然结果。

再就是，业已形成的各种致胜方法，对于后来的每一个具体运用者来说也是客观存在的东西。这些致胜方法，往往是前人和今人经过长时间、反复地实践才总结出来的，里面有千百万人的实践体会，有各种各样的致胜者自觉不自觉地将其逐渐完善，才逐步达到了比较科学的地步。而后来的具体运用者，他根据什么来选择方法，运用方法时必须遵哪些原则、要求和程序，都不能凭主观上想当然来定。为什么同是一种认识方法或实践方法，有的人在致胜活动中运用自如，能取得满意的效果，而有的人却不知所措、事与愿违呢？关键的问题，就在于是不是真正把握了这种方法的实质，是不是从客观实际出发灵活地运用这种方法。正是由于这种缘故，因此在我们选择和运用一种科学的致胜方法时，既不能照搬照套，也不能自已想当然地随意“创造”一番，而应该深刻地去把握方法的本质联系，遵循其发展变化规律行事。这样，不但可以做到运用自如，而且对于其中的不足之处还可以加以改进和完善，甚至总结、创造出更有效和更科学的致胜方法来。

当然，运用致胜方法时，也不能只强调其客观属性的一面，而忽视了发挥主观能动性的另一面。在肯定了致胜方法是种客观存在的前提下，应该看到致胜方法确实还受到主观方面的影响。因为方法作为人们的一种行为方式，不仅明显区别于纯自然的事物，而且不完全同于社会生活中的其他事物。在方法运用问题上，人的主观能动性所起的作用特别明显。尤其在斗争型致胜活动领域，双方既要斗力，又要斗智，方法运用的主观色彩更为浓郁。当然，这种主观性始终是同客观性紧密联系在一起的。主观因素对致胜方法的影响，主要表现在这样几个方面：一、致胜方法的构成和功能状况，受到主体认识水平和实际能力的制约。虽然人们的认识水平和实际能力是在一定社会历史条件下的产物，但这种水平和能力所能达到的高度，却不能不取决于人们主观能动性的发挥。二、致胜方法及其变化规律的掌握和运用，在一定程度上受到主观意识的左右。如许多人由于思想上的守旧和受传统习惯的束缚，对于新的思想方法、工作方法、教育方法、领导方法、管理方法和科研方法等，总不愿去理解它、把握它，甚至还有意加以贬低或抵制，从而严重影响了新的致胜方法的推广和应用。三、人们通过创造和运用媒介，影响着致胜方法的发展。从致胜方法的演变过程来看，主体这一要素的能动作用，不仅体现在主体素质的提高和主观对客观的正确反映上，而且还通过所创造、使用的有关媒介表现出来。可以说，离开了人的主观能动性，不仅先进的物化媒介研制不出来，新的智化媒介发现和运用不了，即使有了现成的物化、智化媒介，亦无法发挥其应有的功能和作用。

不过关键的问题，还在于如何把客观方面与主观方面辩证地统一起来。首先应该明确，致胜方法存在的客观性与主观性是两种不同性质的属性，而且客观性起着决定的作用。致胜方法所具有的客观性，反映了致胜方法内部固有的、稳定的、实际存在的必然联系，你认不认识它，承不承认它，它都是这个样子。致胜方法所具有的主观性，则是指主观因素对致胜方法内在联系的直接与间接的作用，可以是积极的，也可以是消极的。所谓积极的作用，就是主观上能反映和顺应致胜方法客观存在的规律，进而充分发挥方法在致胜活动中的积极引导与促进功能，并使其朝着更科学、更有效的方向发展。所谓消极的作用，自然是凭毫无根据的主观愿望和意志，强使客观存在的规律服从主观的需要，造成致胜方法的扭曲、贬值，阻碍着它的完善和发展。由此可见，在致胜方法的客观性与主观性所构成的矛盾关系中，两者都分别起着不同的作用，但起主要的、决定性作用的方面应是客观性方面，而不是主观性方面。

不过，致胜方法的客观性与主观性又是相对的，彼此在一定的条件下可以发生转化。对于致胜方法自身，主体要素通常构成方法的主观方面，但也不是绝对的。比如当人们面对固有的某种方法时，主体要素、客体要素与媒介要素之间内在的联系及其变化都是客观方面，只有怎样去反映、把握、运用这种客观联系与变化才属主观方面。同时，在主体对客体的认识、预定目标的确定、工具的选择和运用等，主观与客观总是相互渗透、相互影响着。因此，致胜方法的客观性与主观性，并不是固定不变的东西，在一定的范围和条件下，客观方面可以向主观方面转化，主观方面也可以向客观方面转化。而且，无论是认识方法还是实践方法，是总体性、方面性方法还是特殊的、专门的方法，是创造方法还是选择、运用方法，都不能将方法的客观方面与主观方面割裂开来，它们自始至终都处于一个有机联系的统一体中。

**（2）善于综合地运用各种致胜方法**

在实际的致胜活动中，很少有谁孤立地运用某一种致胜方法，多半总是致胜主体综合地运用各种相关的方法来实现目标。之所以如此，是有其客观依据与实现条件的。而且，针对不同的情况，方法的综合运用还可采取不同的形式。致胜主体必须弄清这方面的依据、条件和机理，并在此基础上进一步找出致胜方法综合运用应遵循的规律和原则。只有这样，才可能真正做到科学而恰当地运用各种致胜方法。

致胜活动的综合性及其对方法的要求，是致胜方法综合运用的客观依据。可以说，任何一种有目的、有计划、有组织的致胜活动，都不会由某个单一的要素或部分孤立地构成，它总包含着各个要素、各个方面、各个部分和各个发展阶段，并与外界环境条件有着广泛的联系，呈现出综合性的系统特征。当然，不同领域、不同性质、不同范围、不同内容和不同目标的致胜活动，其综合性的繁简程度并不一样。大型的群体性致胜活动，包含的要素、方面、部分、阶段与要达到的目标比较多，面临的环境条件也较错综复杂，因此综合性的复杂程度就高；而小型的个体性致胜活动，可能涉及的要素、方面、部分、阶段与要达到的目标相对较少，面对的环境条件相对较简单，表现出来的综合程度也就较低些。尽管如此，再简单的致胜活动，依然是综合性的，而不可能是单一性活动。致胜活动这种综合性的系统特征，决定了只用一种致胜方法解决不了问题，实现不了系列性的求胜防败目标。只有针对各种具体问题和具体目标，以及不同的阶段与环境条件，先后或同时综合运用各种各样的致胜方法，才能满足致胜活动的实际需要。

致胜方法之间的相互联系及其构成的体系化，是致胜方法综合运用的实现条件。这种客观存在所提供的条件很重要，使综合运用致胜方法由客观的要求变成了现实的可能。否则，即使主体开展致胜活动有综合运用方法的迫切要求，也只能停留在主观愿望上。致胜方法之间的联系及其体系化，是从两个不同侧面来满足综合运用致胜方法的需求的：一方面，各种不同而又相关的致胜方法，各有各的特性、作用与适合范围，它们可以从不同侧面、角度、阶段为致胜活动的各种实际需要服务，解决致胜活动中各个方面、部分、阶段面临的各种认识问题或实践问题。这是综合运用致胜方法的基础所在，没有这个基础，就谈不上有诸多的种种方法可供主体所运用。另一方面，各种致胜方法在分别运用及其发挥作用时，又不是彼此孤立的，它们始终相互联系、相互影响地共同保证整个致胜活动的顺利进行。当然，这种联结有的比较直接，有的则比较间接。就像感知方法、思维方法与决策方法等之间，感知的过程实际上已用到各种思维方法，而且如何选择与运用感知的方法，须考虑到下一步思维与决策过程的要求；思维的过程，要以运用感知方法获取的事实材料做基础，在对思维方法的选择与运用时，不仅须考虑感知方法的运用结果，而且要盯着决策目标的实现；决策的过程，明显地受到运用感知方法与思维方法所获成果的影响，在选择与运用决策方法时，不能不回顾感知与思维的过程。这仅仅是简单地从纵向联结的角度来看方法的连续运用的。实际上，在致胜活动的每个阶段，还存在着横向联系地同时运用多种方法的情形。正由于能综合运用这些相互联结、相互贯通的方法，才使得整个致胜活动可以有效地、协调地运转起来。

怎样才能比较恰当地实现致胜方法的综合运用呢？由于致胜活动的类型、领域是如此繁多，面临的实际情况又是那样千变万化，因此很难找到一个统一的、固定的模式。仅其基本形式而言，大概可以分成这样三类：一是纵向按序联结形式。这是各种具有简单演变顺序的致胜活动，综合运用各种相关方法的主要形式。它的特点，是随着致胜活动按一定程序和步骤依次展开，要求一环扣一环地逐个运用各种致胜方法。只要这项致胜活动的目标能够明确区分为若干具体的程序和步骤来实现，而且每个具体程序和步骤又主要使用一种具体方法，就可以运用此种比较简单的综合运用方法形式。二是横向并列联结形式。这是致胜活动必须在一定时间、空间范围内同步展开时，综合运用各种相关方法的主要形式。其特点在于，致胜活动不允许按部就班地一步步进行，并涉及多个方面和部分，要求同步相联地运用多种方法。在一些活动过程较短促但又要求多面相联的致胜活动中，往往要用这种综合运用方法的形式来实现目标。三是纵横交互联结形式。这是在一切比较错综复杂而且须经较长过程的致胜活动中，把纵向按序联结与横向并列联结两种形式结合起来的综合运用方法形式。它的特点在于，以致胜活动的阶段性、层次性、交叉性、相联性与体系性为基础，不同活动阶段要用不同的多种方法，每个阶段用到的方法又是分层次和相互交叉的，各个阶段之间在方法运用上还互相联系、互相影响、互相作用，总的联成一个致胜活动方法体系。致胜活动的客观实际情况、所用方法特点和运用条件不同，方法的纵横交互联结的具体形式也会有所差别。由于客观存在的致胜活动，大部分都是既按多道程序演进而又在一定时空内各方面同步展开的活动，因此纵横交互联结形式在综合运用方法中占有突出的地位。

**（3）应因情而变地运用各种致胜方法**

世界始终处于变化之中，致胜活动也不会例外。这种客观情况，决定了开展致胜活动的主体，在运用一定的致胜方法去实现预定目标的过程中，必须坚持因情而变的原则。其中，也许主体、客体和环境条件中的某一方面发生了变化，也许主体、客体和环境条件的各个方面皆发生了变化，使得原选定的某些致胜方法不适用了，或者有关方法的综合运用形式需要加以调整，此时只有适时改变所用致胜方法及其综合运用形式，才能卓有成效地继续展开致胜活动直至实现目标。

因情而变地运用致胜方法，比较简便的做法自然是从已有的方法中选取更适用的方法。毕竟一事可以多法，而且也有许多现成的方法可以选用，这种方法不行就选用另外一种方法。千万不要“在一条道上走到黑”，那怕碰得头破血流也不改道而行。一个善于寻找捷径的致胜者，应该随时随地观察致胜活动各个方面情况的变化，适时地改变和选用适合当时情况的致胜方法。在军事领域，人们都知道“敌变我变”的原则，说明了作战时必须随情应变的客观要求。其实，无论政治、经济活动还是文化、科研活动，无论斗争型、合作型致胜活动还是融进型致胜活动，都有类似作战一样的情形。而且，除了客体情况一变相应的致胜方法应随之而变外，致胜主体自身和活动环境条件有变时也同样应改变致胜方法。当然，这种改变可以是对原选方法的进一步优化，也可以是重新选用更合适的方法。

不过，要做到因情而变地运用致胜方法，仅仅靠选用已有的致胜方法及其综合运用形式是不够的，必要时还须不断变革与创造新的致胜方法，以及改善与创造更有效的综合运用方法的形式。为此，只有在继承的基础上大胆创新，才能在日新月异的致胜活动中起到先行、开拓的作用。这里面，既要不断改进已有的致胜方法，又要注意改进各种“新”、“老”方法相结合的综合运用形式。如果主体开展某项致胜活动时，实在找不到满意的方法，有时甚至还应创造出崭新的致胜方法来满足需要。不过，创新致胜方法并非完全抛弃已有的致胜方法，要注意吸收原有致胜方法的精华，并在此基础上加以变革与创新，以使致胜方法的变革能稳中求得新突破。

另外，创新致胜活动的方法时也必须讲究方法，否则会出现吃力不讨好和事与愿违的情形。只有思路和途径对头了，创新方法才不至于走弯路，才能创造出更多的好方法来供致胜主体选用。要知道，方法作为一种客观事物，同世上其他的事物一样，促成其发展的根本动力在于内部的矛盾性，亦即方法的主体要素、客体要素和媒介要素之间，以及诸要素内部各个组成因素之间，这个要素与那个要素的组成因素之间构成的矛盾总体，才是推动方法不断革新的原动力。而且，各种矛盾所产生的推动力有多大，也不是平分秋色的，谁为主、谁为次，随着致胜活动实际情况的变化而变化着，只不过其中经常起主导的、决定性作用的基本动力，乃是主体要达到的求胜防败目标同利用现有媒介的状况之间构成的基本矛盾。致胜方法的提出渊源于这个基本矛盾，致胜方法的革新围绕着这个基本矛盾，其他矛盾皆受到基本矛盾的制约和影响。当原有的方法，不能理想地解决这一基本矛盾时，致胜主体务必抓住这个根本环节，从各个要素及其关系上积极寻找出路，能动地创造新的方法，以满足致胜活动的需要。

# 第七章　巧妙施展致胜谋略

虽然致胜活动是一项具有规律性的活动，但由于万事万物及其发展变化过程的错综复杂性，又使其充满着各种不确定性因素。这一客观情况，决定了人们从事各种致胜活动时，不仅应有充分反映、把握事物本质和规律的科学性作为，还要拥有应对各种不确定因素的艺术性本领。其中，充分认识和发挥谋略的作用，就是一种把确定性留给自己、把不确定性给予对方的高超艺术。一个善于求胜防败的主体，必须把科学性与艺术性有机结合起来，深刻把握谋略特性，正确运用各种谋略和防止对手对己施谋，始终做到应变自如、掌握主动、富有创意地去争取胜利。

## 一、谋略是利用不确定性因素的艺术

应清醒地看到，人类的各种活动很少能在百分之百的确定性状态中展开，总存在这种或那种不确定因素，如偶然性、突然性和多变性之类。致胜主体要想有效应对这些不确定因素带来的负面影响，进而利导其中的某些因素为求胜防败发挥正面作用，就务必不断提高自身的应变能力、尤其是谋略水平，以增强开展各种活动时能动利用不确定性因素的艺术性。

### (1) 致胜活动过程充满偶然性因素

稍为复杂一点的致胜活动，几乎都存在着各种大小不等的偶然性因素。

尽管致胜活动如同世上一切客观事物的运动一样，始终受其内在根据与外部联系的制约，存在着合乎规律性的确定不移的发展趋势。然而，这种必然趋势又受到某些非本质的部分与外部联系的影响，使得可以出现也可以不出现、可以这样出现也可以那样出现的各种不稳定现象，这就是所谓的偶然性。

比方说，在斗争型致胜活动中的双方，凡主体的综合素质好，选择致胜目标适当，力量准备充分且占有优势，对活动的指导也比较正确的这一方，定能战胜主体素质差、目标不当、力量单薄、毫无准备、指导错误的那一方，这是必然的发展方向和趋势。但在此过程中，强者、优者之胜，以及弱者、劣者之败，究竟会达到什么样的具体程度、表现出何种具体状态，却受到双方主、客观诸多偶然因素的影响，“强胜弱败”或“优胜劣败”趋势不可能在任何情况与条件下总是呈现同一个模样。这也就是说，在致胜活动的发展变化过程中，必然性是占主导的，起着支配的作用；而偶然性也是客观存在的，是对必然性的丰富和补充，任何否定偶然性的倾向都是违背客观事实的。正是由于偶然性的存在并起着一定作用，才使得同一类型和同一条件下进行的致胜活动，往往呈现出变化多端、丰富多彩的状态。

当然，从来就没有任何纯粹的、单独存在的必然性与偶然性，必然性需要通过大量的偶然性表现出来，偶然性的背后又总存在着主体尚未完全认识与把握的必然性。而且，必然性与偶然性之间，还可以在一定的条件下相互转化。其中，随机现象就是一种介乎偶然性与必然性之间的现象，作为其某次出现的结果来看是带偶然性的，但作为其许多次出现的统计结果来说，又具有一定的必然性。很显然，偶然的现象一旦被主体认识与掌握了，便会变成可以把握的必然存在，而原本必然的东西如果处于一种为人们毫无所知的新情况下，亦可能再变成偶然存在。比如许多人初涉企业界时，由于一开始对经济问题不甚了解，对经济运动规律及其复杂性毫无所知，在创办企业的过程中，常常受到各种自身意想不到的因素所左右，本是必然的存在成了偶然的东西。后来慢慢熟悉了情况，认识与掌握了有关的经济运行规律，以及影响这些规律的种种因素与条件，那些一度未认识的偶然因素，终于逐渐变成了可以驾驭的必然之举。此种情景，在由计划经济体制向市场经济体制转换的过程中，不少成功的企业家可能都有深切的体会。

可见，致胜活动不仅存在着必然性的基本方面，而且也存在着偶然性因素并悄悄起着这种或那种作用的事实。这也就是说，仅仅严格地、一丝不苟地按照已把握的必然规律办事是不够的，还必须同时充分认识与估计到各种内、外偶然性的影响，善于利用有利于己的偶然因素，避开与排除不利于己的偶然因素，辩证地、随机地处理好致胜活动中必然性与偶然性的关系。

（2）致胜活动过程常遇突然性因素

突然性同偶然性之间虽有密切的联系和诸多的相似处，偶然性对于主体来说往往带有突然发生的感觉之类，就像自然界偶发的各种灾害那样。然而，突然性与偶然性两者并不等同。在致胜活动的过程中，偶然性现象可能产生也可能不产生，可以这样发生也可以那样发生，有的显得杂乱难卜，有的尚能获得一定的统计性规律，有的只对主体一方起作用，有的则对主、客体双方同时起作用。可是突然性不同，乃指在致胜活动中所具有的那种出其不意的性质，可以是致胜主体按一定规律有准备、有目的地施加给能动性客体来达成，也可以是能动性客体按一定规律有准备、有目的地施加给致胜主体而出现。

突然性现象，自古以来一直凸显于各类战争和各级作战行动之中。比如，战略突袭就是主体对敌人实施的出其不意的战略性攻击；战役、战斗袭击就是主体乘敌不备而突然实施的伏击、急袭、奔袭、破袭、偷袭等攻击行动。我可对敌实施，敌也可对我实施，于是出现了突然袭击与防突然袭击的对抗性举动。很显然，无论哪个主体实施突然性行动，通常都是有准备、有组织、有计划并按照军事活动规律行事的。但对于遭受突袭的一方来说，却会感到十分突然并容易陷于被动。尽管如此，关于防止突然袭击仍有许多规律值得总结、认识、把握和运用，只要有充分准备和采取有力的防范措施，就有可能减轻突然袭击所造成的危害。

然而必须强调的是，虽然突然性历来凸显于战争过程，但并不等于仅仅局限于战争活动，实际上在其他的斗争型致胜活动以至合作型、融进型致胜活动中，同样存在大量需要致胜主体面对的突然性现象。比如，在商业竞争中，竞争的对象为了占有更多的市场份额，突然将其商品大幅降价出售；在体育比赛时，尤其是篮、排、足球这类群体间的竞赛时，对手突然改变战术或运用一种新战术；正当你在事业上一帆风顺的时候，突然遭到身边人的陷害，或是遭到对手的暗算；在同其他对象合作搞科研或办企业时，合作的对象为了谋求更多利益而突然给你出难题，或是因其他缘由突然变卦以至中止合作，等等。毫无疑问，突然性多半是针对无准备、无设防、无应对措施的一方来说的，作为实施突然性行动的一方实际上并不感到突然，在实施者那里，突然性恰恰是对必然性的能动运用与对偶然性的巧妙利用。每个主体在从事任何致胜活动的过程中，都应随时做好预防、应付突然情况与突然事变的准备，以免届时措手不及。

**(3) 致胜活动过程存在多变性因素**

在致胜活动中，各种变化总是难免的，不同的仅仅是变化的大小与多寡而已。虽然偶然性、突然性现象的发生，皆是意味一种比较特别的突变，但除此之外还有其他的许多变化需要致胜主体去面对。且不说那些大型的、复杂的致胜活动过程，即使是一项较小而具体的致胜活动，随着主体、客体与环境条件的变化，其过程也一直在变，那种从开始到结束，整个过程一成不变的情形，恐怕是极为少见的。这种多变性，要求致胜主体必须经常应变地开展各种致胜活动，以争得求胜防败的主动权。

毋庸置疑，人类通过长期的致胜活动，积累了大量的成功经验，总结和概括出一系列反映这类活动本质、规律与方法的知识及其科学体系，这对于每个具体的致胜主体来说，的确有着重要的理论指南和原则指导的意义。而且，对这些科学的致胜理论与原则，理解得愈深，把握得愈好，就愈有利于科学地处理和解决致胜活动中出现的一般情况和问题。但同时又不能不看到，任何科学的理论与原则，只能一般地、近似地反映相关活动的本质和规律，并不可能包揽无余、长期不变地反映其中的每种具体情况。对于致胜活动的理论与原则，何尝不也是如此。怎么办呢？这就需要在深刻理解和把握关于致胜科学的一般理论与原则的基础上，密切联系每项具体的致胜活动的多变状况，灵活机动、随机应变地加以运用才行。

的确，同样一条规律和原则，比如趋利避害的规律、致胜目标须符合科学人道精神的原则等，可因致胜形态、致胜主体、所指向客体、所处环境条件的不同，有着不同的具体要求与表现。从大的方面说，开展的是斗争型、合作型致胜活动还是融进型致胜活动，致胜主体的身体、心理与智能素质是好还是差，指向的客体属于能动性的客体还是属于非能动性的客体，再加上活动的时间、地点与条件常有较大差别，等等，主体想通过致胜活动来实现预定的正当目标，情况均会有很大的差异和变化。如果再具体、再细化一些，这种差异与变化还会进一步加大。试设想，同敌人作斗争与同朋友进行合作，战场上打仗与工厂里进行生产，从事贸易与从事科研，进行学习与进行体育比赛等等，也许都有一个如何做才能低耗高效地去实现求胜防败目标的原则问题，可是具体实行起来，行动上、做法上能会一个样吗？有的人不管每项致胜活动的各自特点、不同状态及其变化情况，或教条式、不变地摹仿，到头来难免不跌跤以至造成失败的结果。这就说明，再科学的致胜理论与原则，或是各种成功的求胜防败经验，如果不注意与客观的实际情况相结合，因人、因事、因时、因地、因条件的变化而制宜地加以灵活运用，就发挥不了其在致胜活动中的积极作用。

### （4）谋略有助于提高主体的应变艺术水平

既然在致胜活动中客观存在着各种不确定性因素，那么任何一个想有所作为的致胜者，就不能不面对这种客观状况。其中涉及到许许多多的方面，然而最关键的莫过于致胜者是否具有较高的应变水平和能动利用不确定性因素的本领。这也就是说，一方面应不惊慌失措，做到措置裕如地应对，另一方面又善于运用谋略，将不确定性施于对方，以不断提高自身的应变艺术水平。

努力增强自身的灵活性素质，是提高主体应变艺术水平的可靠基础。一个人，有着丰富的知识和较高的智能，以及掌握了各种科学的致胜方法，无疑是十分重要的。然而必须看到，仅仅这样并不够，所有这一切只有通过真正灵活地加以运用，才能有效应付各种错综复杂的局面。如果主体在致胜活动中，不能根据客观情况（对象、时间、地点与条件等）偶然的、突然的和急剧的变化，审时度势、主随客变地及时变换做法，只会用一种固态模式套用于各种不同的情势，轻则必陷于被动，重则可能导致失败。因此从某种意义上说，主体的灵活性素质，从根本上决定了其应变本领的高低，并在很大程度上直接影响其在致胜活动中充分发挥自觉能动性的程度。为了提高主体的灵活性素质，需要在多个方面做出努力。比如，在掌握相关知识和方法时，不仅要知其然和知其所以然，还要知其在什么情况下如何正确运用，切忌囫囵吞枣、死背硬记，届时犯不顾致胜活动具体情况而生搬硬套的教条式错误；在认识事物的过程中，要坚持充满活力的思维方式，积极面对和研究各种偶然的、突然的与多变的情况，把握这些变化的原因、性质和规律，确保主体的感知与思维状况能始终处于与时俱进的状况，力避对什么都无动于衷的迟钝现象发生；在心理上和精神上，既要注意提高自身的适应性，善于调节身心来应付致胜活动中可能出现的各种突发事件，又要有足够的承受挫折能力，千万不能偶遇失利便一蹶不振、沮丧待毙，等等。这也就是说，一个人的灵活性素质，并非届时想灵活就能灵活起来的，或受到身体、心理与智能素质的制约，或受到客观环境与条件的影响，需加以认真的分析和对待，并注意平时的养成和锻炼。个体是如此，群体也是一样，不同的仅仅在于群体更多地受到领导者素质的制约，而且群体的构成、管理与运作方式亦从各个方面影响着其灵活的程度。显而易见，一个拥有灵活的领导者和实行民主、科学管理制度的群体，比之那些领导固执、制度呆板、缺乏活力的群体，在灵活性素质与应变能力上都会高出一筹。

能够及时有效地应付突发事变，是提高主体应变艺术水平的目标所在。由于在致胜活动中存在着各种偶然性、突然性、多变性等不确定的因素，或来自自然界，或来自社会，或来自对手，或来自合作者，甚至还可能来自自身，使得常有出乎主体意料之外的事变发生。这些突发事变，轻则干扰致胜活动的进程与实现目标的程度，重则可能导致致胜活动的半途夭折或最终失败。作为一个致胜主体，必须在严加防范的基础上，届时能迅速而有效地应对。就个体与群体相比较而言，突发事变对个体的威胁更为严重，也更不容易对付。一个无论来自何方的灾难，或得一场暴病，或遇严重车祸，或遭受他人伤害与自然灾害等，都有可能通过危及个体的身体、心理与思维而影响到正在从事的致胜活动。而群体呢？群体愈小，对突发事变的承受能力通常愈小。很显然，一家庭往往同个体一样，很难经得起突发事变的沉重打击。群体越大，对突发事变的承受能力也越大，一个民族与国家比一个企业、一个学校、一个社团，就更能经受住突发事变的伤害。尽管如此，民族、国家以至整个人类社会，仍有个能否有效应付突发事变的问题。且不去说人类常常遇到的那些流行性瘟疫与巨大的地质灾害之类的打击，更为甚者，有如人们早在议论的小行星撞击地球的可能性，对于整个人类社会无异于将是个巨大的挑战。由此可见，怎样有效地应付各种各样的突发事变，对任何主体的应变素质、能力与技巧都是个极大的考验。为此，主体注意在物质上、精神上、组织上有所准备，并科学地动员、筹划、管理和使用致胜力量，无疑是十分重要的事情。同时，主体还必须针对不同的突发事变，灵活地、及时地、有针对性地采取不同的措施。我们不否认应付突发事变的机制与规律具有共同性的一面，但又不能不看到应对不同的突发事变，在机制与规律上还各有其特殊性的另一面。能把这种共同性与特殊性结合起来，积极而主动地预防与及时而有效地应对各种各样的突发事变，实是一种了不起的艺术。当然，要做到这点必须下番工夫，致胜主体不仅应有良好的灵活性素质，而且对突发事件应有高度的警觉性和敏感性，力求做到科学预见、及早发现，并及时地研究和把握欲发生的突发事变的性质、特点与规律，从而能动地、高效地将主体的应变之举付诸实现。

善于采取超常的应对措施，是提高主体应变艺术水平的具体途径。致胜主体应变艺术的水平，固然取决于其是否具有很强的灵活性素质，并要以能否做到及时而有效应对突发事变来衡量，但会不会、善不善于采取超常的措施，却直接地、具体地决定着这种水平高低的程度。之所以如此，是因为各种偶然性、突然性、多变性等不确定因素起作用时，往往是通过超常的突发事变表现出来的，面对超常的事物、过程与现象，如仍采取惯常的措施来应对，结果不是牛头对不上马嘴，就是难以奏效。比方说，地球面临小行星的撞击，采取以往那种发射防空导弹打飞机的措施就无济于事；一个国家遭到敌人的战略突然袭击，仍按部就班地慢慢动员、部署军队只能意味着被动挨打；某个地区出现了流行性瘟疫，还按照平时防治一般疾病的做法显然不行；面对一系列有组织、有计划的武装集团恐怖袭击活动，仍靠使用平时的治安力量像对付一般犯罪那样已不够了；发生地震、飓风、洪暴等严重灾害，仅仅靠各人各家做自我防护难有多大的效果；等等。怎么办？只有采取超常的措施才应付得了。对于个人、家庭是如此，对于民族、国家以至整个人类社会也是如此。这里讲的超常，当然不仅仅是不同于平常，而要求善于针对致胜活动过程中面临的超常情况，采取超越寻常的非常措施有效地加以应对，以期获取求胜防败的结果。另外，为了提高主体的应变水平，所采取的各项超常的应对措施，还应留有一定余地，保持一定的弹性。毕竟在面对超常情况时，会遇到许多事先难以预料的因素，意外的情况随时可能发生，如果所采取的应对措施缺乏弹性，就应付不了继续发生的非常之事。因此，主体有没有足够的应变能力与技巧，不能仅仅只看其能否应付得了遇到的第一波意外与危情，还要看其能否有效地应付后续的意外与危情。甚至可以说，只有能连续不断地应对各种意外和危情，才真正显示出主体高超的应变本领与非凡的应变能力。人们常形容善于应变者为变色龙，其实变色龙远不及在《孙子兵法》“九地”篇中提及的常山“率然”蛇：变色龙只会通过被动地应变来保护自己，而“率然”蛇则会通过主动地应变以有效攻击对手。高水平的应变艺术，恰恰体现在主体善于审时度势、灵活机动地随着客观情况的不断变化而行动，始终掌握着致胜活动的主动权。

尽管在致胜活动中，充满着偶然性、突然性与多变性等各种不确定的因素，要求主体必须提高自身的应变本领与水平，艺术地处理各种事先难以预料的各种事变，但又应清楚地看到，致胜活动始终是必然性与偶然性、惯常性与突然性、稳定性与多变性相统一的过程，并通常同时在主、客体双方表现出来。作为驾驭致胜活动的主体，只有把科学性与艺术性辩证统一起来，既善于通过运用谋略把各种不确定性施予对方，又尽力减少不确定性对己方的影响，才能使自身在扑朔迷离的环境条件下，能动地朝着求胜防败的目标大踏步前进。

## 二、谋略的类型、选用及其革新

开展致胜活动时的不确定因素，有源自客观方面的，也有源自主观方面的；有能动造成的结果，也有非能动造成的结果。其中，能动性主体与能动性客体之间的互动，所导至的不确定因素占有十分突出的位置。谋略及其运用，就是能动的一方作用于具有能动性的另一方的非常手段，是开展致胜活动时不能不认真对待的常有之事。如果说谋略实际上是能动双方在心理、知识、智慧与能力上的一种特殊表现，那么致胜主体的努力就在于如何运用谋略，千方百计地让对方置于充满不确定性因素的活动环境之中，而使自身能比较确定地和有把握地胜利开展各项致胜活动。

### (1) 致胜谋略及其不同的类型

究竟什么才是谋略？古今中外有多种不同的理解与解释，如有把它看作欺骗术的，有把它等同战略战术的，还有把它作为一种施用阴谋诡计的举动，等等。我们这里说的谋略，则是指人们在社会活动过程中为了达到趋利避害、出奇制胜目的而巧妙谋划的策略。所谓致胜谋略，乃谋略中非常重要的一种类型，可以说是谋略在致胜活动中的具体运用，也可以说是致胜活动中所用的各种奇谋妙策。其实质，是致胜主体在掌握更多确定性的基础上，力求给致胜活动的客观对象以各种各样的不确定性，以更巧妙地达到求胜防败的目标。很显然，谋略既非从天而降，亦非人们想象出来的东西，乃是在知识与智能基础上高度升华而获得的产物。古人常云："识多智广"、"足智多谋"，亦生动地说明了此点。这也就告诉我们，仅有知识、智能、力量、方法等并不够，要想求胜防败还得善于运用致胜谋略才行。

致胜谋略的类型很多，从不同的角度和根据不同的标准，可以分成多种不同的类型。譬如，从致胜活动所涉的范围来分，可分成全局性谋略和局部性谋略，或者惯称的战略性谋略、策略性谋略和战术性谋略等几种；从致胜活动的主要类型来分，可分成斗争型谋略、合作型谋略、融进型谋略等。不过，人们往往喜欢根据致胜活动的不同领域来区分，像军事谋略、政治谋略、经济谋略、文化谋略、安全谋略、信息谋略、生活谋略等。而且这些不同领域的致胜谋略，还可根据不同范围和活动类型再加以交叉、细分，表现出区分的相对性与相融性。

其中，军事领域的致胜谋略起源最早，用得最多、最细、最精彩。之所以如此，是同军事活动特有的敌我对抗特性分不开的。用兵之道多诡，历代兵家都把谋略当成头等大事来研究和对待，没有哪一次成功的作战不运用谋略的。中国古代的著名兵书《孙子兵法》、《六韬》、《三略》等和古罗马弗龙蒂努斯写的《谋略》等，就是专门对这方面做的经验总结。并且，随着武器装备、军队编成和作战方法的不断革新，对军事谋略的研究和运用愈来愈朝着深层次方向迈进。那种认为"在信息发达的时代军事谋略已逐渐失去作用"的看法，乃是以传统的视角来看渐趋深化和不断创新的军事谋略的结果。要知道，武器装备、军队编成和作战方法更新了，人们的军事思维水平和运用谋略的手段也同样得到了长足进步，只要有敌我之间对抗的军事活动存在，军事谋略及其运用就不会停止继续发展的步伐。

政治领域的致胜谋略，用得最广泛但又常加掩饰。历代许多统治者，为了夺取权力和维护统治的地位，总是不断运用谋略来对付政敌和欺弄广大群众。尤其在人治占主导的社会里，各级官员对谋略用得更多。许多人为了扫清仕途的障碍，经常会运用各种谋略手段来实现自己的目标。拿破仑对运用谋略一事说得非常坦率："我有时是狐狸，有时是狮子。进行统治的全部秘密在此，要知道什么时侯应当是前者，什么时候应当是后者。"这种"狐狸与狮子"经常交替运用的谋略，在许多国家的统治者手中用得相当频繁。不过，在法治与德化相结合的社会里，虽然政治谋略仍有其运用的地盘与适用的对象，比如如何巧妙运用法律的手段，来达到某种政治目的，就是常见的现象，但在对象、内容、范围与效果上又不能不受到一定的限制。

经济领域的致胜谋略，可说是遍及生产、交换、分配、消费等各种过程之中。如果在自然经济、计划经济占主导地位的经济运行模式中，运用谋略还相对较少的话，那么随着市场经济愈来愈占主导地位，愈来愈冲破国家、地区的界限，经济谋略便愈来愈广泛地受到人们的青睐。这点，在国家之间的经济交往和跨国公司之间的竞争中表现得尤为明显，几乎无时无处都会遇到用谋与防诈的问题。人们常说"市场如战场"，这主要是从形式上相比拟的，其实从内容及其谋略运用特点来说并不全然如此，军事谋略主要适用于敌我对抗双方的直接武力较量，经济谋略则主要建立在如何有效进行市场竞争的基础上，两者虽有某些相通处，但竞争毕竟不等同于对抗，千万不宜将军事谋略全数照搬到经济领域。

至于文化领域的致胜谋略、安全领域的致胜谋略、信息领域的致胜谋略和生活领域的致胜谋略等等，在此就不一一赘述了。不过有一点值得注意的是，无论谋略类型做何种区分，都不能仅仅看到各类谋略适用的特定对象和范围，还应看到各类谋略区分的相对性，毕竟在一定的条件下，各种各样的致胜谋略常可相互交叉移用。

### （2）如何正确选用致胜谋略

面对各种各样的谋略，致胜主体在运用前首先有个如何选择的问题。由于谋略与方法有诸多相似处，从一定意义上甚至可以说，谋略乃是一种具有特殊性质与意义的方法，因此对谋略的选择同对方法的选择之间，存在许多一致的地方。例如，就像普遍存在“一事多法”和“一法多用”的现象一样，也普遍存在“一事多谋”和“一谋多用”的现象；不仅在可供选择的方法中总有一个或多个相对优越的方法，在可供选择的谋略中也总有一种或多种相对满意的谋略；被选用的方法有个需要不断优化的问题，被选用的谋略也有一个不断完善的问题，等等。

但对谋略的选择和对方法的选择又有所不同：在致胜方法中除了总体性方法与方面性方法具有不同程度的普适性之外，专门性方法通常只适用于某个专门领域，其他领域必须加以改造或变革才能移用，具有明显的针对性；可是致胜谋略的通用性却比较强，没有哪一种谋略只限用于某一特定的致胜活动领域，尤其当各种各样的谋略上升为一种思维与策略的艺术时，就更是如此。

正因为这样，开展致胜活动时对谋略的选择过程，表现出高度的主动性和变通性，常因性质、对象、时间、地点、条件的变化而不断加以变换。因性质，系指选用谋略时应考虑致胜活动性质的变化，是以斗争性为主导、合作性为主导，还是以融进性为主导的致胜活动等。因对象，系指选用谋略时应随着谋略所指向对象的变化而变化，是敌人、竞争者、比赛者，还是亲人、朋友、合作者等。因时间，系指选用谋略时应避免“时过境迁”的现象，注意到随着时间的推移，各方面情况可能发生的变化等。因地点，系指选用谋略时必须考虑不同国度、地区和范围等空间变化，不宜用同一种谋略到处照搬照套等。因条件，系指选用谋略时应顾及主体所处的自然、社会与致胜场环境，以及自身拥有何种工具与手段，等等。

很显然，随着客观情况的变化，不能只选用直接对应的某种固定的谋略，而应该随情而选、随情而变，从而充分体现谋略及其运用的艺术性特征。无论斗争型致胜活动还是合作型致胜活动，甚至主体融进社会等更大群体的致胜活动，只要主、客体双方皆是能动的，谋略就有其不等的用武之地。孙子兵法讲的“不战而屈人之兵”，主要靠的无非是谋略的运用与威慑的效应。的确，在致胜活动中，如果主体能够辩证地把握谋略的特性，正确选择、创造和运用各种谋略，不仅可以弥补力量的不足和扭转不利的态势，还可以加快求胜防败的进程和巩固胜利的成果。

**（3）应不断变革和创新谋略**

致胜者在运用谋略过程中，如果仅仅满足于对已有谋略加以选择是不够的，还必须根据主、客体素质与活动方式，以及活动范围、形式的发展变化，创造性地变革已有谋略和不断创新谋略。

我们知道，谋略这种求胜防败的艺术，多半是对前人与他人从事致胜活动经验的总结和升华，可以经过选择后直接拿来照用，也可以经过自身消化、把握后，联系不同的实际情况有所改变地运用，或者是把多种谋略综合起来予以运用。这种改变或综合的过程，实际上就是一种创造的过程。一个致胜主体如果不能以创造性的态度对待以往的各种谋略，就不算真正掌握了谋略这门艺术，其在求胜防败过程中所起的作用也必然会受到一定的限制。尤为重要的是，除了变通与综合运用已有的谋略之外，一个有作为的致胜者，还应该根据致胜活动新的需要和新的条件，不断创造新的致胜谋略。特别是随着当代科学技术的飞速发展和广泛运用，从经济、政治、文化到军事、安全、信息等各个方面引起了一系列的崭新变化，在这种情况下仍搬用以往许多过时的谋略，显然是不够了。由此得出“今后谋略的作用愈来愈小”的结论固然不对，但如果谋略不根据新的需要、情况和条件，在传承的基础上有所发展，甚至进行新的创造，确实有使其作用出现萎缩的趋势。为了避免这种现象发生，关键就在于使谋略能像一切求胜防败的科学原则和方法技巧一样，也能与时俱进、常用常新。

当然，致胜主体要做到这点，并不是一件很容易的事情。一方面，须客观、全面、深入地了解当代致胜活动究竟提出了什么新的要求，有哪些新的矛盾和新的问题需要解决，怎样才能有效实现自身的求胜防败目标；另一方面，又须客观而认真地考察时代和社会究竟给致胜活动提供了什么样的新条件，自己作为一个致胜主体又能得到和拥有何种新的工具与手段。只有在此基础上，或者先找出已有的各种可行谋划之策，然后适当地加以灵活变革；或者充分利用新提供的种种条件、工具与手段，能动地创造新的谋划之策，只有这样才能更卓有成效地发挥奇谋良策的崭新作用。比如，在以往的某些谋略及其运用中，能否做到保密和突然非常重要，并且当时也拥有许多实现保密与达到突然的手段，然而随着现代信息和情报技术的突飞猛进与广泛、深层运用，使得各种传统的保密措施黯然失色，本可达到的突然行动也渐渐变得不突然了，如果仍然套用以往的谋划之举便可能无济于事，只有善于运用各种现代反情报的技术与措施加以创造性发展，此类用谋才能继续收到出奇致胜的效果。

## 三、辩证认识和把握谋略的主要特性

谋略如同万事万物一样，具有本身特有的性质。把握这种性质，不仅是为了将其区别于其他事物，更重要的是为了自觉地运用好谋略。尤其从致胜谋略的角度来看，主体只有全面而深刻地揭示其根本性质，并辩证地加以剖析，才能真正理解它、把握它、运用它，从而使之在主体开展的致胜活动中发挥应有的作用。

**（1）谋略的客观性与主观性**

谋略作为致胜主体能动用以对付其他能动性客观对象的艺术，其产生、发展和运用效果具有明显的客观性特征。在远古时期，人间还谈不上什么谋略，如果有，也仅仅是狩猎或冲突中采取的某些极简单的策划。可是后来，生产得到了进一步发展，出现了私有财产与私有制度、统治者与被统治者，情况就不同了：个体为了自身的生存与进步，须同其他个体既合作又斗争；具体群体为了自身的生存与进步，越来越多地同其他具体群体产生种种联系与矛盾。无论个体还是群体，出于利益的驱使和思维的逐步发达，从而使谋略逐渐地得以萌生与发展。再往后，随着各种各样的利益冲突愈演愈烈，愈来愈趋于深化与多样化，使得不同主体在不同的领域，为了获得趋利避害、出奇制胜的效果，更越来越普遍重视谋略的研究和运用，涌现出了一批又一批有关谋略方面的著名谋士与著述。另外还可以看到，谋略的运用始终受到客观条件、环境因素、对象特性等的制约，比如运用者如果缺乏实施谋略的工具、手段、空间与时间，就有可能使谋略仅仅停留在构思阶段而无法付诸实行；运用谋略的效果，往往受到施谋对象警觉性高低、准备是否充分、应变能力强弱的影响，等等。因此，尽管人们都知道谋略的致胜价值，都指望用谋略来弥补自身力量的不足或削弱对手的力量，但并不是无条件地可以让谋略发挥有效作用的。

然而，谋略毕竟不是纯客观存在的事物，对其的发现、选择、运用，毕竟离不开主体的需要和努力。尤其对谋略的创造，更有赖于主体的主观能动性的发挥才能办到。可以说，离开了致胜主体，任何致胜谋略都失去了存在的理由与价值。致胜谋略只有同致胜主体所开展的活动及其目标联系在一起时，它才是生动而充满活力的。大量事实亦表明，只要致胜主体具备了运用谋略的客观基础和主观条件，那么要用什么样的谋略，怎样去用好谋略，主导权完全可能掌握在自己的手里。而且，主体在运用谋略的过程中，其主观能动性究意发挥到何种程度，效果也是不同的。如有的人可能只会选择与运用别人已用过的现成谋略，有的主体则可能会有所变革地运用已有谋略，还有许多致胜者在必要时甚至会去创造新的谋略。这也就告诉我们，致胜主体在选择、运用与创造谋略时，必须在正确确定目标，充分发挥内外各个方面的力量，注意运用科学的方式方法的基础上，坚持从客观实际情况出发，主动而巧妙地运用与变换各种谋略，以收到“四两拨千斤”的奇胜效果。

因此在任何情况下，既不能把谋略视为纯客观的存在，也不能把谋略视为主体任意捏拿的东西，而应看到谋略乃属客观与主观辩证统一的产物。没有客观的依据与条件，谋略不可能产生和发展；没有主观的需要与努力，谋略则不可能得以运用和革新。只有把两者紧密结合起来，谋略才能成为一种高超的求胜防败艺术。作为致胜主体，一定要坚持从致胜活动的实际需要出发，因时、因地、因条件的不同，正确选用已有的各种谋略和不断创新谋略，把谋略的运用作为求胜防败过程中的一件重要事情予以抓紧、抓活、抓好，以充分发挥谋略的特殊作用。

#### （2）谋略的欺诈性与反诈性

尽管不能把谋略简单地等同于欺骗术，然而谋略具有明显的欺诈特征也是不争的事实。人们要想出奇制胜，就必然在“奇”字上下工夫。而要达到“奇”，又涉及各个方面、各种行动的配合和努力。其中很重要的一点，即在于制造种种假象迷惑对方，采取欺骗的手段来掩盖自己的真实企图。谋略作为一种巧妙谋划的策略举措，恰恰符合此种需要。孙子所云“兵者，诡道也”，说的是用兵之道无不具有诡诈的性质，的确一语道破了军事斗争谋略充满欺诈性的特点。其实，在政治、经济、文化斗争和各种竞赛性活动中，致胜主体为了获得趋利避害、出奇制胜的结果，也常常靠采取“欺骗”对方之策来争得主动。不同的仅仅在于，致胜活动的性质与对象不同，“欺骗”并非都像打仗那样具有敌意，在形式上更显丰富多彩而已。

不过，当能动的双方展开斗争时，你可以运用谋略来欺骗他，他也可以运用谋略来欺骗你。这种“行动导致反行动”的特点，在谋略及其运用上就表现为反诈性。比如，人们经常谈到和运用的“声东击西”之策，古今中外在军事上常用，在政治斗争、市场竞争和其他许多事情中也屡用不鲜。此种谋略的核心固然是以“声东”之诈，行“击西”之实，但如果对方表面上装得未发觉“声东”之诈，实际上却悄悄做好了防“击西”的各种准备，此种反诈举动只会使“声东击西”之策失效以至失败。可见谋略的运用过程，不仅存在欺诈性的一面，还可能存在反诈性的另一面，在许多情况下此种反诈举动甚至可能更胜一筹。当然，反诈性可以是直接针对你的谋略，还可用别的谋略进行迂回性反诈，而且欺诈与反诈常常是不断地反复呈现。如果以为只有自己的谋略能欺骗对方，看不到对方随时随地会采用反诈的谋略，届时难免会吃“聪明反被聪明误”的大亏。

因此，在各种充满能动性的致胜活动中运用谋略，常常是真与假、欺与反欺、诈与反诈交织在一起，就看谁更高明。致胜主体只有在任何时候都不忘谋略本身具有欺诈与反欺诈的特性，在运用谋略时又不忘对方也可以“以其人之道还治其人之身”的道理，并注意不断提高自身抵御对手施谋的能力，才可能在对谋略的把握和运用上始终居于主动的地位。尤其面对敌人与狡滑对手时，既要时刻警惕对方使用各种充满欺诈性的谋略，并善于利用反诈的手段与方法破其谋略，又要在施用各种谋略时不断注视对方的反应，以求始终高人一筹地运用谋略去实现求胜防败的任务。

### （3）谋略的原则性与变通性

人们往往认为谋略是毫无规则的，其实并非如此。谋略作为一种客观存在的艺术，有它产生、发展的根据和规律，主体加以运用时亦受到诸多主、客观因素的制约，应该说有许多需要遵循的基本原则。只不过，这些原则主要不是反映各种确定不移的客观必然性，而是反映如何正确而有效地利用偶然性、突然性与多变性等之类。而且运用这些原则时，还必须充分考虑到主体的素质、客观对象的情况和各种客观的环境条件，绝不是“眉头一皱，计上心来”那么简单，更不是随心所欲、想怎么用就能怎么用的。许多人之所以会产生“谋略无原则”的感觉，一方面固然由于谋略确实呈现出多姿多彩的状态，另一方面亦与对谋略及其运用的艺术性特点缺乏正确认识有关。要知道，在任何致胜活动中，主体都得以客观的状况和条件为依据，利用各种不确定性因素之策须以科学为基础，离开了客观的存在以及真实反映这种存在的客观规律，主观的行为看似挺随意和没有什么限制，实际上很容易陷于妄动的境地。这点，主体面对各种谋略时，何尝不也是如此。

但同时也要看到，所有利用各种不确定性因素以及人们正确应对各种不确定性因素的原则，都是十分复杂而又变化无穷的。“兵无常势，水无常形”，万事万物都始终处于变化之中，更何况充满变数的谋略。大量的事实都说明，对富有艺术性的谋略规则如不灵活变通地加以选择和运用，就很难发挥其在致胜活动中的积极作用。当然，灵活变通性不仅表现在运用谋略上，也表现在运用各种科学的原理、原则和方法上。这里之所以强调谋略与运用谋略必须特别讲究灵活变通性，是因为灵活变通性乃是谋略与运用谋略之魂，没有灵活变通性也就没有谋略和谋略的有效运用。所谓“运用之妙，存乎一心”，乃是每个致胜者应具备的本领。只有一心在如何变通的问题上下工夫，达到了“妙”的境界，才能争得和保持致胜活动的主动权、胜利权。这一点，无论在军队作战、政治斗争、外交格局中，还是在市场竞逐、体育比赛、个人事业中，概莫能外。

应该注意的是，既不能因强调对谋略及其运用应认真把握一定的原则，以致疏忽了其变通性；又不能因强调对谋略及其应用应特别讲究变通，以至否定了其原则性。尽管在谋略的运用过程中，灵活变通性起着更为关键的作用，然而任何时候都不能忘了把原则性与变通性有机结合起来。也就是说，作为一个进步的致胜者，要想在求胜防败的过程中，充分发挥谋略的特殊作用，就必须深刻理解和把握各种谋略原则，并从致胜活动的具体情况及其变化的实际出发，不断变通地运用这些谋略原则。

**（4）谋略的普适性与限制性**

从原则上讲，致胜谋略作为致胜主体用来趋利避害、出奇制胜的计谋与策略，可以适用于一切以能动性客体为对象的致胜活动之中。那种把谋略仅仅局限于对抗性活动的看法，未免有失偏颇。比方说，在体育比赛中，虽然双方并不处于对抗状态，而是处于合作的竞赛状态，主要目的是通过比赛来增进彼此的了解、友谊和交往，共同促进人们身体与心理的健康，可是为了争胜或创造更佳成绩，比赛的双方或多方，皆往往会采取各种谋略，或麻痹对方和其他对手，或隐蔽自己的实力与战术，然后在关键的、最有利于己的时机一举夺冠。就是在个体之间交往和融进各种团队以至社会的活动中，谋略有时也是需要的。比如，你要批评人、说服人、团结人，讲点策略与技巧往往能收到良好的效果；你要找个能发挥自身特长的工作，到处奔波求职，如果能巧妙地进行策划运作定会大有裨益。记得有人报道过这么一件事：面对一位长年失明的老妈妈，为了满足她想念远在国外工作但实际上已因车祸去世的女儿这一心愿，在几位关心者的谋划下，让一位其同乡姑娘冒充其女儿“回国”前来探望，获得了很好的效果。这不能不说是种善意的“欺骗”策略。可见，谋略源于对抗，并一直主要用于对抗，但又不仅仅只适用于对抗性致胜活动。实际上，人们也早已突破了谋略的这一运用范围，在许多非对抗领域亦获得很好的效果。

然而，谋略的普适性并不等同于运用时没有限制性，似乎不管对象、场合与目标的性质，可以任意运用各种谋略来为主体活动服务。必须注意的是，有如致胜主体在确定自身的目标，为了正当的利益采取趋利避害的致胜行动时，不能忘了必须贯彻科学人道精神及其普世原则那样，谋略的运用也必须贯彻科学人道精神及其普世原则。谋略如果被滥用于谋取非正当的利益与目标，即使成功了也不是值得提倡和赞扬的好事。经常可以看到那些剥削者、统治者、侵略者，为了实现自己不可告人的目的，也会采取种种的办法、计谋与策略，但这只能算作耍阴谋诡计，与正确运用致胜谋略毫无共同之处。作为进步的致胜者，必须针对不同的对象、场合和目标，对谋略的运用方式和内容加以选择，使之有利于为实现正当目标的各种活动服务。也就是说，那种不分敌我、好坏与正当不正当而滥用谋略的现象，是应该反对的。尤其在平时的生活与工作中，如果总用对待敌人、坏人的那一套谋略来对待亲人、好人和合作伙伴，还自鸣得意“比人高出一筹”，实是可悲之举。要看到，谋略施于敌是为了打击和战胜他，用于友是为了增强团结和合作，用于“己”是为了有助于激励和奋发，决不可一概而论。

可见，虽然任何巧妙的谋划之策，可以为实现进步的、正当的目标服务，也可以为达到退步的、不可告人的目的服务，但只有有助于达成正当目标的谋略，才能为进步的致胜活动锦上添花，在求胜防败过程中起到积极的作用。人们常感叹：君子坦荡荡，用心在正，疏于防备；小人常戚戚，其心在邪，暗施诡计。但愿所有熟悉谋略者，能“用心在正”，决不去学小人之辈而滥用谋略来取邪利。任何时候，进步的致胜者都应对施谋对象有所分析，并区别对待地加以正确运用。

## 四、巧妙地运用各种致胜谋略原则

由于古今中外的具体谋略数不胜数，而且一事可以多谋、一谋可以多用，这就使得人们选择与运用谋略时，必须把科学性与艺术性高度结合起来。一方面，选择与运用致胜谋略并非随心所欲之事，必须将以往这方面的经验教训认真加以总结，并将其升华为反映带规律性的一般原则，以切实增强主体求胜防败的科学性；另一方面，选择与运用致胜谋略又必须从实际情况出发，因时因地因条件而制宜地巧妙运用这些一般原则，以卓有成效地提高主体求胜防败的艺术性。下面仅就大家普遍关注的几条致胜谋略原则，看一看如何巧妙地加以运用来发挥其奇效。

### (1) 谋为利立，统筹策划

在致胜活动中强调讲究谋略，当然不是为了“添点佐料”、“搞点花样”，而必须是始终瞄准求胜防败的正当目标，为趋利避害服务。选择和运用任何谋略，都要贯彻择利而行的原则，看是否有助于谋取同人类社会进步方向相一致的主体生存与进步的利益。当然，利与害总是紧紧联系在一起的，趋利的谋略须有助于避害，避害的谋略应有助于趋利，能把两者统一起来才是最佳的谋略。无论是孙子说的应“杂于利害”，还是吴子讲的要“违害就利”，皆是强调运用计谋和策略应从利、害两方面考虑，这样才有助于致胜主体利益及其目标的实现。

当然，利也好，害也好，从来都有大利、小利和大害、小害之分，只看到小利而忘了大利，以及只顾到了小害而忽视了大害，到头来很容易使谋略的运用陷于“小不忍则乱大谋”的境地。任何时候，只有先从求大利、防大害来考虑谋略，实施时再适当照顾到各种小利与小害，才是上策。平日里，我们常常说某某人喜欢“耍小聪明”，使得大家渐渐疏远他、防备他，甚至不愿同这种人多打交道。之所以形成这种局面，就是因为他事无巨细地总爱用谋算计人的缘故。因此，不仅对什么人、什么事有个该不该用谋的问题，同时即使用谋还有个权衡利弊轻重与大小的问题。

而且，面对着各种各样的利，千万不能“利令智昏”，而应力求“利令智巧”，充分发挥综合性智能的作用，使选用谋略的过程能达到统筹策划的地步。当然，要达到统一地运筹谋划的程度亦非易事，须把致胜谋略及其运用作为系统化的举动，并作为整个致胜活动系统的一个组成部分来对待。一方面，致胜谋略及其运用，本身就是系统配套的事情。仅会选择谋略不会运用谋略不行，只会孤立地使用某一种谋略不行，当遇到新情况、新矛盾和新问题不会创造新谋略，或运用谋略时不充分考虑主、客观情况及其相互作用也不行。任何时候，都必须从致胜活动的实际情况需要出发，系统而协调地运用各种相关谋略。另一方面，不能孤立地选择和运用谋略，必须将其纳入致胜活动的体系之中才有意义。可以说，任何高超的谋略都难以孤立地起作用，只有让这种举动始终围绕有效地实现求胜防败的目标，并同各个相关方面的准备、方法、决策和行动紧密配合起来，才能使谋略起到如虎添翼的作用。

当然，在谋略的选择、创造和运用的过程中，亦须突出重点环节。事无巨细、主次不分地滥用谋略，不仅多此一举，有时还容易节外生枝。对亲人，对朋友，对合作者，能通过正面的渠道解决矛盾与问题时，最好不用反常的做法去增添麻烦。即使对于敌人和对手，用得过频、过多亦容易引起对方的警觉，如果在小事、小利、无关紧要的地方能尽量地少用谋，反而会使须用谋处更有效地发挥谋略的作用。因此，统一筹划用谋之巧，还要看善不善于针对致胜活动的关节点、要害处设谋和用谋，从而有助于形成突破重点而震乎全局的态势。

### （2）隐真示假，用诈迷惑

大量事实表明，任何谋略只有在对手无知、我却心知肚明的情况下，才能获得最佳的运用效果。因此，如何采取隐真示假、用诈迷惑的各种举措，做到尽量把确定性留给自己，而把不确定性给予敌人与对手，以形成我处于主动、敌或对手处于被动的有利态势，实是用谋时不可或缺的重要一着。为此，须把握这样几点：

一要知彼知己。运用谋略时，明于知己、暗于知彼不行，明于知彼、暗于知己也不行。可以说，不了解和不把握致胜活动主、客观两方面的相关信息与情报，就不可能知道什么是真、什么是假，更无法去实施隐真示假的策略。当然，不同的致胜活动，知彼知己的内容、要求与方法有所不同。比如在对抗性、竞争性致胜活动中，要做到知彼就比较难一些，往往需要采取公开与隐蔽的情报手段和对情报进行反复分析研究后方能达到。而在以合作性、融进性为主的致胜活动中，则通过调查研究、搜集相关信息就可能了解对象。至于知己，关键在于要有自知之明，不能停留在表面现象和个别因素上，而应力求达到客观的、全面的、深刻的真知，并与客观对象联系起来加以对比研究才能得出正确结论。

二要保守秘密。什么都向敌人或对手公开，就永远无法实现隐真的要求。既然要把自己的真正目标、企图和行动方案等隐蔽起来，不让敌人或对手知晓，就必须千方百计守住这些秘密。俗话说得好："谋成于密，败于泄。"自古至今不知有多少好计策因泄密而废于一旦。政治、军事斗争自不必多说，即使在经济领域和各种赛事中亦不少见。为此，致胜者必须在千方百计"知彼"的同时，防止敌人或对手轻易获得有关己方的各种情报与信息，使对手成为"聋子"、"瞎子"或对我情熟视无睹。当然，保守秘密的方法很多，有消极的各种保密规定，也有积极的防泄守密措施，全看致胜活动的要求与条件而加以选用。

三要示形用诈。仅仅做到该明的则明、该暗的则暗，还不足以实现隐真示假的用谋企图。为此，尚须采取更为积极、主动的办法来迷惑敌人或对手，造成"真亦假来假亦真"的局面。诸如声东击西，能而示之不能，远而示之近、近而示之远，以弱示强、以强示弱，以有示无、以无示有，实而虚之、虚而实之等等，皆是通过示形用诈来造成敌人或对手的种种错觉，使其不知什么是真，什么是假，有如堕入重重云雾谜团之中。反过来说，我既然可以这样做，对方也可以这样做，要真正掌握隐真示假的主动权，还必须善于透过现象识真辨假，力争把真全部留给自己，而置对方于真假混淆和是非难辨的境地。

**（3）避实击虚，以强对弱**

在致胜活动中，主客体之间经常存在实与虚、强与弱的力量对比状态，并不断发生转化。所谓避实击虚、以强对弱，就是主体要避开敌人或对手的坚实和强大处，以优势力量攻击敌人或对手之虚弱点，如避强击弱、避锐击惰、避坚击隙、以优击劣、以众击寡、以逸待劳等皆然。必须注意的是，采取避实击虚、以强对弱之策时，一定要同致胜活动的重心与要害联系起来，否则所避、所击与形成以优攻劣的态势就失去了原本的意义。

就实虚、强弱的表现来说，可以反映在时间与空间上。比如，敌人或对手常有麻痹无备的时候，像节假日或喜庆狂欢、疲劳休息之际，他们在此时往往容易松懈和忘乎所以，如果突然对其采取行动，就比较容易得手。又如在空间上，敌人或对手难免存在各种防卫薄弱处，或持险麻痹、放松戒备，或在结合部上形成这样、那样的软肋，这就可以乘虚或乘隙加以攻击。古今中外的战争中，对这方面的谋略运用显得比较多。其实，不仅仅是战场，在各种赛场和商场等其他致胜场中，亦可常见此类用谋现象。体育比赛自不必多说，尤其在各类球赛中采取“攻势”时，为了得分或进球几乎经常采取这类计策或打法。至于各种企业在强手如林的竞争中，更是经常利用其他同行企业的麻痹与弱点，乘势发展、壮大自身。

对实虚、强弱的把握，还可以表现在力量的运用上。在致胜活动中，面对强大的敌人或对手，如果设法让其分散力量，而我却能根据需要集中力量，就有可能转化双方实虚、强弱的对比，形成我避实击虚、以强击弱的态势。比如在历代战争以及其他各种斗争型致胜活动中，常见人们采取“调虎离山”、“围魏救赵”之策调动敌人或对手，或运用“声东击西”、“明修栈道，暗渡陈仓”之法突然攻击敌人或对手之要害，来实现求胜防败的目标。这些谋略的实质，其实均是为了转移敌人或对手使用力量的方向，使其主要力量集中不到点子上，而用谋者却能集中自身的力量去达到自己想达到的目的。

（4）攻其无备，出奇制胜

利用突然性，把敌人或对手置于措手不及的境地，是在致胜活动中运用谋略的一个非常重要的方面。凡事，有备者才有力量和主动，无备则会被动和容易丧失一切。如果致胜者能出色运用各种可以造成以有备对无备态势的谋略，或秘密准备，或麻痹对手，或突然行动，皆有助于加速求胜防败目标的实现。尤其在攻其无备时，能够在敌人或对手意想不到的时间、地点上，运用其意想不到的形式、途径和手段，更能获得出奇制胜的硕果。

先看个反面的例子：第二次界大战初期，无论是波兰、法国还是苏联、美国，都吃了对方运用“攻其无备”谋略的亏。当时的德国、日本侵略者，一方面不断施放“和平”烟幕，大搞“和谈”手法，鼓吹“亲善”、“友好”，甚至签订诸如“和平协议”、“条约”之类的东西；另一方面却加紧扩军备战，秘密做好发动战争的各项准备工作，伺机发起进攻。结果，在德、日等军队实施的突然袭击下，波兰、法国遭到了亡国投降之灾，苏联很快丧失大片国土，美国也为“珍珠港事件”付出了沉重的代价，这不能不说是个惨痛的教训。实际上，在政治、经济、文化、外交、信息等各种不同的领域，进步的致胜者要想争得主动，同样可以巧设计谋造成一种有备对无备之势。尤其在斗争型致胜活动中，当自身处于弱势或劣势情况时，更应通过这种造势来改变不利态势以对付较强的敌人或对手。

而且，有时即使敌人或对手有所准备，如果致胜主体能巧施出乎对方意料之外的谋略，同样可以获得出奇制胜的效果。比方说，运用“正合奇胜”之计，在正面以常规的做法与对方周旋，同时却打破常规地从侧后进行有利于己的斗争；依靠对方尚不知晓或未予防范的新技术、新手段与新方法，形成以新对旧、以优对劣之势；发挥速度与机动优势的作用，依靠自身所拥有的占先之利，从对方意想不到的方向、时间、地点出奇行动，等等。尤其在当代科学技术迅猛发展的条件下，利用新科技成果出奇制胜的事例更是层出不穷，且不说20世纪末和21世纪初美、英、法等国，进行的海湾战争、科索沃战争、阿富汗战争、伊拉克战争与利比亚战争等皆是很好的例证，就是在当代剧烈的经济竞争中，许多跨国企业的成功，同样无不与其信息、情报手段占先，善于依靠开发新技术与新产品，采取非常措施迅速占领市场等息息相关。

**（5）随机应变，灵活机动**

世上的万事万物，无不始终处于变化之中。致胜活动作为人类社会的一种充分发挥能动性的活动，不仅主观诉求、客观对象与环境条件经常可能发生变动，而且活动的过程还充满着各种偶然性、突然性和多变性因素，更不会自始至终凝固不动地呈现同一状态。因此，致胜者在选择、运用谋略时，必须充分体现随着情况的变化，灵活机动地予以应对的要求。当然，随机应变与灵活机动这两个方面，既互相包含，又不完全等同，既共同构成了一个重要的谋略原则，又是一个运用其他所有谋略原则的原则。

所谓随机应变，主要是指主体面对致胜活动中出现的非确定因素和意外变故，随机地做出正确反应和采取应对之策，以摆脱被动的、不利的局面，并争得主动和胜利的各种举动。不过还要看到，在致胜活动中有许多对主体有利的机会，也需要随机地抓住和利用，以机宜行事和更有效地争得胜利。随机应变的谋略原则，可以以多种多样的形式表现出来，随着致胜活动性质的不同而不同，因致胜活动条件的更新而更新。当致胜活动的对象、时间、地点、力量对比、活动态势等发生变化时，亦应客变主变、势变谋变、机变策变，等等。如日本企业界号称“经营之神”的松下幸之助，其创业初期正遇到经济危机和众多企业不景气的情形，当别人一筹莫展时，他却把不景气当作是企业发展过程中的一个机会，乘势利用这种不景气继续负债经营，添置设备，开拓前进，从而使得自己的事业在度过困境后，终于很快获得了更大的发展。不过，在斗争型活动中随机应变的情形往往有所不同，主体还应善于在敌人或对手实施计谋的基础上，佯装中计，并顺势将计就计地使其落入圈套。为了做到这点，就一定要详知彼我、懂计识谋、守密用计，充分了解和识破对方用的是什么计谋，装成自己中了计却全然不知的状态，有了这个前提，才能再悄然地以其人之道再治其人之身，或用对方不知道的新计策来对付他。只要这一切能够做得神不知鬼不觉，就可以在随机应变上高对手一着。

至于灵活机动，其意与随机应变确实有些相近，但比随机应变的要求更显积极和主动，是主体能动性在随机应变基础上的更高发挥。它不拘泥于传统的谋略原则，强调从致胜活动的实际情况出发，因情制宜地选择、创造和运用各种各样的计谋与策略，并不断地转换、变更之。表面看起来，灵活机动似乎是种主观随意性很强的举动，其实不然，它强调的不仅仅是见机行事，而是主体灵活用谋、主动变策，能动地去实现致胜的目标。灵活用谋就是要求审时度势、迅速变通地运用谋略，而不能以凝固、呆板的态度对待一切原则，比如灵活地对待和运用致胜的谋略原则，灵活地制订与变换致胜的行动方案，灵活地组织与使用致胜力量等。主动变策比之随机应变更显主动，要求更高，是主体运用各种计谋、策略时，有预见地采取先于敌人或对手的行为。当客观变化的情况比较明朗，并能科学地、准确地加以预测时，主体完全可以主动地采取先机变策的措施，而无须随着情况的变化再被动地变化计策。

# 第八章　科学做出致胜决策

在求胜防败的过程中，当主体为了满足自身生存与进步的需求，乘势选择了致胜的目标、场所与途径，并从主、客观各个方面做了充分的准备后，此时的胜败就有赖于做出什么样的决策了。俗话说“先谋后事者昌，先事后谋者亡”。这里面的“谋”，并非指前面说过的谋略之意，而是指在正确认识的基础上必须形成正确的决策才行。可以说，做出的致胜决策正确、及时与否，是决定主体能否在求胜防败过程中采取有效行动、实现预期目标的直接前提。任何一个进步的致胜者，都必须高度重视决策问题，科学地进行决策，并不断提高自身的决策水平。

## 一、对致胜活动决策的基本要求

致胜决策作为致胜主体连接其认识活动与实践活动之间的桥梁，既是有关认识、准备的继续与深化，又是采取实际行动的构思与起点，形成了求胜防败过程中不可或缺的关键环节。因此，致胜者为了对致胜活动实施正确的指导，保证卓有成效地实现致胜目标，就千万不能对决策问题掉以轻心，而必须在决策时做到符合实际、讲究时效、力求系统和适应变化。大量的事实表明，也只有这样的决策，才是真正的求胜防败之策。

### （1）致胜决策必须符合实际

决策虽然源于认识活动，但距离尔后的实践活动却近于眼前，直接地影响到整个活动的成败。这种特性，决定了致胜决策不可大而化之，仅仅停留在一般指导原则上，而必须做到实事求是、有的放矢、切实可行。也就是说，致胜决策必须始终瞄准求胜防败的目标，确保主体有计划、有组织、有步骤地付诸于行动，直至最后实现所选定的目标。

为此，致胜主体在进行决策时，就不能只从主观需求出发，还应从客观实际出发，在充分占有相关的各种事实材料的基础上，正确把握主、客观相互关系及其所处的环境条件，实事求是地形成相关的行动方案。有时，为确保重大决策的正确无误，只要时间来得及，事先尚可通过相关的试验和预实践，对决策方案反复加以检验、修正和完善。致胜者必须牢牢记住，违背客观实际的决策，不管你有多么正确的动机，有多么美好的理想与目标，到头来仍然不会把你引向胜利的坦途，只可能坠入失败的深渊。

同时有一点应引起重视，那就是为了确保致胜决策的切实可行，务必使所做出的决策符合公认的社会规范。我们在谈及选择和确定致胜目标时，曾强调作为进步的致胜者，务必遵循科学的人道精神、普世准则及其相应的社会规范。这一要求，无疑也应继续体现和贯穿于决策的过程之中。可以说，任何主体在决策时违背了相关的法律与道德，所做出的决策均无法正确地、有效地付诸实际行动，即使勉强为之也很难行得通、贯彻到底。对此，每个进步的致胜者皆不可掉以轻心。

**（2）致胜决策必须讲究时效**

任何致胜活动，都是主体针对一定的对象和在一定的环境条件下进行的，随着时间的流逝，一切都可能发生这种或那种变化。基于此，也就决定了致胜决策必须及时地做出并加以贯彻。古今中外大量的事实表明，滞后的、时过境迁的决策，或由于时间上的迟缓和延误，或由于主、客观情况业已发生了变化，不仅往往等同于无决策，对求胜防败起不到及时而有效的指导作用，还可能因此引起各种相反的副作用，给致胜活动带来巨大的损失。

要看到，在求胜防败过程中，时间和速度始终是一个非常重要的因素。决策作为连接认识与实践之间的关键环节，无疑也必须高度重视这个问题。自古以来，人们都懂得在决策与行动中抢时间、争速度的意义。尤其在现代社会，信息化程度愈来愈高，快速、远程、大型的运输工具愈来愈多，各种行动的节奏明显加快，“抢时间”、“争速度”愈来愈成为一条颠扑不破的行动指导原则。可以说，致胜活动已不仅是双方既有实力的竞赛，也是双方运用实力时速度的竞赛，在力量相当的情况下，谁占先谁得利，谁神速谁取胜。现代致胜活动这种不能延误时机，行动起来要高度重视时间与速度的客观要求，从根本上决定了决策必须讲究时效性。

这一点，如果说以往主要体现在军事领域的话，那么在当代一切致胜活动的决策中皆具有特别重要的意义，区别的仅仅是具体情况不同，对时效的要求有所差别而已。且不去说那些充满斗争性的活动，如商场、政局中许多活动对决策时效性的要求，同军事领域颇有许多类似的地方，就像数以亿计的人们炒股活动，每天每时每刻都要面对和适时做出买进卖出的各种决策，稍一怠慢就可能时过境迁，造成很大的损失。即使在日常生活和各种具体工作中，亦常见许多人因未及时拿定主意而错过种种有利机会，以至事后后悔不已的现象。只不过，因事与利有大有小，往往未引起普遍关注和重视而已，其实在本质上皆属“延误等同于无决策”引出来的问题。

**(3) 致胜决策必须力求系统**

从整体上看，任何致胜活动皆是由主体、客体及其所处环境条件各个部分或子系统所构成的一个系统。比如，军队既是国家这个大系统中的一个分系统，又是在高度集中统一领导下、具有严密的组织结构和整体作战能力的完整系统，它包括由诸军、兵种组成的横向系统，军事活动各阶段组成的纵向系统，以及逐级下辖若干单位的分层系统。可以说，一切社会活动系统皆有类似军队活动系统的情形，不同的仅仅是结构的严密程度存在种种差异而已。由此也就决定了致胜主体进行决策时，必须讲究系统性，任何时候都不能只顾活动的某一部分、方面和自身，而无视其全局和上下左右的各个方面。

这就要求，主体在致胜活动中进行决策时，首先要从全局出发，正确地确定整体总目标，并始终注意各个方面、各个阶段目标的关联，既“瞻前”又“顾后”，既“承上”又“启下”，从制定、选择行动方案到实施这种方案，始终着眼于提高整个活动系统实现目标的效益。要看到，不仅系统中不同部分、不同阶段、不同层次的存在状态和行动结果，会影响到另外的部分、阶段和层次，进而影响系统的整体状态和功能，同时从一个系统的整体功能来说，又并非各个部分、各个阶段、各个层次诸子系统或组成要素的简单相加，不同的结构方式和组织状态，可以产生不同的相干效应和整体效果。这种致胜活动系统具有的整体性，决定了决策过程中不能不进行系统的分析、研究和处置。只管某个部分、某个阶段、某个层次如何决策，不顾上下、左右和前后发展的系统联系，很容易把整个致胜活动的决策置于互不呼应甚至顾此失彼的境地。

另外，致胜主体进行决策的过程中，还应注意全面审视主体、客体和环境条件的相互联系，以及所从事的致胜活动同其他相关活动的广泛联系。这些联系，有时是显见的，有时也可能是隐性的，致胜主体必须善于透过现象和迷雾，予以深刻揭示和把握，以保证决策系统化的全面实现。那种只求自身一方、一时、一事的需要，无视客体和客观环境条件的实际状况，也不管所从事的致胜活动同其他社会活动的互相影响和互相作用，所做出的致胜决策只能是孤芳自赏的决策，难以卓有成效地据此实现求胜防败的目标。

**（4）致胜决策必须适应变化**

我们知道，任何致胜活动都难以在百分之百情况确定的状态下展开，随时可能遇到这种或那种不确定性因素。而且，即使致胜活动刚开始时，各方面的情况比较确定，但随后无论是主体、客体还是客观环境条件均可能出现各种新的变化。这种客观状况，决定了主体进行致胜决策时，不能始终一成不变地执行原定行动方案，而应随着情况的变化而不断修正、更新，必要时甚至重新决策。

此种情形，在斗争型致胜活动中表现得最为明显。这是因为，斗争双方为了胜过对方，无不千方百计地采取伪装、欺骗、佯动等“诡道”手段，谁都无法周全地、透彻地掌握有关的一切信息。即使对方的初始情况已做到了如指掌，但展开斗争行动后，亦随时可能发生意想不到的急剧变化。这里面，有未预先认识到的问题，有环境条件的经常变换，也有对手利用突然性故意造成的险要态势。因此在斗争中，必然性与偶然性始终是交织在一起的，彼此间相互补充、相互作用、相互转化，交映成一幅动态多变的场景。这种情形，使得致胜决策必不可免地具有一定的风险性和灵活性，在进行决策活动的时候，固然要根据对活动情况的必然性认识，坚定地做出和执行既定决策，但又要充分估计到随时可能出现的偶然性因素和种种风险。虽然不掌握活动的规律性，就谈不上正确地进行决策，但也要看到面对致胜活动经常处于不确定因素的影响之中，又要求致胜决策必须具有应变的特性。

事实上，在合作型和融进型致胜活动中，可能遇到的不确定性因素和种种变化，同样是广泛存在的，只是在程度与频度上不如斗争型致胜活动而已。可以说，任何正确的决策，都不是一步到位就完成的，往往需要通过不断反馈进行修正才行；也不是一次性决策就万事大吉的，还应在贯彻决策的过程中实行追踪和控制。为了在决策过程中，尽量减少各种偶然性、突然性、多变性因素的影响，务必坚持科学预见，作好客变主变的思想准备，制订多种可供修改和选择的预案，以备届时应急选用，力求做到主动应付各种突发事变的发生。

## 二、把握影响致胜决策的诸因素及其联系

要保证致胜决策的正确无误，靠的当然不是致胜者任意的主观构想，或去照搬以往曾获成功的各种行动方案。凭借什么呢？首先就是看主体能否对影响致胜活动的诸主、客观因素及其相互关系，实事求是地予以把握、分析和整合，并科学预见其可能的变化。应该认识到，不把影响致胜决策的诸因素及其关系搞得一清二楚，就不知道依据什么去决策；不充分发挥科学预见的积极作用，就会使决策陷于短视的境地。因此，主体能否客观认识影响胜与败诸因素及其联系的实际情况，并科学地预见其可能的发展变化，可以说成了致胜活动中能否实现科学决策的关键所在。

### （1）弄清致胜活动的主观与客观状况

情况明，才能决心对。在决策过程中，那种“矮人看戏何曾见，都是随人说短长”的现象，务必予以避免。从事致胜活动时，致胜主体只有自身切实把握了有关活动的各种主、客观情况，并以此作为进行决策的客观基础，才可能做出符合实际并引导主体走向胜利的决策。

致胜活动的客观实际及其具有的客观规律，是致胜主体进行决策的客观基础。致胜活动的客观状态，以及致胜活动过程中内在的、本质的、必然的

联系及其变化，无论主体认识或不认识、喜欢或不喜欢，都是一种客观的存在，只要你从事致胜活动，就必须同客观的实际情况及其运动规律发生关系，就不能不面对它、认识它、适应它。只有依据事关致胜活动各种客观因素相互作用的机制与规律，下决心，找办法，方能取得预期效果。同时，任何致胜活动，既是变动不居的，又不是乱变一通的。主体也只有根据其发展变化的可能趋势，决策时才可能预做准备，事先做好统筹安排，达到见机行事、随机应变的程度。当然，不同的致胜活动会有不同的客观规律，必须从所从事的具体致胜活动实际出发来把握其规律，才能为具体的致胜决策提供直接的客观基础。因此一个主体，要想正确地进行致胜决策和据此从事致胜活动，除了必须把握一般性致胜规律外，更须着力把握所从事的具体致胜活动的具体性致胜规律。把握了一般性致胜规律，有助于为具体的致胜决策提供方法论原则的指导；把握了具体性致胜规律，则为具体的致胜决策找到了直接的客观依据。由于致胜主体进行决策时，常受到各种主、客观条件的限制和时间的限定，因此在把握致胜活动规律的完善程度上亦具一定的相对性，不能认为必须把所有规律搞得百分之百清楚之后方能进行决策，而这也是存在各种非确定型决策的原因所在。

明确主体在致胜活动中的期望或预期目的，是主体进行致胜决策的主观依据。人类不同于其他的动物，任何正常人从事任何活动，总是为了实现某种需求及其利益才会采取行动的。一个致胜主体，最怕的莫过于怀着失望上路，如果没有期盼和希望也就不会有真正的致胜活动。客观存在的事物与规律毕竟是客观的东西，它能不能进入主体的视野，主体能不能在掌握它之后形成某种致胜决策与采取行动，首先离不开主体的利益追求及其价值选择。不要小视选择，主体只有对所追求的众多东西做了认真的选择，才能构成其内在的期望或预期目的。从根本上看，主体的期望或预期目的源于力求满足其生存与进步的需求，是其需求及其利益的应然体现。在致胜活动的主体期望或预期目的中，首先要正确分析、处理好目前性主体期望与长远性主体期望的关系。人们常说：没有远虑必有近忧。这是指因为眼前的种种困惑会影响到一个人的长远打算与理想。其实，在致胜活动中，无论是为满足主体需求与利益的“近忧”，还是为满足主体需求与利益的“远虑”，都会对其进行决策产生不同程度与持久度的影响。那种一味看重目前性主体期望，却忽视长远性主体期望的倾向，只能使致胜决策成为“近视”的决策。不过，假如只注重长远性主体期望，漠视了目前性主体期望，同样不利于正确地进行致胜决策。另外，许多个体与具体群体，在同一时期、同一活动中往往不仅仅有一种期望或预期目的，而可能是多种期望或预期目的并存。因此，任何一个致胜者都应对自身的期望或预期目的做认真的分析，看什么是主要的，什么是次要的、甚至无足轻重的，并在什么情况下还可能发生主、次之间的变化等等。如果主次不分，轻重缓急不分，就很难正确做出致胜决策。当然，在致胜活动的主体期望或预期目的中，主要期望与次要期望是紧密相联的，主要期望可以起决定性作用，但又不能离开次要期望而孤立存在。而且在一定条件下，主要期望与次要期望还可能出现转化，这也是值得注意的事情。

要做出正确的致胜决策，还有赖于必须考虑一定的客观与主观条件。缺乏必要的条件，决策只能停留在一般构想或设计的阶段，距离真正具体做出尚远。客观条件对于主体进行致胜决策来说之所以显得十分重要，一是由于客观条件的现有状况制约着致胜主体活动能力的发挥。比方说，在没有观察器材的条件下，人的肉眼看不清很远、很细的事物，观察能力受到很大限制；缺乏电子计算机模拟技术设备时，不仅对事物进行广泛的量化分析有困难，而且对许多复杂的客观情况亦无法全面、精确而系统地去把握。二是客观条件的发展变化影响着致胜主体的应变准备。致胜活动总是在一定的客观条件下展开与发展着的，活动的时间会变，活动的空间会变，其他的环境条件也会变，如果决策时不预计和考虑到这些客观条件的变化，就根本不可能最终实现主体的期望或预期目的。同时，致胜主体本身的主观条件同样不能忽视，比如致胜个体进行决策时，如果不从自身的身体、心理与智能素质的实际状况出发，到头来只会出现心有余而力不足的情形，所谓“志大才疏”，正是形容那些自身能力不怎么强，但期望值却很高的主体做决策时的情景。至于致胜群体进行决策时，情况亦大同小异，区别的仅仅在于群体致胜力量的构成、动员、组织和运用等，比个体要广泛得多、复杂得多，因而对群体性致胜活动所必备的主观条件应做更全面、更系统地考察。当然，只要致胜主体努力奋斗和充分发挥能动性，也可从两个方面来改善致胜活动的主观条件：一是通过提高自身的素质、能力和力量，来改善力不从心的状况，尤要针对所从事的致胜活动的具体需要，着力地改变那些不足之处。当然也要注意，一个主体只有充分发挥自己的长处，而不是在一味地填补自己的不足后，再去投入相应的致胜活动领域，才容易较快地取得成功。二是通过发挥主观对客观的能动反作用，充分利用客观条件提供的可能性，或在一定程度上积极改变客观条件的状况。面对客观条件，主体采取积极而不是消极的态度很重要，切忌一遇到稍为不利的客观条件就显得束手无策、不知所措。应该看到，主体通过对现有客观条件的合理组织与统筹运用，完全可能在一定程度上改善当前的客观处境，即使某些客观条件有所欠缺，亦可依据一定的客观规律创造某些条件。

要完全弄清致胜活动的客观条件与主观条件，尚应进一步理清主要条件与次要条件、必要条件与充分条件、物质条件与精神条件等之间的区别和联系。毫无疑问，如果致胜主体在进行决策时，已具备了实现自身需求、利益及其期望的全部充分条件，无论物质条件、精神条件皆然，那么在此种情况下进行决策和开始行动，当然是最牢靠不过了。可是，在实际的致胜活动中，此种情形比较少见，多数是在具备了主要的、必要的物质条件与精神条件的情况下就须进行决策。应该说，这样做是合情合理的，毕竟理想与现实之间始终存在诸多的差距，任何致胜者都只能在现实中做出抉择。如果等到主、客观皆具备了充分的物质条件与精神条件才决策，不仅会贻误决策与行动的时机，而且可能永远等不到那样的时刻，以致造成未能及时决策甚至无决策的危险。

**（2）发挥科学预见在致胜决策中的作用**

固然靠把握当前影响致胜活动的诸主、客观因素及其相互关系，作为决策的基础，是完全正确的，但还必须进一步看到，由于一切事物都是发展变化的，要使致胜决策成为面对未来、富有远见的决策，尚须充分发挥科学预见在致胜决策中的作用才行。从一定意义上甚至可以说，没有对相关性关键要素加以预测的决策，只是一种短视的决策。比如说，自然条件及其严重灾害对每个主体的生存与进步至关重要，都会不同程度地产生各种直接或间接的影响，如果不能对其近期、甚至较远期的有关情况，进行准确的地质、气象等预测和及时的预报，就完全可能届时重创主体正在或下一步要开展的致胜活动。眼见古今中外有多少突然发生的重大灾难，严重影响了人们正常的活动，就是最好的证明。因此，谁要想在选择与确定致胜决策过程中夺取主动权和“制高点”，谁就不能不高度重视科学预测及其预见工作。

何况，当前所从事的一切致胜活动，既是对该活动的历史性传承，又是该活动朝着未来演变的基础，决策时不能只看到事情的过去与现在，还必须着眼于下一步的发展变化，充分考虑到其未来继续生存与进步的更长远的目标。而要做到这点，只有对致胜活动各个方面及其相关的政治、经济、文化、军事、科技等因素，以及自然环境条件的发展变化趋势进行研究和预见，得出科学的预测结论，才能使所从事的致胜活动不至于处在短视的状态。尤其在现代条件下，新科学技术革命给人类社会注入了新的巨大活力，直接和间接地引起经济、政治、文化、军事、教育等各个领域发生着一系列深刻的巨大变革，如果只看到当前的情况，致胜活动就根本不可能适应社会日新月异的变化。譬如，要想卓有成效地捍卫新历史条件下国家的安全，除了要全面而系统研究当前世界和周边国家的政治、经济、文化、科技等现实情况，还必须对未来的国际斗争形势、国家周边关系、安全战略态势、经济发展状况、科学技术水平、军队建设面貌等各个方面，进行科学的分析和预测，只有这样才可能作出比较符合当前与未来世界安全形势发展的战略决策，从而深谋远虑、卓有成效地开展新的历史时期捍卫国家安全的各项活动。在这方面，有不少的历史经验与教训，如在第二次世界大战初期，反法西斯国家之所以遭到巨大的损失，就与战争爆发之前缺乏正确而及时的战略预测，误判了德、意、日等法西斯国家的行径分不开。

另外，科学预测在致胜活动过程中还是保持正确实施决策方案的重要条件。人们在致胜活动中，总是要先思考、先决策、先计划，然后再付诸于实际行动。思考、决策与计划，固然首先要尽力搜集和把握主、客观各个方面当前的全部情况，甚至必要时还应进一步了解有关历史方面的情况，不这样做也就失去了思考与决策的基础。但是，一方面因对手或敌人严加保密、伪装与佯动的缘故，即使组织周密的侦察与调研，仍有许多无法感知到的东西需要做出估计性判断；另一方面，还须看到未来的发展变化，充分预计在实现致胜目标过程中将可能遇到的问题、困难和危险，设想行动的开始、进程和结果的图景。只有这样，才能为思考、决策、计划提供比较全面而富有预见性的多种选择。可以进一步伸展说，只要人们投入到实际的致胜行动中去，无不首先面临着一个如何科学预见行动与工作的未来场景和结局的问题。的确，科学预见是对致胜活动实施正确指导的重要因素，没有预测就无法对客观情况做出全面的判断，就看不清未出现的各种情况，就不会有趋利避害的决策与措施，自然也就不可能有自觉的、能动的实际行动。只有科学地预测和预见了致胜活动的发展趋势，才能做好进一步修正决策方案以应付情况千变万化的准备。任何致胜决策，都是对未来行动方案的选择与确定。如能清楚和准确地根据事物的过去与现在来看其未来，无疑有助于增强致胜决策的科学预见性，从而为正确的指导奠定更可靠的基础。

致胜主体怎样去做，才能保证预见的正确性呢？简单地说，就是要运用科学的理论、方法和手段来进行科学预测。为此，致胜主体既须拥有一定的客观基础与条件，又需具备较高的智力素质和掌握科学的预测方法。在以往的致胜活动中，常见到有的主体由于准确地估计了未来行动可能遇到的种种情况，做出了惊人的、英明的决策，以至带来了一个又一个胜利。对此，往往被人们看成了“有先见之明”的先知、天才和圣人。其实之所以能如此，除了这些主体有着丰富的知识、敏锐的洞察力的思维能力等之外，无不与其善于掌握各种事物的客观发展过程、趋势与规律，并据此来推测其未来的状况有关。的确，任何事物都有它的过去、现在与未来，过去是现在的源头，现在是过去的继续，未来又是现在的延续与发展；同时，任何事物总要同其他相关事物、环境条件发生千丝万缕的联系，而且事物之间既有相异的一面，又有相似的一面，世上事物的这种延续性、相关性与相似性，亦为进行科学预测提供了客观的可能性。因此，主体只要看到这一事物的过去与现在，就有可能预知其未来；根据这一事物同其他事物之间的因果联系，以及某一个相似事物在某种环境条件下出现的发展变化，就有可能预计其未来的可能变化。当然，要把预测的可能变成预测的现实，除了主体的预测能力之外，尚有赖于一定的科学预测方法和手段，并通过一定的科学预测程序方能实现。譬如，像调查预测方法、趋势预测方法、模拟预测方法、相关分析预测方法、数学预测方法、类比预测方法、综合预测方法等，皆可根据预测的对象、任务、要求与条件，加以选用或综合地运用。

**（3）系统地整合影响决策的诸因素**

所谓系统地整合影响决策的诸因素，是指既不能只根据致胜活动以往的客观规律和致胜主体的期望目标来决策，又不能只考虑从致胜活动当前的各种基本条件出发进行决策，而必须把客观规律、主体期望、各方面条件等现在与未来的情况，加以全面地、综合地、系统地分析处理。当然，要做到这点并非很容易的事情，因为在实际整合过程中，上述影响决策的因素之间往往充满着矛盾。比方说，掌握了致胜活动的客观规律，但并不明确自身究竟期望与追求什么；提出了某种期望要求，尚缺乏实现期望或预期目的的许多条件；对有关致胜活动的当前情况颇能掌握，却对其未来会如何发展心中无数等等。因此在决策过程中，既不能孤立地看待与考察各个相关因素的作用，又不能只看这些因素的眼前状况，而应站在处理好主观与客观、可能与现实相互关系及其未来变化的高度，科学地进行致胜决策。

处理好主观与客观的关系，是保证影响致胜决策诸因素系统整合的前提所在。可以说，主观与客观的关系，贯穿于影响致胜决策的各个因素及其相互关联的始终。要获得对客观存在的相关事物的真理性认识，把握致胜活动的客观规律，不能靠主观的想像或客观事物自动映入人脑，而在于主体能否正确感知致胜活动中的客观事物、过程与现象，并透过现象看其本质，通过大量偶然找其必然。可以说，主体获得真理性认识的过程，实际上是主观正确地、如实地、发展地反映客观的过程。主体在明确自身的期望或预期目的时，表面看似乎是纯主观的一种应然诉求，其实并非如此。主体之所以会是产生这种期望或预期目的而不是那种期望或预期目的，根子就在于要在一定的自然环境与社会环境中更好地谋求生存和进步。没有客观的需求、环境与条件，主观不可能正确地选择、确定与实现希望达到的预期目的。纯主观的诉求与期望不能说根本不存在，然而那种诉求与期望只能是一厢情愿的空中楼阁，在致胜活动中没有任何实际意义。

至于主体怎样去弄清致胜活动的基本条件，也同样有个主、客观相统一的问题。尤其应该看到，致胜活动的客观规律、主体期望和基本条件之间，通过主观与客观对立统一的这条轴线，完全能联贯起来，构成了致胜主体进行决策时必须综合加以考察的体系。其中，主体只有对致胜活动的本来面貌及其规律有了真正的认识把握，才能为自身正确选择和明确可以实现的期望或目的提供可靠的客观基础，而正因为主体对致胜活动抱有了鲜明的期望与诉求，才会促使其积极、主动地去认识有关致胜活动的特点和规律，两者紧密相联，完全可能达到客观规律与应然诉求的统一；同时，无论是对客观规律的把握还是对主体期望或预期目的的明确，都离不开客观的与主观的条件，而且这些条件只有在主体把握了致胜活动的客观规律和形成了明确的主体期望或预期目的后，才能充分发挥作用。由此可以看出，正确地、发展地处理主观与客观的相互联系和相互作用，的确有助于提高致胜决策的科学性、价值性和预见性。

处理好可能与现实的关系，是保证致胜决策诸因素系统整合的可靠途径。应该看到，致胜活动的决策，既不是一次性选择与确定行动方案，它需要尔后继续进行评估、修正、完善以至重来，直到致胜活动结束；也不能把所选行动方案等同于实际结果，因其期望与诉求的实现，要经过主体各个方面的能动努力。这也就是说，主体一开始依据影响致胜决策诸因素进行决策时，仅仅是种致胜的可能性，要将其通过尔后的贯彻执行，直至将致胜的可能完全转化致胜的现实，还必须采取一系列的措施和行动。而在此过程中，就始终存在一个对致胜活动客观规律认识的不断深化，对致胜活动主体期望或预期目的的适当调整，对致胜活动基本条件的种种改善，以及对这些因素的不断优化整合等问题。的确，人们从事致胜活动时，在符合客观规律的必然性和满足主体期望的应然性相结合的基础上，往往会预先选定某一个或几个行动方案，可是究竟有没有实现的可能呢？尚有待于结合基本条件进行认真地、全面地、科学预见地加以考察。考察的结果不外乎分不可能、基本可能和完全可能等几种，与之对应的则是失败的决策、欠善的决策和满意的决策。对于失败、欠善的决策，不是由于对客观规律把握不够或对基本条件未弄清楚，就是因为主体所确定的诉求同主、客观的情况不相吻合，必须重新改变与整合影响致胜决策的诸因素。即使是满意的决策，亦有个随着致胜活动情况的发展变化，继续对上述因素不断加以调整与整合的要求。因此，从致胜主体的自身期望及其开展相关致胜活动的可能，看究竟在何等程度上能转化成现实，来判明致胜决策的可行性，并据此进一步优化整合影响致胜决策的诸因素，对于保证正确决策确实是件很重要的事情。

## 三、关键在于获取优化的致胜行动方案

进行科学的致胜决策，无论采取哪种方法，都要遵循一定的客观演进过

程，按照科学的程序和步骤，才能正确地确定下来。尽管由于致胜活动的性质、领域与内容不同，采取的决策方法及其具体方式、形式不同，致使进行致胜决策的具体过程与要求不完全相同，但基本的程序与步骤还是大体一致的，亦即由提出致胜决策问题、明确致胜具体目标、拟定致胜行动方案、评审优选致胜方案、组织实施致胜决策这几步构成。不过，其中的关键莫过于如何获取优化的致胜行动方案，以使主体有条不紊并卓有成效地展开致胜活动。

**（1）认真研究问题后确定具体性目标**

任何时候，提出求胜防败问题皆是致胜决策的起点，而解决这些问题则成了致胜决策的归宿。所谓问题，主要来自两个方面：一个是致胜者为了满足自身需求及其利益所发现并欲解决的问题，另一个是由致胜者所在群体的领导者或组织管理者以任务要求下达而形成的问题，或由有着种种联系的其他个体、具体群体以合作要求的形式确定的问题。很显然，提出致胜决策问题，并不是一件主观上想当然和轻而易举的事情，既需要充分掌握并认真分析相关的信息与情报，又应把问题的性质、内容、范围加以界定，明确问题产生的缘由、症结和可能解决的条件等等。并且，即使是凸显了要解决的一系列问题，如果不进一步考察当前可能解决其中的哪些问题及其所具备的各种条件的话，所提出的问题仍难以进入当前致胜决策的范围。

既然提出问题只是解决问题的起点，那么要真正做出解决问题的致胜决策，就必须明确该问题应解决到什么程度和最后要达到的目的。也就是说，致胜决策问题的核心，莫过于主体究竟要通过致胜活动达到什么样的目的，亦即主体的理想与期望究竟怎样才能具体实现的问题。但由于主体的理想与期望通常只是原则地、笼统地反映其对需要与利益的追求，因此当要把这种追求转化为如何去付诸实现的行动方案时，理想与期望势必需要进一步细化为一个个具体性目标，并将其组合成一定的指标体系。这也就是说，主体根据自身生存与进步需要所选择、确定的一般性目标，产生了通过各次致胜活动要解决的各种大小问题，正是这些有待一个个解决的问题，形成了一次次致胜活动要达到的各种具体性目标及其所构成的指标体系。而这一点，乃是致胜决策过程中首先面临的重要环节。

致胜活动的具体性目标，固然反映的是致胜主体生存与进步的需要，以及由此产生的理想、期望与一般性目标，但由于其进一步具体化了，因此在进行致胜决策和制定行动方案时的作用显得更为直接。可以说，不明确各次致胜活动的具体性目标，不仅无法根据这种目标及其优选的致胜场制定相应的行动方案，而且即使有了行动方案，也无法科学地评审方案和在实施中进行监督、协调和控制。正是这一缘故，使得正确确定主体在所从事的致胜活动中要达到的各种具体性目标，对科学进行致胜决策起着首要的关键作用。要做好这一点，除了应遵循正确选定致胜活动目标的一般原则之外，还必须依据主体所从事的致胜活动的主、客观具体情况与具体条件，加以具体的分析与综合。尤其致胜主体在将自身理想、期望或一般性目标转换成具体性目标的过程中，既不能只凭主观想象和设定，也不能大而化之、随意划分，而必须加以细化研究和逐一确定。可以说，无论在什么情况下确定致胜决策的具体性目标，都一定要把主观的具体要求与客观的具体可能辩证统一起来，并使其能在优化的致胜场中确保实现这些目标才行。

对于比较重大、复杂的致胜决策问题，因往往呈现出一定的层次性和阶段性，所确定的具体性目标还需进一步形成相应的指标体系。为了将重大、复杂的具体性目标成功地构成一个纵横交错的网状指标体系，致胜主体必须统筹全局、着眼整体，除了始终关注具体性目标的系统构成外，尚应善于从诸多的子目标、子子目标中抓住主要目标、关键目标。一方面，无论哪个层次与阶段的子目标、子子目标，都务必围绕总的致胜目标来提出和展开，不能节外生枝，更不能随意乱加目标。离开总的致胜目标，侈谈下一层次的子目标如何如何，是没有意义的事情；另一方面，各种子目标、子子目标的重要性又不是平均的，应按照这些目标在整个指标体系中的地位和作用，分轻重缓急地依次加以排序。当然，子目标与子子目标的孰重孰轻、孰急孰缓，不是处于固定不变的状态，在不同的阶段与条件下，主与次、关键与非关键完全可能相互转化。如果致胜主体是个较大的群体，其中各个层次与各个环节的中间决策者，虽然应主要关注本层级或本环节的子目标、子子目标，但也不能忘了上下层级、前后阶段与左右环节之间的衔接，以保证整个决策指标体系的关联、协调和共同实现。

（2）必须正确制订多个备选行动方案

致胜活动的具体性目标一经确定，并选择好优化的致胜场后，就可以拟定实现目标的各种行动方案。所谓致胜行动方案，乃指主体为了实现拟开展的致胜活动的具体性目标，对所选择的具体途径、基本手段、管理形式与保障措施的系统设计。拟定行动方案的要求与过程，因决策问题、决策目标和决策环境条件等的不同，会呈现出不同的特点，但基本的要求和过程还是一致的。这一基本要求，就是遵循必须围绕目标做好充分准备、拟出多个独立方案等原则；这一基本过程，就是经过初步设想、仔细构思、设计论证、修订完善等步骤。能不能按照这些基本的原则和步骤来拟定致胜行动方案，不仅直接决定能否顺利地完成拟定行动方案的工作，更重要的是会影响到致胜决策的质量与效果。

要拟定好致胜行动方案，首先得始终围绕如何实现致胜活动具体性目标这一问题，有针对性地认真做好拟定方案的准备工作。在提出决策问题与明确决策目标的过程中，实际上已通过各种观察、实验、试验与调研等途径，获得了有关主体自身、客观对象与环境条件等大量信息、情报，并作过一系列的筛选、分析、加工和处理，所有这些完全可以供致胜主体拟定行动方案时参考。然而仅仅这样并不够，为了正确制订行动方案，既应继续搜集各种相关信息、情报，还须进一步把握各有关客观事物的本质与运动规律，以加深对主体期望及其具体性目标的理解，并找出既合客观规律又合主体所追求目标的各种接合部。为此，应深入到致胜活动的各个方面和环节中去，充分了解和进一步把握相关情况，不仅力求对致胜活动的客观对象与环境条件了如指掌，而且把自我、致胜场和其它相关条件等也搞得清清楚楚；在初步认识了致胜活动相关情况的基础上，应对其发展的机制、过程与趋势，以及可能遇到的突发状况与困难局面，科学地加以估计和预测；同时看一看主体已经拥有何等能力和力量，目前尚缺乏哪方面的能力与力量，可以借用哪些外力和可以能动创造哪些致胜的条件等等。只有从各种角度、各个方面做好了拟定行动方案的准备，所拟定的致胜行动方案才可能是符合客观情况并切实可行的方案。

拟定的致胜行动方案不应只一个，而必须是多个并彼此独立的方案。如果只有一个方案，或者是彼此相似的多个方案，就无法对方案进行对比、鉴别和选择，也就谈不上决策方案的优化了。实际上，从事任何一项比较复杂一点的致胜活动，不可能只有一种途径、使用一种手段和采取一项组织措施去实现预定的目标。即使最简单的个体健身活动，为了实现增强体质这一目标，可供选择的健身方案就有许多，是每天健身还是隔天健身，是一天用半个小时还是一个小时，是去健身房还是到野外，是爬山还是游泳、打球等等，不同的要求与组合就形成了多个不同的健身方案。而个体从事的科学研究、艺术创作、教学育人等各种活动，情况就不知比健身活动要复杂多少倍了，可行的行动方案自然会多得多。至于群体从事的致胜活动，小到家庭的劳动致富和企业的经营创利，大到国家的经济发展、社会安定，以至整个人类社会要解决的共性难题，所涉情况愈来愈复杂，牵及方面与条件愈来愈多，大量的各种不确定因素常常充斥其间，其可行的致胜行动方案数目更可想而知了。何况，一些重大的致胜活动，为了确保其顺利展开和达向目标，不仅应有拟执行的方案，还应有多种预备方案与应变方案等。由此可见，为实现同一个求胜防败目标，可以有多个致胜行动方案，乃属于对客观实际情况的如实反映。而且，行动方案多了，可以选择的余地也大，就愈有可能选到满意的优秀方案。当然，方案也不是愈多愈好，那些没有什么价值和缺乏实施条件的方案，应在拟定的过程中就予以淘汰或合并，剩下最后几个可供选择的方案，理应都是些各有所长的方案。也就是说，力争优选行动方案时，不至于在“矮子里面拔将军”，而是从各有所长中去选取最满意者。

再就是，拟定致胜行动方案的过程，乃按部就班、由粗到细进而达到逐步完善的过程。先可根据所掌握的全部决策信息、情报，设想和构思各种可行方案的大致轮廓。通常的途径：一种是对同类的历史性经验方案进行回顾和选择。任何主体在面对如何行动的问题时，总是自觉或不自觉地把这些问题，同以往自己或别人解决类似问题的经验联系起来考察，当以往确有成熟的、具体的、曾获得成功的经验方案时，很自然会拿来为当前的致胜活动服务。吸取历史经验的做法，既省力又快捷，但搞得不好易犯照搬老套的错误。另一种是创造性构思和拟定新的行动方案。随着主、客观情况和条件的变化，完全重演以往同一种致胜活动的情形是绝无仅有的，有的可能全变了，有的可能部分变了，因此在设想与构思致胜行动方案时，除了对所选的同类历史性经验方案须有所改进外，还应构思与拟定从未用过的全新行动方案。通常情况下，在多个供选择的行动方案中，既可能有历史性经验方案，也可能有重新构想的全新性方案，或者是两种类型方案相结合的方案。

在此基础上，尔后就是要精心设计、论证和完善各种具体的致胜行动方案。所谓设计，即把设想与构思的行动方案予以具体化、精细化，使之成为更具体的工作计划、生产计划、科研计划、作战计划、营销计划等等。如果说对行动方案的设想、构思主要是解决行动的方向和决心的话，那么设计主要是解决如何具体去做才能达到目标的问题，因此是很重要的一个环节。所谓论证与完善，即把各种具体的行动计划放在一种“预实践”的环境条件下进行预先检验，以及通过逻辑思维、经验对照等形式加以论证，找出毛病和问题，使具体的行动计划在付诸实施前得到进一步完善。

**（3）善于比较和选定最佳的行动方案**

拟定出多种致胜行动方案后，接着就要根据致胜活动的具体情况与要求，选择与运用科学的方式，对这些方案进行评审，并将评审结果加以全面比较，从中选出或综合出最佳的方案。如果不进行评审，就不了解每个行动方案究竟有哪些优点，又有哪些不足或缺陷，使得方案选择缺乏正确的依据。如果不加以优选，就不知该按哪个方案采取行动，假若随便照一个方案去做，只会造成致胜活动不应有的损失。因此，对致胜行动方案评审选优，乃致胜决策过程中不可或缺的重要环节。

要搞好行动方案的评比选优，关键在于必须正确确定评与选的标准、原则。任何一个致胜行动方案的提出，都有其一定的根据和理由，很难说哪一个方案绝对的优，哪一个方案绝对的劣，通常总是各自包含着利与弊、得与失两方面。要对这些方案进行评与选，就得有一个统一的科学评选指标。评选指标并非另搞一套什么东西，其实就是看哪个方案能以最高的效费比，实现致胜活动的具体性目标。这既是制定致胜行动方案的初始要求，也是评选致胜行动方案的归宿所在。只有按照这个统一的评选指标，主体才可能客观地对各个行动方案的利与害、得与失做出全面评估，并根据评估的结果加以权衡、比较，最后选出最满意的方案作为最佳方案。就致胜个体而言，也许对行动方案的评选主要是靠自己，评选结果如何全看其对评选指标把握得怎么样。当然，也可请有关专家或谘询部门帮助评选。但如果是一个致胜群体，坚持统一的评选指标来评价行动方案则更显重要，因为在此种情况下对行动方案的评选，往往不是由哪一个人说了算，在比较复杂而又可能的情况下，不仅要经过集体讨论与评比，还往往要请专家组或智囊团反复论证，最后才由领导者拍板确定。假如没有一个统一的评选指标，或者是不按照统一的评选指标来评选行动方案，就很可能变成各说各的理，以至陷于莫衷一是的境地。由此可见，按照符合决策规律的统一评选指标行事，才能确保行动方案评审选优的科学性、客观性。当然，现实中的最佳方案，并非没有弊和失的方案，只是相比之下利与得最大而弊与失最小的方案，作为较满意的方案而已。

对致胜行动方案进行评审优选，可以采取多种方式和途径。除了因运用不同的决策方式可采取其相应的具体程序和形式外，还可用诸如经验判断法、模拟分析法和综合决断法等。所谓经验判断法，是指人们依靠已有的知识和以往经验，对致胜行动方案的利与弊、得与失及其可能结果等直接做出估计，通过比较、判断、推理来评选最佳方案的方法。此方法虽然古老且有明显的局限性，但对于一些比较直观、简单并有丰富经验可供借鉴的决策问题，仍不失为一种快捷、有效的评选方法。所谓模拟分析法，是指人们借助模型对各种致胜行动方案进行分析、试验、求解，根据分析结果来评选最佳方案的方法。此方法所用的模型，可以是以往常用的物理模型，也可以是后来所用的数学模型或数理结合模型。尤其随着电子计算机模拟方法的出现与发展，以及虚拟现实技术的广泛运用，使得这种评选方法愈来愈呈现出及时、逼真、系统的明显优势，可以广泛用于各种能进行模拟而且比较复杂的致胜行动方案评选。所谓综合决断法，是指人们运用系统的、辩证的观点，在对致胜行动方案进行系统分析的基础上，认真听取不同的看法和意见，最后对行动方案进行选优决断的方法。这种方法，乃是经验判断法与模拟分析法相结合，并加以进一步发展的产物。根据这种方法的要求，致胜主体既不只是根据自身有限的知识和经验，也不仅仅靠模拟分析获得结果，而是站得更高，望得更远，从致胜活动系统的、整体的利益与目标出发，把行动方案同实施条件、可行性程度有机结合在一起，综合地比较各种方案的优劣来确定最佳方案。

另外必须看到，对致胜行动方案的评审选优，经常不仅是某一个人的事情。有时尽管是个体的决策活动，然而为了能更客观地评选行动方案，亦往往可能请别的专家、学者、内行或亲朋好友参与进来。而且，在更多的情况下，群体决策时的方案评审选优事涉各个方面，或者是领导层，或者是职能机关，或者是智囊团、思想库，这就要求在评选过程中，需要正确处理领导者与其他人员的关系，以及最佳方案与其他方案的关系。作为最后拍板定案的领导者，一方面应认真听取和思考各方的评审意见，既包括主观的经验判断，也包括客观的各种数据，特别是那些敢于揭露矛盾和隐忧的不同见解更要引起重视；另一面又不至于在众说纷纭的情况下，不知所措、优柔寡断，没有一定的主见，而应力求高瞻远瞩、统筹兼顾、权衡利弊，果断地做出优选决定。

**（4）对所选行动方案应加以优化和完善**

无论由谁评选方案，既不能把评选过程简单地看为取一弃它的过程，也不能把所选中的方案视为无需改进的方案。必须看到，随着主体所从事的致胜活动主、客观各个方面的变化，以及主体认识的进一步深化，常有必要在选好最佳方案之后，对所选行动方案进一步加以优化和完善。

首先，对于所选行动方案的具体性目标及其所形成的指标体系，必须注意不断地进行优化。主体所展开的致胜活动的具体性目标，往往不可能一下子便完全准确定位，其划分的子目标和子子目标与构成的指标体系也不是都能很快达到圆满的状态。怎么办呢？只能同尔后选定、优化的致胜场等客观条件结合起来进一步加以优化。优化的目的，就是保证求胜防败具体性目标及其指标体系，同主体开展致胜活动的具体需求及其期望相一致，同客观对象的实际情况和实现这些具体性目标的可能条件相吻合，贯彻“低耗费，高效益”的原则，或以最少的人力、物力、财力、时间耗费实现所期望达到的效益，或以一定的人力、物力、财力、时间耗费获得所期望的最高效益。

既然在行动方案中起决定性作用的具体性目标都需要不断优化，那么围绕着如何去实现这些具体性目标的途径、手段等，自然更需要随之而变，使之更趋完善。尤其在当今科学技术高速发展的条件下，人们从事各项活动的具体途径和手段，可以说达到了日新月异的地步，不仅可以让人们制定致胜行动方案时作更多的选择，甚至经常可以为实施致胜行动方案时提供另辟蹊径的可能，这就为实现求胜防败目标的途径、手段的不断优化提供了条件。因此，当选择最佳行动方案的过程中出现或发现了新的情况，即使是被选中的最佳方案也没有完全考虑到这些新的因素，此时就必须对所选行动方案作新的补充或修正，使所选方案更加符合新的客观情况。必须看到，你如果不对致胜行动方案中实现目标的途径、手段经常予以完善和优化，就随时有可能落在客观对象或对手的后面，以至无法有效地实现既定的并不断优化的目标。

在优化与完善的步骤上，首先应善于把那些落选方案中的可取部分，吸收到所选方案之中，以使所选最佳行动方案得以充实和优化。要知道，落选的方案并非一无是处的方案，其中可能存有比所选方案更为优越的部分，如能取之补充或替代所选行动方案相对应的部分，就有可能获得进一步优化所选致胜行动方案的效果，从而使之更加完善。在此过程中，致胜主体是否善于分析和综合非常重要，既应善于通过分析比较各方案中各个部分优劣、长短，又应善于通过综合把其它非选方案的优、长部分置换所选方案中的劣、短部分。而且还要看到，对致胜行动方案的优化与完善，是个持续不断的行为，直到这种行动业已结束方可止步。

## 四、不断提高致胜主体的决策能力与水平

科学技术的频频突破，以及当代经济、政治、文化、军事诸领域的飞速发展，正促使着人类的日常生活、相互关系和交往方式不断产生一系列的重大变化，进而对致胜活动及其决策也提出了许多新的要求。尤其随着一般性科学理论、科学方法和科学技术手段的日渐日新，对决策理论、决策方法、决策技术、决策程序与决策体制等方面，产生着愈来愈全面而深刻的影响，任何人都不能不予以高度重视。因此，不断提高主体决策的能力和水平，已成了当今时代对每个致胜者的一种新呼唤。

### (1) 进一步健全和完善致胜决策的体系

一般的决策体系，通常分为两大系统：一是决策的权力系统，包括决策的决断机构、执行机构和监督机构等部分；二是决策的服务系统，包括信息

机构、咨询机构和设计机构等部分。致胜活动的决策体系亦然。只是必须看到，不同的活动类型、交往方式、管理体制、行为规范和决策要求等，决定了具体的致胜决策体系构成会有一定差异。根据以往的实践经验和未来可能提供的条件，要想进一步提高致胜决策的水平，就务必使这一体系更充分体现集思广益、集中决断、分工协作、职责分明和有效监控的原则，以精干、合理、负责和高效为标准，从而达到科学化、民主化、高效化与社会规范化的要求。

提高致胜决策者的全面素质与决策能力，对进一步健全和完善致胜决策体系有着决定性的意义。在致胜决策的过程中，致胜个体或致胜群体的决断机构主要负责提出决策问题、明确致胜目标、选定行动方案，并对行动方案的实施进行管理和调控。由于致胜群体决断机构通常是指拥有决断权的一个领导集体，诸如委员会、董事会、代表大会之类，实际上是由多位拥有决断权的成员构成，并有一个主持或负责的总领导者，因此可以把致胜个体与致胜群体的决断机构，统一当作致胜决策者来看待。很显然，致胜决策者要有渊博的知识与合理的知识结构，善于从各个方面掌握、分析有关信息与情报，具有很强的科学思维能力与洞察能力，乃是不言而喻的事情。但从进一步提高决策素质与能力的角度来看，仅仅这些并不够，还应具有刚毅的意志、坚定的信心、坚强的决心等心理素质，高瞻远瞩、科学预见的深遂眼光，统筹安排、计划协调的全局观念，以及不畏艰难、勇于进取的奋斗精神等。尤其作为一个致胜群体的领导者，比之个体性致胜者应有更特殊的要求。其决策时，一方面要善于集思广益、博采众长，认真听取各个方面的意见和各类专家的建议，切忌嫉贤妒能、权势压人，以使决策的民主化真正落到实处；另一方面，又不能毫无主见、优柔寡断，应善于把集体智慧与个人明断真正结合起来，以保证决策的高效化。当然，决策过程的民主化与高效化，两者始终存在一定的矛盾，如何处理得当，实是一项高超的决策艺术。每个真正有作为的致胜主体，不仅应在提出决策问题、明确致胜目标、拟定行动方案和评选行动方案的过程中始终注意此点外，特别是在组织实施致胜行动方案时，如何使决策的科学化与执行的艺术化紧密地结合起来，乃是一件应特别重视的事情。

加强咨询、智囊机构的建设与作用，是进一步健全和完善致胜决策体系的重要途径。这类机构，在科学决策方式出现之前，已不同程度地存在于各种决策体系中，像“占卜士”、“谋士”、“军师”、“国师”、“幕僚”等之类。科学决策的体系形成后，咨询、智囊机构在不同领域和不同具体群体的决策体系中，有着不同的构成形式，可以是一两个人或一群人，也可以直接隶属于致胜决策者或相对独立地存在。像政府里的调研部门、军队里的参谋部门、企业里的咨询部门等，就直接隶属于致胜决策者；而社会上各种研究机构和咨询公司之类，则属于相对独立的机构。之所以说“相对独立”，是因为这些机构本身乃独立地存在着，但当一旦纳入为某个致胜决策者及其活动体系服务之后，又不完全是独立的。一个致胜主体要想有效地提高自身的决策水平，无论对自身隶属的还是对相对独立的咨询、智囊机构，都应关心其业务水平和发挥其作用。本身隶属的这类机构自不必多言，即使对那些独立的咨询、智囊机构，仍有个客观把握其构成状况、咨询水平和正确选择谁来参与决策的问题。应该看到，咨询、智囊机构在科学的致胜决策活动中，可以视情况从以下两个方面发挥重要作用：一是按致胜决策者的意图和要求，受领和完成所给予的研究项目或拟制决策行动方案，并提供评估、论证方案的报告和背景材料，必要时还应拟制具体的贯彻执行计划；二是根据自身搜集与掌握的信息、情报，独立地进行分析和研究，主动提出各种可供致胜决策者选用的决策建议与方案，或者是对已被致胜决策者采用的行动方案主动提出使之完善的建议。因此，为了充分发挥咨询、智囊机构的作用，务必注意物色那些有真才实学、知识专长、精通业务、博专结合、敢想敢说和富有创造性的优秀人才，科学地、合理地把他们组织和管理起来，使之能各展所长、分工协作、大胆创新地进行工作，以不断提高致胜决策的科学化水平。

不断增强监控性机构的责任感和道义化、规范化意识，是进一步健全和完善致胜决策体系的重要举措。毋庸置疑，在决策的过程中，充分发挥监督与调控的作用，对于致胜主体正确制定和贯彻执行行动方案，具有十分重要的意义。然而，怎样才能保证决策行为始终沿着正确的方向和道路前进呢？尽管监控性机构的构成、性能与作用，常因致胜领域、活动性质、不同主体要求的不同而有所不同。比方说，在经济领域、政治领域与军事领域的决策体系中，其监督性机构及所起到的作用有着明显的差异；不同的团队、单位、民族、国家，监控性机构的构成及其在决策体系中的作用亦有很大的差别。

但也有一个共同要求必须充分体现，那就是监控性机构在致胜决策的制定和执行过程中，除了应确保决策切实贯彻之外，还必须使其能始终符合科学人道精神及其普世原则，认真而切实地遵循各种相关的社会规范。为此，监控性机构不仅应主动给致胜决策者提供这方面的建议，或发现了问题及时向致胜决策者提出修正意见；而且应积极监督执行机构和决策服务系统正确履行职责，确保致胜决策的贯彻执行符合科学道义化与社会规范化的要求。一个进步的致胜者，其确立决策目标和开展致胜活动时，通常都会注意此点，监控性机构只是在其中起着具体的检查、督促和调控作用而已。尽管如此，不断强化监控性机构在实现决策科学道义化与社会规范化的过程中的特殊作用，仍始终是个值得十分关注的问题。因为，决策的科学道义化与社会规范化，往往涉及各种错综复杂的关系，当你讲道义和道德而客观对象不讲道义和道德，或者法律尚不完善可以使客观对象钻空子，或者本群体中存在不少见利而忘义、忘法、忘德的人，都可能影响这一过程的顺利实现。为了保证监控性机构能在致胜决策的全过程中发挥这方面的特殊作用，致胜群体尤其是领导者，一定要赋予它拥有确定无疑的、独立行使的监控权，所选用的监控人员不仅应懂得有关致胜活动的专业知识、法律知识和各种规章制度，还应具备高尚道德、不殉私情、刚正不阿的情操与精神。即使作为个体致胜者，决策过程中也应不断进行自监、自查、自控，如果涉及同社会各个方面打交道，还应自觉接受社会道义、法律与道德的监督，以保证致胜活动始终沿着正确的方向展开。

**（2）善于把握和运用新的科学决策方式**

随着人类社会生产力、科学技术和思维能力的飞跃发展，为决策活动提供了愈来愈先进、愈来愈有效的方法和手段。作为一个进步的致胜者，仅仅掌握已有的决策方法和手段是不够的，要想在当代与未来的致胜活动中处于主动的地位，还必须学会和掌握各种新的决策方法和手段，甚至创造别的主体所没有而又更优的科学决策方式，以不断获得决策的主动权。

完善定性与定量相结合的决策过程，以进一步提高当代决策方式的精确性。我们知道，经验性决策向科学性决策转化的一个重要标志，就是把定量分析引入决策的过程。科学的决策活动，不再像先前那样，只凭着主体的经验、知识和直观判断就可以进行了，无论是确定性决策、随机性决策问题，还是不确定性决策、对策性决策问题，自始至终都有赖于数学的运用与定量分析的参与，来提高决策的精确度和科学化程度。然而，致胜活动是种非常错综复杂的活动，任何致胜决策又都不可能是纯数量化、纯形式化、纯逻辑化的决策，始终受到主、客观诸多因素的制约和影响，尤其是往往有各种偶然性、突然性与多变性因素掺杂其中。定量分析再精密，也不可能将致胜活动的方方面面情况包揽无遗，何况还有不少量化困难的因素始终存在着。因此必须看到，在决策过程中除了应继续提升定量分析水平和拓展其运用范围外，更重要的是如何把定量分析同定性分析有机地、自始至终地融合在一起，以求得决策方式的新突破。其中，定性分析要继续为定量分析提供正确的认识前提，确定致胜决策的方向和目标，并在行动方案的论证和选择上客观地做出整体性判断；定量分析则要在定性分析的引导下，认真而细致地进行事件描述、因素量化、建立数学模型、分析求解和推导结论等工作。既必须打破从定性中来又到定性中去的思维定势和模式，又必须克服只要依靠定量分析就可进行致胜决策的天真想法，而应充分发挥科学理论与数学方法、形式逻辑与数理逻辑、整体筹划与精确计算的“共振”作用，通过定性分析与定量分析的内在统一来提高致胜决策的水平。

深化系统科学在决策中的实际运用，以进一步提高当代决策方式的系统性。系统科学是现代科学理论发展的一块高地，尤其随着协同论、耗散结构论、突变论、系统动力学、超循环理论、模糊系统理论、系统工程等的诞生与应用，更为人们认识世界和改造世界提供了一整套崭新的思路、方法和程序。如何运用这些理论与方法来指导致胜决策活动，是个很值得深入研究和探索的问题。实际上，人们早已开始这样做了，即决策时把所涉方面和要素视为一个系统，充分考察决策系统同相关系统、环境条件的相互联系与相互作用，始终强调系统整体目标及其指标体系的优化，并高度重视决策系统的配套、平衡和调控等。但应该看到，所有这一切还仅仅是开始，不仅目前能自觉运用系统科学理论与方法的决策者相对有限，运用的范围也不是那么广泛，而且遇到比较错综复杂的决策问题时，往往会有点束手无策，不知如何卓有成效地去加以解决。为改变种局面，一方面需要打破对系统科学理论和方法的神秘感，努力促进这种理论与方法的大众化、实用化，尤其作为一个进步的致胜者，更应将其视为提高自身决策能力的重要内容，认真把握其原理、原则和运用特性；另一方面要看到这种理论与方法，对自然科学、社会科学、人文科学与思维科学之间的融会贯通所起的作用，及其为解决经济、政治、文化、军事、科技、信息等各个领域与各个层面的复杂问题，提供了崭新的方法论。因此，主体在各项致胜活动中，必须密切注视系统科学理论与方法的新发展，自觉用以处理好决策时整体与部分、系统与要素的关系，使所做出的决策是个上下、左右紧密相联的通向胜利之策。

重视虚拟现实技术在决策中的运用，以进一步提高当代决策方式的预见性。以往当主体面对一些涉及面广、错综复杂和情况瞬息万变的致胜活动时，要想靠传统方法做出全面扎实而又富有远见的决策，确实困难不少。尤其当今社会业已进入信息化、智能化时代，谁要想在致胜决策的及时性与前瞻性上优于、高于对方，争得决策的全方位主动权，更不是一件容易的事情。然而随着光计算机、神经计算机、分子计算机等的出现及仿真技术的广泛应用，尤其是智能决策支持系统的问世，使得致胜主体依靠虚拟现实技术进行预见性决策活动愈来愈成为了可能。这种方式的特点是，既不单纯依靠人脑进行决策，也不单纯依靠智能机进行决策，而是由决策者与智能仿真系统共同地、协调地、互补地、自动地完成决策过程。其间，主体可以身临其境地预先“参与”将要进行的致胜活动，不仅可以提前获得各种有关资料和信息，制定和比较各种行动预案，而且可以在预实践过程中对这些预案不断进行检验、修正和补充，从而使得主体在采取实际行动之前，便可获得超前的、切实可行的致胜行动方案。运用此种方式进行决策，既能在决策过程中充分发挥人的主动性和创造性，又有助于弥补人脑的某些先天不足和认识上难免的片面、滞后，从而可以有效地应付各种错综复杂和变化极快的致胜活动场面。

### （3）高度重视和切实搞好重新性再决策

在贯彻所定决策的过程中，有时因情况事先考虑不周或事后出现了某些变化，要求对决策方案作某些局部的修正和完善，这是常有的事情。但如果主体对原先主、客观状态的认识发生了严重错误，或是主、客观状态本身出现了带根本性的变化，以至不允许继续执行原决策方案，此时的情形就不同了，必须针对新情况进行重新的处置和决策才行。这种重新性再决策，也就是人们惯常称之的追踪性决策。由于在求胜防败的过程中，重新性或追踪性决策同正常性决策相比，除了程序与要求基本相似之外，还具有一些新特点，对致胜主体的决策素质与能力提出了更高要求，因此必须将其作为不断提高致胜主体决策能力与水平的一个重要方面来对待。

首先，致胜主体必须具有较强的再认识能力，勇于面对和正确分析重新性再决策时出现的新情况。人们在正常情况下也许能较顺利地获得这种或那种认识结论，但情况剧变时能否勇于修正甚至完全改正原先的认识结论，则不是那么容易的事情。要看到，重新性再决策的确不完全同于一项致胜活动开始时进行的决策，它是在既定决策行动方案业已实施了的背景下进行的：从客观上看，原定决策行动方案的实施，已改变了这项致胜活动的初始状态，各种人为干扰、影响、改造及其所造成的结果，亦构成了一系列新情况、新态势，这是进行重新性再决策时必须面对的客观存在；从主观上看，重新进行决策对于所涉人员势必产生巨大反响，原决策者与参与决策人员，很可能会为失误辩解甚至反对重新决策，执行原决策行动方案的人员则可能产生惋惜和不安情绪，而赞成重新决策的人员却容易走向完全否定前决策的极端。即使是个体性致胜活动的决策，也有一个如何面对自我挑战的问题。所有这些，都会在不同程度上给重新性或追踪性决策带来种种困难，致胜主体必须对此作出正确的分析、判断和全面估计。只有致胜主体和相关人员客观地、科学地对待过去与现在，下决心克服各种阻力，才能及时地、果断地、面向未来地进行重新性再决策。

其次，致胜主体应发扬科学批判的精神，善于扬弃原先采取的决策行动方案并加以完全更新。科学批判的精神，在促使科学与技术发展的过程中，一直发挥着重要的作用。这里之所以强调致胜主体在进行重新性决策时，也应该发扬此种精神，是因为重新决策是在原有决策的基础上做出的，有一个如何正确扬弃的问题。为此，致胜主体既必须善于通过回溯分析认真检讨、总结原决策行动方案的得失，又必须针对新的情况重新制订新的决策行动方案。其中，回溯分析应从原决策过程的起点开始，按照决策的程序一步步展开，对原决策行动方案的目标、内容、环境条件和运行机制加以客观地分析与评价，看一看究竟在何处出现了严重失误以至带根本性的错误，找出失误或错误的各种原因和经验教训，并注意保留、吸取其中某些合理的成分和因素。与此同时，则应根据新情况、新问题与新条件，按照科学决策的程序，重新制定与选择更合理、更科学的新决策行动方案。很显然，通过重新性再决策过程获得的致胜行动方案，应是在扬弃原决策行动方案基础上获得的新成果。

再就是，致胜主体应坚持不断发展的原则，促使重新性再决策真正达到双重优化的程度。的确，世界是发展变化的，致胜活动也始终处于发展变化之中。不仅由这项致胜活动到那项致胜活动是如此，同一种致胜活动从开始到结束是如此，而且同一项致胜活动的决策过程也是如此。针对某一项致胜活动制定的行动方案，从头到尾一点不变的情形是很少见的，重新性再决策时选定的行动方案只是属于发生了根本性变化的产物而已。而且必须看到，这些变化只有朝着愈来愈有利于实现主体的需要和利益追求，及其所决定的求胜防败目标，才是主体所期望的发展变化归宿。这也就要求，主体在进行各种重新性再决策时，必须不断达到双重优化的程度：一方面，重新性或追踪性决策所选定的决策行动方案，一定要适应主、客观状态发生的根本性变化，使之明显优于和超越原决策行动方案，否则重新进行决策就失去了其应有的意义；另一方面，在拟定、评审和执行新的决策行动方案过程中，还必须注意新方案本身的优化，即对新方案不断地加以修正和完善。由此可见，致胜主体实施重新性或追踪性决策较之一般的正常决策，在要求上显得更复杂、更困难、更讲艺术性，任何一个进步的致胜主体对此都不能掉以轻心。

# 第九章　坚定采取致胜行动

任何致胜主体，要想根据生存与进步的需求去实现自己的期望，都不是心想事成、一蹴而就的事情。无论在认识、适应、改造与融合世界的过程中，还是处于斗争型、合作型与融进型等不同的致胜形态中，皆须在确定目标、作好准备与正确决策的基础上，继续坚持不懈地采取相应的实际行动才行。所谓“道虽迩，不行不至；事虽小，不为不成。”说的就是这个道理。的确，不管你的想法多么美妙，要将其变为现实尚有赖于付诸实践；也不管所设计的东西如何精巧，总得通过各种劳作才能变成实际之物。可以说，天底下任何一件事情，光靠想、靠说、靠筹划并不够，还须去做、去实践、去积极行动，才可能最后如愿以偿。

## 一、行动是由可能变为现实的必经之举

俗话说，镜子只能帮人看到脸上的污点，要擦掉它还得靠自己动手。且不说人们的认识源于实践，即使形成了致胜的理想、目标与方案，也只是一种美好的向往或周密的筹划。如果不付诸实践，不采取任何行动，就只能是镜中花、水中月、梦中世界，永远陷于空想的境地。毕竟“梦里输赢总未真”，要将所思所想变成现实，最根本的还须经过行动这条路。只有决策后积极采取行动，客观的可能才能变为致胜主体所期望的现实。

### （1）不可停留在坐而论道、“纸上谈兵”上

如果把坐而论道、“纸上谈兵”等，视为是致胜活动中先期的一种认识与决策过程，自然是不能一概否定，甚至是必要的。因为为了深入地研究问题，事先总要针对所获取的各种有关事实材料，坐在那里或围绕数字、图表、模型等展开各种讨论，有时甚至是冥思苦想和反复论证，才能找到正确的答案和行动方案。只不过要求这些“论”与“谈”，都必须建立在实事求是的基础上而已。另外，理论上的正误，是非曲直的辨析，也往往需要通过“论”与“谈”的形式，进行客观、全面而深入地思考与争论，亦不能把坐而论道、“纸上谈兵”统统视为异类。中国有句“舌剑唇枪”的成语，是描述与形容能言善辩、言辞犀利的情形，这在辩论时和外交上并非贬义之词，恰恰说明了“论”与“谈”的特有价值，历史上在这方面获得成功者并不乏其人。

然而必须看到，要是把坐而论道、“纸上谈兵”用来形容那些说得多、做得少，或只会高谈阔论而不善于采取行动者的所作所为，就属一种不足取的现象了。在平时，我们见到许多喜欢说大话、吹牛皮的人，他们可以天花乱坠地大吹一通，甚至说得头头是道，但就是不见行动，或者常与行动脱钩，结果总是一事难成。对此，正如有人形容的那样：“成天像一个大鼓，自吹自擂，以填补行动的空虚。”很显然，这种滔滔不绝的高谈阔论于事无补。中国战国时期的赵将赵括，只会空谈兵法而不善实际指挥作战，所率四十万赵军，在长平被秦军歼灭，可算得上只会“纸上谈兵”恶果的典型。因此，面对任何致胜活动，大至人类社会的生存与进步，小至各个具体主体开展的各项活动，必须清楚地认识到：致胜活动决不能停留在坐而论道、“纸上谈兵”这个阶段，毕竟认识到底正确不正确，所选择的行动方案到底可行与不可行，求胜防败目标能否最后实现，皆需将其付诸实践行动之后才能见分晓。

这也就是说，不能笼统地反对或赞扬一切坐而论道、“纸上谈兵”的做法，而应对这种现象进行具体分析。尤其有作为的致胜者，绝对不会停留在这个阶段，而一定是根据致胜活动的具体情况及其发展，继续以实际而有效的行动来实现求胜防败的目标。比如从宏观上看，人类在生存与进步的过程中，靠什么达到致胜的目的呢？既不能依靠上帝和神祇的“指示”，因为那是虚幻的东西；也不能光靠理想、愿望与理论，因那也只是一种精神的祈求。

要使人类从愚昧走向文明，从低级文明发展到高级文明，终归得靠能动的社会实践行为。具体地说，一切领域的致胜过程，无一例外地离不开人们在该领域所采取的实际行动。除了生产劳动、政治斗争、科学实践这类一般性实践活动之外，在管理、教育、艺术、体育、生活等各个领域皆有其相应的实践举动。当然，由于各个具体主体从事的致胜活动领域各不相同，其实践的类型会有所不同，因此在具体的行动内容与行动形式上往往显得十分丰富多彩，并非呈一种模式。

**（2）只有实施行动方案才能变革现实**

既然胜利不会自动向你走来，那就只能靠积极地、能动地行动去争取胜利。对此有任何游移、摇摆和偷懒，都可能导致半途无功而返的结果。毕竟，在正确认识的基础上所选择和确定的行动方案，无论怎么高明，怎么富有道理，仍然只是一种求胜防败的可能性。要将这种可能性变成现实性，须做的事情还很多，但其中最重要的莫过于付诸实践的行动。否则，再美好的期望、目标与计划，除了自我欣赏或望洋兴叹之外，得不到任何有实际价值的结果。从这个意义上说，按照主体需求所确定的期望，坚定不移地实施行动方案，勇往直前地奔向预定目标，可说是决定致胜活动成败最后命运的关键环节。

以整个人类社会为例，可以说以物质生产劳动为基础的社会实践，始终贯穿于人类产生、生存与进步的整个过程之中。没有以制造与依靠工具为特征的劳动，人类也许永远无法从动物界脱颖而出，成不了地球的能动主人；没有这种劳动所生产出来的物质生活资料，诸如食物、衣服、住房、用具等这类最基本的必需品，人类社会就无法继续存在下去；没有社会的各项实践，人们的认识活动、精神活动以至许多本能性活动等，便失去了根本的基础，人类社会也就成了“神仙论道”的世界。即使像学会游泳这类日常本领，不管你看了多少辅导材料，听教练讲了多少道理，如果不亲身下水去练习，到头来照样会沉入水底。同时，以物质生产劳动为基础的社会实践，不仅使人类社会从自然界中逐渐分化和独立出来，而且使人类社会能够同自然界继续保持联系和统一的关系。人类通过社会实践，既能深入到客观事物中去，使之显露其现象、本质和规律，从而认识客观世界；又能通过社会实践，把自己的思想、观念和才能，作用于客观事物，从而改造客观世界。正由于这样做了，人类社会不仅能以一种特殊的身份和形态自立于自然界之中，除了适应、和合、进而融入自然界之外，还可以能动地变革自然并创造出人化的“自然”，从而使社会与自然在新的境界中达到和谐统一。

作为任何一个具体的致胜主体，如果对自身的期望及其行动方案，总是持犹豫、疑惑的态度，成天朝秦暮楚、左顾右盼，不能全力以赴地付诸实践，恐怕永远无法做到集中自身精力与能动运用力量去实现预定的目标。大凡事业上有成就的人，几乎都会有为了实现一定目标及其行动方案，始终须靠专心致志、努力奋斗、勇于行动的体验；而碌碌无为者，则总因一味空想或不积极采取行动而导至无功，只能发出阵阵的叹息。可以说，无论谁想真正做成一件实事，干成一番事业，都得在定准方向、选好目标和确定行动方案后，坚定地、持续地、脚踏实地地不断采取各种相应行动才行。常见有的人之所以在事业上半途而废，除了客观原因之外，就是由于主观上缺乏坚持到底与持之以恒地行动所致，或见异思迁，站在这山望那山高，成天望洋兴叹；或经不起种种干扰，受其他利禄的诱惑，处于浮躁、静不下心来的遐想状态，等等。而这样，皆容易造成行动的摇摆不定，只能逐渐远离胜利。因此可以说，主体要想变革现实、实现求胜防败的目标，就时刻不能离开实际而有效的行动。

### (3) 抓紧时间采取行动是实现目标的关键

在致胜活动中，不仅要坚持不懈地采取行动，而且往往必须及时而迅速地行动才能实现目标。如果说决策过程必须讲究时效性的话，那么依据决策方案采取行动更不能忽视时间的因素。在开展致胜活动的过程中，假如干干停停、慢慢吞吞、拖拖拉拉，是无法实现目标的。可以说“抓紧时间采取行动”，乃是对一切想有所作为的进步致胜者的呼唤。

之所以如此，是因为致胜活动与时间因素有着内在联系的缘故。时间，作为物质运动的一种基本属性和普遍形式，指的是运动着的物质客体的持续性、顺序性和间隔性。它本身是种客观的存在，既是无限的，又是不断向前流逝而难以逆转的。时间对任何人、任何事物都一视同仁，谁都可以占有和利用，却无法留住、转让和借用。而致胜活动呢？不仅始终须在一定的时间里进行，而且也不是所有的时间点、段对达成求胜防败目标起着同等的作用。

其中，有的时间段可直接用于致胜活动，有的时间段则耗费在非致胜活动上；有的时间点与时间段对主体从事的致胜活动比较有利，有的时间点与时间段对主体从事的致胜活动不太有利。我们可以把能直接用于致胜活动的时间点、段定义为致胜时间，把有利于主体的致胜活动的那些时间点、段定义为致胜有利时机。很显然，如何节省非致胜时间以获得更多的致胜时间，如何去创造和抓住各种致胜有利时机，皆成了致胜主体不能不面对、不能不重视的大事。尤其随着科学技术的发展，时间因素对行动的作用愈来愈突出了。如果说人类的早期只会用年（四季的轮换）、月（月亮的变化）、日（太阳的起落）计时安排活动，后来发明钟表才开始使用时、分、秒来计算时间的话，那么到了今天，电子计算机与信息技术的广泛运用，许多活动的计时单位已到了毫秒、微秒、毫微秒、万亿分之一秒以至更微小的地步。这样，对于争取致胜时间和致胜有利时机，势必提出了更高的要求。

作为一个进步的致胜者，如何处理好行动与时间的关系呢？第一要珍惜人生中每天可用于有价值行动的时间。有不少人行动起来总是指望“还有明天”，其实每天都十分珍贵。不仅中国明代画家文嘉专门作过《今日歌》与《明日歌》，告诫那些“人生百年几今日，今日不为真可惜”、“我生待明日，万事成蹉跎”的人，而且还有不少中国古诗也对此作过生动描写，诸如“白日去如箭，达者惜分阴”、“常将有日思无日，莫待无时想有时”、“人行犹可复，岁月哪可追”、“勿谓寸阴短，既过难再获”等等，都说明了此点。我作了个简单计算：如果一个人能活 100 岁的话，每年 365 天，一天 24 小时，一生大约拥有 3.65 万个日或不到 90 万个小时；假设其能够工作 50 年，每年 52 周，除去每周休息 2 天、每年 20 天的休假和其他假期，以每天工作 8 小时计算，真正可用于工作的时间只不过 9.6 万个小时而已。可见，人一辈子从事各项工作的时间是相当有限的，即使你一辈子只在某个领域专心致志地从事一项致胜活动，实际拥有的活动时间也只会比这个数字少而不可能更多，因为你还会有别的工作或事情必须费时去处理。的确，在采取致胜行动过程中，对时间只能珍惜而不能浪费，否则便可能到头来落个“少壮不努力，老大徒伤悲”的人生结局。

第二要善于尽量多地争得致胜时间。一个人总的人生时间和可能的工作时间就那么多，要想在某个领域实现自己的致胜目标，只能靠自觉地去挤非致胜时间，以及善于充分利用零星时间。对于非致胜时间应作具体分析，像睡眠、吃饭、休息、锻炼和走路等，是必须和不可少的日常活动，将这些时间过多地挤了并不利于人的身心健康，反而对致胜活动会产生消极影响。但必须看到，什么事情都是有限度的，如果花费这类时间过了头也不行，比如成天爱睡懒觉、玩起来没个够、走路慢吞吞地“迈八字”等，就势必会挤了可用于致胜活动的时间。尤其有的人，成天沉醉在吃、喝、玩、乐上，他更不可能争得更多时间与精力去实现既定的事业目标。这里说的所谓挤时间，主要就是指应去挤那些非必要的其他时间，将其用于致胜活动。同时，即使对于那些非用不可的时间和零星间隙时间，主体也应充分加以利用，就像有些事业心很强的人，乘坐交通车时背诵外语单词与其它须牢牢记住的知识，看电视和上网时不忘联系思考事业上的问题，旅游时乘机进行有关致胜活动内容的调查研究等等，确实算得上善于把致胜时间同非致胜时间统一起来，以获得更多的致胜时间。

第三要不断提高利用时间的效率。同样多的时间，如果利用的效率高，致胜主体所获得的实际致胜时间也必然多。为此，首先要善于计划、安排时间。除了科学安排一天的作息时间外，还要对整个致胜活动的时间做出合理的区分与安排，按照轻重缓急的顺序确定具体的行动时间表。当然，考虑和安排时间应留有余地，以保证开展致胜活动时有一定的弹性。另外，就是要始终紧紧抓住致胜有利时机。时机问题，在前面讲抓住与利用各种机遇时专门谈过了，在此不再赘述。但必须明确，善于发现、抓住、利用甚至创造致胜有利时机，始终是在致胜活动中能不能抓紧时间采取有效行动的一个重要方面。再就是，必须善于运用科学的手段来提高利用时间的效率。随着科学与技术的发展，比如说运筹学、信息论、控制论、系统论、电子计算机技术的出现和运用，确实使得可以用比以往少得多的时间完成同一项工作，关键就在于主体采取致胜行动时善不善于加以利用而已。

## 二、必须脚踏实地做好每件相关之事

在求胜防败的行动过程中，凡事抓实做细乃是一个不可忽视的方面。较复杂一点的致胜活动，多半非一时、一事之功可以奏效，往往需要在每个相关方面和环节上下功夫，方能最终实现目标。尤其是，如果疏忽了其中某些即使是细微却很关键之处，还可能造成严重的后果以至失败。因此，致胜主体在付诸行动时，既要注意各个相关的具体方面的彼此联系，又必须辩证分析和认真对待各个重要细节，确保整个行动扎实而卓有成效地展开。

**（1）做好每件相关之事是整个行动的基础**

我们并不否认在求胜防败的行动中，可能存在各种各样只有一个简单目标的单一行动这种情形。但是在通常情况下，稍为复杂点的致胜活动，往往均由许多相关的具体行动所构成。因此，要使整个致胜行动真正落到实处，就必须首先踏踏实实地做好相关的每件事情，把各种相关的具体行动作为整个致胜行动的坚实基础。

从横的方面说，致胜行动通常是围绕着致胜总目标，分成一个个分目标的多种具体行动有机地构成。那些政治、经济、文化、军事、科技领域所开展的各种较大型的致胜活动，自不必多说，比如要实现国家经济腾飞的总目标，涉及到工业、农业、教育、科技、交通运输以及各种服务行业等发展的目标及其相应的行动，而其中的每个分领域与各行各业，又包含着许许多多相应的具体发展目标及其具体的行动，所有这一切既分工又协调地共同促使着国家经济的飞跃；就是常见的各项体育与文艺比赛活动，你想实现夺冠的目标也不是那么简单的事情，有平时的准备和临场的发挥，有技术能力的提高和综合运用的水平，如果属于群体性竞赛，还有组织管理和指导艺术等多方面的问题，皆有目标的要求及其相应的各种举动。只有这些相关的一系列具体行动先后与同时顺利地展开，实现了各自的具体目标，求胜防败的总目标才可能变成现实。

从纵的方面说，除了那些可以在短时间内一次性完成的致胜目标外，稍为复杂点和耗时长点的致胜活动，其需采取的致胜行动通常都得由先后实现一个又一个分目标的多个具体行动累积而成。俗话说，饭要一口一口吃，才能消化和获得营养，以保证身体能源的需要；事要一件一件做，才能逐渐把事情做完，以保证工作任务的最后完成。何况，任何重大一些的致胜活动，都有一定的实施过程和步骤，有的甚至可能要经过大大小小胜利与失败的反复，就更有必要分阶段地采取各种不同的行动。只有把这些具体的相关行动一项又一项地搞好了，才可能逐步展开辟一条求胜防败的坦途，最终达到致胜的总目标。比方说经济建设五年或十年规划的实现，必须靠一年又一年地以实际行动园满达成年度发展计划，而年度发展计划又有赖于各季度、每个月计划的顺利实施与完成。一个国家、省市、地区是如此，即使一个工厂、企业也是如此，从来很少有毕其功于一役就实现了较大致胜目标的情形。

总起来看，正是这些纵横交错、相互关联的方方面面及其具体行动总和，才构成了整个求胜防败活动的全部行动。无论缺了那个方面或步骤，都会程度不同地影响到致胜活动总目标的达成。致胜主体认清这点很重要，因为只有认真地对待各项具体的相关行动，同时而又逐步地展开这些行动，并在行动中始终注意强化彼此联系和相互呼应，才可能使整个致胜行动真正扎扎实实而又卓有成效地展开。

**（2）对“细节决定成败”要辩证分析运用**

虽然复杂点的致胜行动，皆由各个相关的具体行动系统地构成，但各相关性具体行动在地位与作用上又不是完全等同的。在致胜活动中人们常讲的所谓细节，不外乎就是指构成整个致胜行动的那些具体的行动环节。由于在以往的人类活动中，因一时疏忽了某个环节而招致失败的情形常有发生，因此英格兰早就有“魔鬼在细节”的谚语，后到处可以听到“细节决定成败”的说法，甚至得出了“事之成败，必由小生”的结论。的确，致胜主体为了防止由胜利转向失败，随时都应及早发现和堵住造成这种转化的“小漏洞”；致胜主体如果要想使失败向胜利转化，亦可以通过不断地扩大和撕开对方的那些“小漏洞”来促成。尽管如此，但也不能到处滥用“细节决定成败”之说，似乎只要把握了细节也就把握了胜利。实际上，并非任何细节都能决定成败，只有那些带关键性并会影响到全局的细节，才能起到决定成败的作用。因此，当强调“细节决定成败”时，必须加以辩证地分析，并根据具体情况来加以把握与运用。

应该肯定，任何时候都不能小看行动上所迈出的每一步，尤其是那些带关键性的一步。中国古代思想家老子说的很有道理：“合抱之木，生于毫末，九层之台，起于累土，千里之行，始于足下。”正因为如此，后来又有人进一步强调“不积跬步，无以致千里；不积小流，无以成江海”，“人生万事须自为，跬步江山即寥廓”等等。这也就是说，人们凡事应由小看大、由近至远，一步步脚踏实地去获得风光无限的前景。尤其有的关键性环节，乍看起来似乎很细小，但关系十分重大，处理不好的话，轻则会给致胜活动造成损失，重则甚至可能导致“因小失大”、“差若毫厘，缪以千里”的失败。比如，一个事业心很强的人，为了赶着上班便不顾一切地横穿马路，不小心就可能遇上车祸，不是身亡就是受伤，造成遗恨终身；一个很有名望的医生，给病人动手术时注意力分散，把不该切去的部分切除了，把该切除的瘤反而留下了，不仅置病人于死地，自己也因此而身败名裂；一个和睦、幸福的家庭，因忽视了管教小孩喜欢玩火的毛病，稍有疏忽便可能引起一场家破人亡的火灾；一个负责水库施工的工程建筑公司，在进行水泥浇灌的过程中有所马虎，质量检查又欠严格和仔细，一旦投入使用随时可能出现缝裂堤溃的危险；一项大型科学实验，负责记录、抄送数据的人员粗枝大叶，在数字后面多了个或少了个零，或者把小数点错了位，都会造成难以挽回的损失；在经济全球化的条件下，由于开始忽视一些小国的经济变坏状况，进而造成地区性甚至全球性经济危机，形成了一种“小国着个凉，世界打喷嚏”的连锁反应，等等。诸如此类的事情，可谓太多了。

疏于细节而招致失败的情形，几乎到处可见。其中有无意的，也有人为的。这不由使人联想起以往军队协同作战，距离远时要靠发电报进行联络，即使错了个字都会铸成巨大失误的教训。如 1930 年 4 月，冯玉祥、阎锡山联合发动了反对蒋介石的中原大战，就因冯玉祥部的参谋在拟定命令时，由于粗心大意将两军约定会师地点的“沁阳”写成了“泌阳”。而泌阳远在沁阳南边几百公里之遥，结果因两军会师地点的错误铸成了冯、阎在中原会战的失败。这就是有名的“败在一撇”上的战争。可见，在致胜过程中千万不能疏忽“小事”，尤其是事关全局的那种“一撇”小事。因此，作为致胜主体，一定要对致胜活动的各个方面作认真的、细致的分析与考察，对凡是关键而又易疏忽的细微处倍加关注，把那些小中见大的事情一丝不苟地做好，必要时还应对贯彻落实的情况反复督促、检查、严格把关，使之不出任何漏洞，以避免出现那种“粗枝大叶害死人”的情形。

还有不少明知不可为的小事，有的主体却偏要去为之，以至造成因小而失大的教训。例如，许多世界顶级优秀运动员，本来完全可以在奥运会上夺冠，却因偷服兴奋剂败露，或赛前就被取消了参赛资格，或获得冠军后又将金牌收回，这在历次奥运会上都非鲜见之事；有的人很有才华，所从事的事业蒸蒸日上，本来可以大展其宏图，却因造假行径或贪点钱、色、名等小便宜，以至把自己搞得身败名裂，其中既有教育界与学术界的，也有企业界和政界的。像中国有的学者、教授、研究生导师，因抄袭或占有别人的科研成果而被取消称号与获奖资格，有的相当一级负责人与知名企业家因搞假学历等而被人们普遍鄙视；德国前国防部长古滕贝格，本来仕途发展一直很顺利，甚至已有希望成功竞选国家领导人，却在2011年3月因深陷博士论文“抄袭门”丑闻而被迫辞职；无独有偶，一年多以后，匈牙利总统施密特，也因1992年所写的关于“奥运”问题的博士论文，大部分内容是抄袭他人的，曝光后不仅被原所读大学取消了博士资格，而且于2012年4月辞去总统职务，并很快获得国会的批准。所有上述这些人，真可谓一失足成千古恨。

但也必须看到，并非任何细节在任何情况下都可以决定胜败。细节毕竟是比较细小的环节，在每项致胜活动中所涉的这类环节很多，有时甚至多不胜数，其中有些可能影响到活动的全局，而有些只影响到活动的局部，因此不能统统地等量齐观。如果不加区分地笼统强调“细节决定成败”，让人成天只注意那些枝枝叶叶、无关大局的小事，很容易把人引向“见小不见大”的境地，这在致胜行动中同样是应该注意防止的一种倾向。另外，细节的重要与不重要，究竟在致胜活动中起到何种作用，乃是由致胜活动的客观实际情况所决定，并随着时间、地点与条件的变化而变化。致胜主体只能如实反映客观的情况及其变化，才能掌握和运用好“细节决定成败”的辩证法。

### （3）各项具体性行动皆应扎实而有成效

行动只有十分扎实，方能取得一定的成果。华而不实的举动，往往会给人造成种种假象，不仅可能骗别人，甚至还可以骗自己。必须清醒认识到，无论这种举动显得多么轰轰烈烈，往往都难以获取真实、可靠的成果。就像20世纪50年代末中国出现的所谓的“大跃进”，到处宣扬“一天等于二十年”、“人有多大胆，地就有多大的产”，什么“亩产数万斤”的稻田，什么钢产量一年翻了几番的群众性“大炼钢铁”，什么这个“新发明”那个“新创造”等等之类，并没有对当时中国的社会生产力起到真正推动的作用，反而因此导致到处浮夸之风盛行，严重破坏了生产力的正常发展，就是一个很好的教训。

这个道理与事实，对于各种大小主体与各行各业都一样，亦即只有在行动时实而不虚方能获得真正可靠的成果。此点，也许在为敌我对抗服务的军事准备活动中，表现得更为突出。比如军队平时搞训练，扎实与不扎实，效果确实大相径庭。凡从难从严从实战出发进行训练者，作风就过硬，战斗力就强，可以圆满完成上级所赋予的各项任务。但也常见有的部队，在训练中热衷于搞花架子，其目的不是练为战，而是练为看、练为赛，能在上级的检查和相互的评比中获得“好成绩”就满足了。他们忘了“平时多流汗是为了战时少流血”的道理，忘了军队的根本职能和加强训练的根本目的，这种只注意一味做“表面文章”的结果，等到将来战时敌我双方真刀实枪对抗时，毫无疑问只会吃苦头、打败仗。

其他领域同样如此，工作要扎实，生产要扎实，企业经营也必须扎实。比如各种保健品、药物的生产与销售，本来是件十分严格的事情，要求在每个环节上都不能有丝毫马虎，可是却常见有的企业与商家，总以各种粗制滥造的产品充斥市面，还有不少的媒体为了赚钱还为其大发虚假广告，不仅欺骗与坑害了广大消费者，这些企业与商家最终亦往往终于落个淘汰出局的下场。当然，大量的还是相反的情形，据报道有名的中华药业老字号《同仁堂》就不是这样，它自1669年创办至今已三百多年历史，之所以能在中国以至世界上一直长盛不衰地存在与发展，就与其坚持“炮制虽繁必不敢省人工”、“品味虽贵必不敢减物力”的堂训，总是一丝不苟、兢兢业业地制造各种药物，“德诚信”地为大众救死扶伤密切相关。应该说，社会上类似同仁堂的企业，还是占大多数，不同的仅仅是认真、扎实与负责程度上的差异而已。

即使在平时的学习、生活中，“扎实”二字同样显得很重要。比如在学校里，经常可以发现有的同学，平时很少参加课外有益活动，而是成天拿着书本，不是呆看就是朗读，似乎很刻苦用功，但学习成绩与效果却不理想。究其原因，除了有的是由于学习方法不太科学外，其实往往同他们学习时心境漂浮，缺乏刻苦钻研的精神密切相关。我读高中时就有位同学，人很聪明，课余时间也很少玩，总是手端着课本在河边读或树下看，但与此同时却爱胡思乱想，什么问题都钻不进去，结果学习成绩一直很差。当他看到我课余时间不是从事体育活动，就是看各种课外读物，而学习成绩却始终较优时，便问我为什么能这样？我说其实很简单："听课要专心，复习应释疑，一切全靠扎实钻研。"他听后觉得有道理，遂下决心改正以往学习时表面用功、华而不实的毛病，结果学习成绩很快就跟上去了，以至毕业后在1957年全国高考招生人数最低谷（只招收十万零七千人）的情况下，还终于如其所愿地考上了大学。

因此，主体能否养成扎实而卓有成效的行动习惯，坚决顶住内外种种干扰的影响，力戒成天心猿意马地漂浮做事，对采取行动夺得胜利乃是至关重要的一环。可以说，那些行动不扎实的主体，表面看对所开展的致胜活动抓得很紧，其实有效率很低，实际的效果很差。无数的事实表明，追名求荣之辈只会在形式上做文章，真正的进步致胜者才会在行动上一步一个脚印地扎扎实实前进，直至实现既定的求胜防败目标。

## 三、应以百折不挠的精神坚定地破浪前进

任何一项致胜活动，都不可能像玩游戏那样舒坦，更不象顺水行舟那样省力，中间不知会遇到多少困难与波折，有时甚至是重大的打击与失利。大量事实表明，凡是有价值、有意义的致胜目标，都不可能轻而易举地达到。其间，或因主体的能力尚不足，或因对客观对象的本质与运动规律尚缺乏深刻的认识，或因活动的环境条件并不那么理想，或因所在的致胜领域出现了新情况、新问题、新发展等等，都会给致胜活动造成这种或那种阻力。而这一切，均有赖于致胜者既须以坚定不移的意志去面对，又要求致胜者必须做好应对各种艰难困境的行动准备，以始终把握求胜防败的主动权。

### （1）世上难得有一帆风顺之旅

在人类所有活动的行程中，有时可能是顺水行舟、顺风扬帆，有时则可能逆水、逆风而航。即使是驾驶顺水、顺风之船，还可能遇到暗礁、漩涡和暴风骤雨，仍需要人们认真予以对待和积极采取应对措施。各个主体开展各项致胜活动时，情况也不例外，均难免遇到这种或那种困难与阻碍，很少有笔直的坦途或一帆风顺的航旅，无论谁都难以毫无阻碍地顺利实现重大的目

标。因此，要想获得求胜防败的结果，各种大小主体必须始终采取正确的态度和有力的措施，能动去扫除各种障碍才行。

人类社会的进步且不去多说，因为大家都知道，人类从原始狩猎状态进入农业社会，再发展到工业社会、智业社会，万、千、百年来不知经过多少磨难，才有了今天这个样子。就每个民族与国家的崛起而言，无论谁的生存与进步之路，都同样不是一直那么笔直平坦，不仅各个弱小的民族与国家是如此，各个历史时期的先进民族与国家也概不例外。就以世界最古老的文明地区为例，埃及、西亚、希腊也好，中国与印度也好，五千多年来总是一直处于兴盛与衰落的交替之中，即使从未完全中断过的中华文明，也常因外来入侵者的侵略与内部统治者的腐朽，导至文明发展过程中一度又一度的波折，有时甚至到了危亡的边缘。当然，无论古老文明还是后起文明，经过各民族与国家广大人民群众的持续奋斗，总是在曲折与波浪中不断前进着，只有那些遇难则退、自暴自弃者例外。

各种小型具体群体的发展同样是如此。以企业界为例，我们的确可以看到世界上有不少由一个小工厂、小商店，最终发展成了跨国大公司的成功事例。这些目前看来非常成功的跨国大公司，外人可能会以为它们都属于一帆风顺的幸运儿。其实并非如此，在取得巨大成功之前，同样不知经过了多少磨难。有位我认识的企业家朋友，当我祝贺他用二十几年的工夫，就把一个很小的企业发展成了一个国际性企业时，他却若有所思地感叹说："公司确实发展得比较快，但个中的酸甜苦辣，只有自己和公司的人知道，因为我们是靠战胜了一系列困难和挫折才有了今天这个规模。"类似的话，其实可以从国内外许多知名的企业家那里听到。尽管每个企业家所遇到的阻力可能多种多样，走过的坎坷路并不完全相同，但不断面对和战胜困境的情景皆大同小异。有名的台塑集团创始人王永庆，少年时就当学徒和开小米店，后靠借贷小额资金起家办了个生产聚氯乙烯粉的小企业，但他始终以锲而不舍、知难而进的精神，克股所遇到的各种阻力与困难，勤劳朴实、强化管理而又精于经营，经过几十年的艰苦奋斗，终于把"台塑"建设成了一个遍及海内外、员工近十万人、大力举办各种善事的跨国集团公司。难怪他 2008 年 10 月去世前留给子女的一封信中云：历经努力耕营，方能有所成就。王永庆的经历，正是许多成功企业家的缩影。

每个人实现婚姻与事业上所追求的目标时，也常可看到此起彼伏、曲折求进的情景。人们常喜欢议论，这个人情场得意、业场失意，那个人业场得意、情场失意，似乎两者难以兼得。其实，在婚姻与事业上均很成功的人并不少，只不过局外人只看到了其最后的结果，而没有注意到他们在此之前付出的巨大努力和艰难奋进的过程而已。可以说就大多数人而言，无论是婚姻还是事业，在实现自身理想的目标之前，很少不经过这种或那种失意、挫折和风险，或这个对象、那项工作不称心，或在基本称心中还有诸多不满意，或当称心如意时却因种种缘故无法实现，或实现过程中要经过种种诘难和重新做起等等。每个人只要全面回顾一下自己走过路，就会发现要找到一个称心如意的爱人，建立起美满的家庭，以及找到一个合适的工作岗位，能够倾力在事业上大展宏图，都是来之不易的事情。

**（2）主体应具备坚定不移的行动意志**

既然任何一项较大的致胜活动，都有可能遇到各种各样的困难、挫折与失利，这就要求主体采取行动时，必须始终不渝地瞄准目标，以坚定不移的意志与毅力，一直坚持到获得最后胜利才行。正如著名画家郑板桥诗云："千磨万击还坚劲，任尔东西南北风。"如果遇阻则止、遇难则退，所采取的行动就只能半途而废或无功而返。大量的事实表明，致胜者是否具有坚毅不拔、勇往直前、敢于拼搏的精神与意志，能不能正视逆境和坚强地去转换逆境，在持续性求胜防败行动中往往起着非常关键的作用。

许多人可能都熟悉现代印度独立运动领导人、国大党创始者甘地，他虽然家境不错，又留学英国，本可以悠然自得地过自己的生活，却全身心投入了同英国殖民者作斗争的活动。为此，他一直在寻找有效的斗争途径，最后认准和采取了一种"非暴力不合作运动"方式开展独立运动。开始时困难重重、阻力很大，效果也不明显，然而经过长期的艰苦奋斗，先后四次被投入监狱，他的"文明不服从运动"才终于逐渐被广大群众所理解与掌握，并终于使印度获得了独立。即使如此，胜利后的甘地依然保持艰苦朴素的本色，仍坚持参加力所能及的劳动，直到政敌狂热分子将其暗杀为止，难怪印度人将其尊称为"圣雄甘地"。时至今日，身为印度社会活动家的安纳·哈扎雷，仍以"圣雄甘地"的所作所为为榜样，成功地号召人们向腐败开战，亦可看出其深远的、广泛的影响。很显然，假如甘地没有一种高尚的人格，以及一直闪耀着光辉的意志和信念，很难想象他能够将自己的事业进行到生命的最后一刻。其实，类似情形在历代许多的民族与国家都有表现，而且不仅仅反映在政治斗争中，其他的致胜活动亦然。这也就告诉我们，行动时仅仅选准了目标、确定了行动方案是不够的，还一定要有这种坚定不移的意志和不屈不挠的精神，勇往直前地去战胜各种困难与挫折，才能最后实现目标。

这种不达目的决不罢休的著名典型，古今中外数不胜数。历史上如有中国汉代的张骞通西域、明朝的郑和下西洋，公元13纪马可波罗长途跋涉从意大利来到中国，公元15世纪末、16世纪初哥伦布多次漂过大西洋发现美洲“新大陆”等等，他们所遇到的困难、挫折和危险，都是平常人难以想像的，不同的仅仅在于程度、范围与后果的差别而已。可是，由于他们在整个行动中，始终保持着坚定不移、勇往直前、排除万难的精神，遇到矛盾解决矛盾，遇到困难克服困难，遇到障碍排除障碍，因而才终于迂回曲折、柳暗花明又一村地达到了目标。前不久，在电视传媒中还直播了这样一个新闻：山东残疾歌手陈州，从小就失去了双腿，却一直顽强而积极地生活着，不仅能唱歌以至用手跳街舞，而且下定决心要自力地登泰山。他经过长期地、反复地磨练，最后果真仅凭着自己一双手臂的力量，左撑右撑地登上了海拔1524米的中国五岳之首——东岳顶峰。被誉为当代“轮椅上的爱因斯坦”——英国科学家霍金，竟是个青年时就患严重运动神经元疾病并渐渐瘫痪的病人，后又失去了语言功能，但他的一系列重大科学成就，诸如《时间简史》、《伟大的设计》等论著和一系列独创性物理理论，几十年来却几乎都是在轮椅上通过电子计算机辅助思维活动，不断加以研究获取的。很显然，他之所以能做到这点，同样是因其坚韧、刚强、矢志不移使然，充分体现了任何行动“只要功夫深，铁杵磨成针”的精神。

应该看到，犹豫徘徊、遇难便退的痼疾，往往是造成许多人功败垂成的重要原因。与之相反，那些一旦选准了目标，定下了决心与行动方案，便竭尽全力地排除万难、勇往直前地朝目标前进，必要时甚至敢冒一定风险的人，才能终获胜利的硕果。诚如法国启蒙思想家、哲学家伏尔泰所说：“要在这个世界上获得成功，就必须坚持到底。”要知道，做任何事情都要求有百分之百的把握，无异于捆住自己的手脚，何况世上也很少有此等好事。因为事物总处于发展变化之中，难免存在种种的偶然性、突然性、多变性等不确定因素，谁都无法做到一切完全按事先确定的方案按部就班地行事。在求胜防败的过程中，主体要想真正做到坚持到底，常须有必要的勇气来加以支撑。所谓勇气，古希腊哲学家亚里士多德把它视为介乎鲁莽轻率与怯懦不前之间的一种中庸之道，应该说有一定的道理。不过，把勇气看成是敢于作合理的冒险，也许更能说明其本质。冒险无疑是种过于勇敢的行为，它超出了勇气的范畴。但如果这种冒险，被限制在合理的范围里就不同了，只要合乎事物存在与运行的机理，合乎可能性转化为现实性之律，这种险是可以冒的，而且这才显现出致胜者的真正勇气。

**（3）做好应对各种艰难困境的行动准备**

当然，要在致胜的道路上披荆斩棘地前进，并不仅仅是靠意志与精神上的坚定顽强，还有赖于拥有随时能有效应对各种艰难困境的能力。必须客观地看到，开展任何致胜活动，不仅随时可能遇到各种难关、险阻与陷阱，而且有许多难题尚需靠一定的实力才能解决。而这种实力从何而来呢？只能靠主体事先和随时做好应对艰难困境的各种行动准备。真正的致胜强者，往往都善于预有准备并及时架起通过艰难困境的桥梁，持续而果敢地走上求胜防败之路。

为此，首先应在贯彻执行致胜决策的过程中保持一定的弹性。这里说的弹性，不同于那种模棱两可的做法，而是要求致胜主体贯彻既定决策及其行动方案时，能较好地适应主体、客体和环境条件发生的种种变化。如果主观、客观情况和环境条件变了，主体却无动于衷或束手无策，仍沿着既定的路子丝纹不变地走下去，就很难实现预定的求胜防败目标。只有在实施既定行动方案的过程中，做到客变则主变，或有预见地先客而变，必要时甚至还能及时地做出重新性决策，才能不断保证获得致胜行动的主动权。

其次，要注意增强可随时投入致胜行动的预备力量。凡事预则立、不预则废，预有准备者可以从容地面对不测。尤其在从事重大的致胜活动之前，建立必要的预备队伍乃是一件十分必要的事情。打仗时都知道建立预备队的重要，其实在各种致胜活动中皆是如此。当致胜主体突然面对严重的艰难困境，而所投入的力量却不足以应对时，就只能靠投入新的力量去改变态势。

可是，新的力量靠临时抽调是来不及的，而且在别处亦未必有力量可调用。怎么办呢？只能靠事先准备好一定的预备力量才能满足应急需要。

另外，必须不断营造有利于主体的致胜场条件。的确，环境条件是种客观的存在，人们通常只能适应它和利用它。但面对恶劣的环境条件时，致胜者不仅应以顽强的斗志与毅力去面对它，还应充分发挥主观能动性去适当改造它才行。尤其是致胜场条件，距离主体最近，所起作用最直接，而且相对来说又比较容易改变，主体更应高度重视与积极营造。许多情况表明，有远见、有作为的致胜者，都善于不断营造对自己有利的致胜场，从不怕恶劣困境进而战胜恶劣困境，从而确保自己能始终立于不败之地。

再就是，须灵活采取和运用不同的致胜行动方式。同样的行动，采取不同的方式，所获效果的大小往往会有明显的区别。应对各种艰难困境时也是如此，往往只要适当改变行动的形式、方法就能奏效。比如作战行动，拥有同样的人与武器装备，但采取的编制形式和作战方法不同，其效果就大相径庭。在1894年中日甲午战争的海战中，清朝北洋海军的失败和覆灭，就与战法的运用不当密切相关。历代军事史上，这类例子多矣。其实，诸如经营方式对企业发展的影响，政治斗争方式对政局的影响等等，都是显而易见的事情。

## 四、力求系统协调和齐力所向十分重要

尽管致胜行动有繁简之分，涉及到的目标、范围、过程、方式和环境条件各有所不同，但有一点是相似的，那就是有关要素、部分间总存在着这种或那种联系，并往往形成为一个有机联系的整体。因此，主体要想实现求胜防败的目标，并非仅靠哪一要素、哪一部分的努力就可以达成，通常须把相关行动作为一个系统工程来对待才行。而且在此过程中，无论致胜个体还是致胜群体，只有做到齐心协力地直指预定目标，并始终做到胸怀全局地统一计划与组织实施，才能更卓有成效地展开各项致胜行动。

### （1）重大的致胜行动应作为系统工程对待

应该看到，无论什么致胜行动，不仅牵涉到纵横交错、相互关联的方方

面面及其相应的各种具体性行动，而且这些不同层次、阶段和环节的具体性行动之间，并非杂乱无章、毫不相关，总是围绕着如何实现既定的求胜防败目标，构成一个相互联系、相互作用的统一行动体系。尤其那些比较错综复杂的重大致胜行动，更应将其视为一个系统工程来加以筹划、管理和组织实施。在当代，致胜者甚至可以运用实践与预实践相结合的方式，来进一步提高复杂的系统性致胜行动的效率和效果。

首先，一个主体所拥有和可用于致胜行动的能力或力量要素，能否达到科学的系统构成程度，往往会直接影响到整体致胜力量运用的效果。我们都知道，结构与功能是一切系统存在的基本属性，也是人们认识各种不同系统的性质与规律的基本环节。由于在结构与功能的相互关系上，系统的稳定结构规定了系统功能的性质和水平，限制着系统功能的范围和大小，因此致胜者必须高度重视系统的结构问题。我们在前面谈到致胜力量与致胜目标的关系时，曾强调主体应善于根据自身力量构成及其强弱状况的实际出发，扬长避短地选定自己的努力方向与致胜目标，以充分发挥主体所拥有的强项与长项去实现理想，而不是没完没了地不断去弥补自身存在的种种缺陷，去选做那些往往无法做到的事情。然而，当主体的致胜目标一旦选定后，则就要注意如何去弥补与增强自身力量存在的那些“短板”，力求从力量的系统构成上形成最大的“木桶”以争得强势或优势了。比如，一个人的致胜能力：你身体好，但缺乏知识与智慧；或者你身体好，知识也很丰富，但心理素质太差；或者你知识丰富、聪明过人，但身体不争气等等，都会影响到其力量的运用与致胜目标的实现。致胜群体的情形亦大同小异，为什么一个企业有资金、有市场但不善经营管理，一个学校有优秀的师资与生源但教学的计划组织混乱，一个国家的资源丰富、人才济济但经济运行模式欠当等等，往往都会直接制约其发展目标的实现呢？道理也是一样的。因此，致胜者必须高度重视运用行动力量或能力时的系统性问题，尽量避免出现短板甚至缺板的“盛水木桶”和杂乱状态，以及各种各样的、大大小小的“瓶颈”与无序状态，即使某些方面一时无法避免，也应通过取长补短、扬优避劣、互相促进，促使已有致胜力量的系统运用不断发挥出增效的效应。

同时还要看到，在把所形成的致胜力量体系，有效地运用于致胜行动去实现目标的过程中，如何使其高度协调地运作可说起着非常关键的作用。就像做起菜来，油、盐、酱、醋、辣、味精、菜料等就那么多，厨师只有配伍得好和把握火候得当，才可能获得“和羹之美”的佳肴那样，在各项致胜行动中无不如此。比如画家们面对的颜色，不外乎红、绿、兰、黄、青、紫、橙、白、黑等种类，但优秀的画家能通过明暗、浓淡、手法等搭配得十分协调，创造出各种各样出色的美术作品；作曲家们虽然运用的基本音符也只有七个，然而出色的音乐家总能让其高低、长短有节奏地进行旋律性组合，创造出各种悦耳动听的乐曲。就是当代人们普遍运用的电子计算机，其数学基础也只是1与0两个数字，但目前科学家们已将其发展到每秒进行上千万亿次运算的速度，从而为社会信息化、智能化创造了良好的技术条件。还有打起仗来，古人云不过“正奇”二字，其实任何指挥员只有将其把握与协调得巧妙，才能获得连战连捷的战果，如果“正”与“奇”互不呼应、配合，则只会同失败结缘。很显然，同样的系统构成，如果彼此协调运作的状况不同，事物的性质、功能与发展方向就可能起变化，这点在致胜行动中表现得尤然，每个致胜者都应予以高度重视。

尤其那些大型而复杂的致胜行动，往往还须运用当代的系统工程思路与方法，尤其是预实践的方式，才能促成其在最优化的状态下展开，并确保获得比较满意的结局。可以说，凡是现代规模宏大的致胜行动，皆是一个十分复杂的网络构成系统。比如军事活动，并不仅仅是军队的活动，尤其当代军事同经济、政治、文化、科学技术等各个方面联系得愈来愈紧密，战争已成了涉及社会各个领域形成的综合国力的系统对抗，因此当代许多国家都把解决军事上如何求胜防败的重大问题，作为解决复杂性系统问题的突破口。无疑，在社会政治、经济、文化、法律、外交等各个致胜领域，也都存在着许多迫切需要解决的庞大而复杂的问题，其涉及的面非常广泛，相互作用的要素纵横交错，许多因素难以准确度量，所构成的系统具有规模大、范围广、多因素、多变量、多交叉、多目标、多层次和普遍联系的特点。所有这一切，均对如何解决复杂性系统问题提出了迫切的要求。正是在这种背景下，促使预实践方式得以出现与运用。其能使认识与实践有着更紧密的、及时的、超前的结合，有时甚至相互融合在一起，可以在分析、决策、评估、管理、控制的全过程，更好地满足解决复杂性致胜系统问题的需要，因而可以直接地、及时地和卓有成效地用来为各种错综复杂的系统性致胜行动服务。

### (2)齐心协力是致胜行动获得成功的保证

把致胜活动作为一个系统工程来对待和处理，无疑有助于致胜者科学地组合与调动力量来实现求胜防败的目标，但这只是解决了行动的途径和方法问题。要使整个行动变成现实，致胜主体尚必须懂得如何去有效调动各方面的力量，使得心能往一处想，劲能往一处使，以齐力所向地确保致胜行动的成功。其中，齐心协力乃是实现齐力所向的根本保证。

怎样才能做到齐心协力呢？这个问题，作为致胜个体主要是如何专心致志、自我协调的问题。但作为致胜群体就非易事了，除了前面讲过的做好动员与协同等方面的工作之外，最重要的莫过于在实现“团结”上下功夫。可以说，只有团结一致的群体，才是有致胜能力和实现群体目标的致胜群体。而那些搞不好团结的群体，则有如一盘散沙、一群乌合之众。为使群体是个齐心协力的群体，首先必须搞好领导与被领导的上下团结。领导脱离群众，或者领导与群众离心离德，就不可能成为群体的核心或龙头。譬如有的领导者，或者自私自利，不是利用权力来谋取不该获得的私利，就是通过侵占群众的利益来扩大自己的利益；或者高高在上，满身官僚气味，从不了解下情，凡事主观、专断；或者争功诿过，有了成绩和功劳全归自己，遇到困难、挫折与错误便推给下属；或者动则训人、整人，从不与大家交流，缺乏必要的领导艺术和方法，等等。像这种领导者所领导的群体，不可能形成一个相互尊重、上下同心、共同进退的群体，因此也就不可能真正做到齐心协力地奔向共同目标。

再就是群体内左右的团结也不可忽视。如果大家在一起工作，都不以群体为重，彼此为了自身的利益老是勾心斗角，相互关系十分紧张，或者面和心不和，或是“台上握手，台下踢脚”，或是你整我一下、我再整你两下，或是拉帮结伙进行帮派斗争，这种无休止的内斗不仅无法形成群体的合力，而且对群体内每个个体的积极性也会造成极大的伤害。这样的群体，既无法做到齐心，又无法达到协力。因此，一个想有所作为的群体，大家必须充分认识到共同利益之所在，树立起优秀的团队精神，形成一种相互理解和倾力协作的机制，并始终朝着实现同一的求胜防败目标携手前进。而其中的每个个体，则应以所在群体的共同利益为重，只能在维护群体利益的同时来谋求自身的正当利益。社会各个领域大量的成功事例无不表明，只有这类群体才有可能在致胜活动中真正做到齐心协力，并获得一个又一个胜利。

我们通常会以为只有在一个群体内部才有齐心协力的问题，其实在个体、群体的外部关系中也存在这个问题。每个致胜个体与群体，都不应成为这个世上的孤立者，只有注意搞好同朋友、同事、友邻、合作者、同盟者等的关系，才会使自己的致胜力量倍增。要知道，致胜活动经常需要他人的支持、帮助甚至借力，以强化自身的致胜力量，而这也只有靠加强彼此的友好往来与互助合作才能得到落实。很显然，大家相互理解了，关系比较融洽了，届时才容易形成共识，别人才会自觉地帮你朝着同一方向与目标去使劲。有时，即使不一定是朋友、同事、友邻、合作者、同盟者等，只要你始终坚持科学的人道精神，以平等、仁爱、负责的态度为人处事，甚至经常诚心诚意地关心与帮助别人，遇到困境时他们也会尽力帮你去实现各种各样的正当性目标。

**（3）应胸怀全局地统一计划与组织实施**

主体欲在致胜活动中，按照既定的决策方案行事，真正做到齐力所向、直达目标，仅仅靠选用适当的行动方式、力求做到齐心协力并不够，还应在如何胸怀全局地统一计划与组织实施上下功夫才行。为此，必须始终坚持从全局出发，注意以全局与局部辩证统一的观念来指导整个致胜行动，并严格按照统一的、周详的计划加以精心地组织实施，以确保求胜防败目标的逐步而全面地实现。

之所以要求在致胜行动中须始终坚持立足与着眼于全局，是与一切致胜活动皆由全局与局部共同构成，而全局又始终处于决定性地位分不开的。所谓致胜活动的全局，指的是构成该活动整体的各层次、各阶段与各环节的综合；所谓致胜活动的局部，指的是构成该活动整体的各个具体的层次、阶段和环节。很显然，某一致胜活动的全局只有一个，它具有统一的主体、利益和目标，决定着致胜活动的发起、进程和结局；而该致胜活动的局部却很多，它具有从属性、有限性和差异性的特点，在致胜活动中起着大小不同的作用。就两者的关系而言，全局决定和统帅局部，全局始终规定局部的地位、作用、任务和运动方向，而局部却又不断从各个方面影响和反作用于全局。正是基于此种缘故，因此要求主体展开各项致胜行动时，一刻都不能忘了胸怀全局的极端重要性，任何时候都须坚持从全局出发，以全局之得失作为衡量活动成败的决定性方面。同时，也不可忽视全局是由局部构成的事实，要看到局部的状态及其变化，总是以各种不同的途径、方式积极地影响和作用于全局，从而推动全局的运动、变化和发展。尤其对于那些“一步走好，全局皆活”、“一着不慎，满盘皆输”的关键性局部，关照得好与不好，甚至可能影响到整个求胜防败行动的成败。因此，致胜主体必须在行动中既坚持让局部行动服从全局的需要，又应在统筹全局时充分照顾到各个局部的行动，从而使得齐力所向的要求得以全面地体现。

与此同时，主体要想齐力所向地达到致胜目标，还须依靠统一的计划与组织实施，通过纵横交错和互相联系的各项具体行动，全面而深入地贯彻落实致胜决策。作为全局在胸、齐力所向的致胜行动，在其具体计划组织实施时，既包括横的方面联系，又包括纵的方面联系。横的方面主要指致胜行动所包括的各个组成部分，要求贯彻落实整个致胜决策时务必包含分头实现各个子目标的具体行动，计划组织过程中有一个如何分头并有联系地去执行行动方案的措施。纵的方面主要指致胜行动发展过程中的各个构成步骤，要求不能只顾眼前某一步骤的胜利，而必须把过去、现在与未来有机联系起来，使所采取的行动不致失之于间断。另外在实施各项致胜行动的过程中，进行督促检查以及采取必要的各种协调、协同措施，也是不可忽视的重要环节。这与执行致胜决策方案时，强调督促检查与采取弥补措施具有一致性，但又有要求与如何去做的差别，具有异曲同工之妙。总而言之，作为一个致胜主体，不能只顾一时一事的这种或那种行动，必须使心齐到为了致胜全局的胜利上，使整个力量集中用到有效实现所指向的求胜防败总目标上。

## 五、创造性行动是确保求胜防败的灵魂

法国文学家罗曼·罗兰说得好：“生命的第一个行动是创造的行动。”创造，作为更好地满足人类生存与进步的需要，获取前所未有新成果的一种独特本领与行为，主要是对尚未把握的客观对象本质、规律、价值、关系的发现和运用。它既以科学性为基础，又以艺术性为特征。就创造的过程而言，无疑首先是寻求、把握和运用必然性的过程，自始至终都得按照事物的客观

规律行事。但在创造过程中又难免遇到各种各样的偶然性、突然性和多变性因素，创造的成与败，在很大程度上取决于能否有效地克服这些不确定性因素的消极影响，以及能动地利用这些不确定性因素的积极方面。因此，致胜主体在各种活动中，务必充分认识创造与提升创造性能力的重要，并能动地展开各项创造性行动。

**（1）创造在致胜行动中具有特殊的意义**

如果说一切致胜行动皆是为了满足主体生存与进步的需要，那么其中的创造性行动，更是为了满足主体生存与进步不断升华的新需要。人们常说“需要是创造之母”、“有什么样新的需要才会有什么样的创造”，反映的就是这种客观情况。尤其各种各样的创造，不仅包括对客观对象新性质、新规律、新关系、新理论、新学说的科学把握，而且包括根据新认识而设计、制造和获取新的物质性成果，从而使得人们在致胜活动过程中，更需经常同创造性行动打交道。大量事实表明，大凡善于和勇于创造的主体，更能能动地开展致胜活动，并在求胜防败过程中掌握更多的主动权。

应该看到，人类社会发展史，实际上就是一部充满创造的历史。人们基于生存与进步的需求，所开展的各种各样的活动，虽然显见于对现有财、权、名、性、福等利益的获取或维护以至争夺，但是这种获取、维护也好，争夺、抢掠也好，只不过是对已有物质财富、精神财富的一种保持或转移，不会给整个社会带来任何有实质意义的新东西。即使是常见的制造性活动，也只是在数量上增添已有的各种物质财富与精神财富而已。然而唯有不常为人们所注目、却一直悄悄进行着的创造性行动却不同，它会产生许多前所未有的新物质、精神财富，不断改善着人类的文明程度，推动着社会的进步。因此，无论站在整个人类社会的立场，还是站在具体的群体与个体的角度，创造皆是做出新贡献的致胜行动。或者其本身就是一种独立的致胜行动，或者其不同程度地渗入各项致胜活动之中，皆值得引起进步致胜者高度的重视。

的确，创造性乃是人类的一种特有本性。人如果没有这种由自然与社会相结合产生的特性，既不可能有自身的不断进化，也不可能有尔后持续的生存和进步。可不是么，人类为了更好地生存和生活，不仅要认识和适应自然，而且要通过自身的能动努力不断地去改造和融合自然，创造出人造“自然”，从而推动着整个社会的不断进步。比如，由于创造了新的石器工具，才开始有了稍许剩余的生活产品；创造了金属工具，农业、手工业才有了很快的发展，促使国家也随之产生与壮大；创造和使用了火药、电力与机械，才有了工业、商业和交通运输业的飞跃，物质财富与精神财富才获得明显增加；创造和广泛运用了最新的能源、材料、技术与工具，才有了当代社会生产力的突飞猛进，尤其随着社会的信息化、智能化，更将全面影响到经济、政治、文化与军事各个领域的巨大变革。很显然，人类社会每前进一步，都与创造紧紧联系在一起，整个文明的进步实际上是一系列创造性成果积累与发酵的产物。从这种角度看，创造性行动始终是人类社会最富能动性和最具进步意义的一种致胜活动。

就人类社会的各个个体与具体群体而言，尽管整个活动的目标，既包括获取、维护或争夺已有的物质财富和精神财富，又包括创造各种新的物质财富和精神财富，但创造性行动却始终贯穿于各个领域的致胜活动之中。一方面，创造性行动本身就是一种非常重要的致胜活动。由于人类社会物质财富、精神财富的不断增加与丰富，需要依赖科学家、思想家、政治家、艺术家、文学家、教育家、法律工作者、工程技术人员和广大劳动生产者等的创造性劳动，因此在这个过程中，许多个体和具体群体为了使自身得到更好的发展，常常会选择如何给社会提供前所未有的新成果作为致胜活动的目标。无论在政治、经济、文化、军事、科技各大领域，还是在生产、生活以及对人自身认知的具体方面，都可以找到这样的先例。尤其在科学发现、理论创新、技术发明和文艺创作中，不知有多少专家学者、名人志士把自己毕生的精力贡献给了其所选定的事业，既作为他们始终追求的有所创造的目标，又是他们全身投入的致胜活动，两者须臾无法分开。谁能说，科学发现、理论创新、技术发明和文艺创作不是创造性行为？谁能说有关科学家、理论家、发明家、艺术家为实现自己的目标而展开的各项创造性活动，又不是一种道道地地的致胜活动呢？他们要取得前人所没有过的巨大成就，就必须从确定目标、制定计划、积极准备着手，营造各种有利的主、客观条件，进行内外力量的动员、组织和运用，通过大胆的推陈出新或是别出心裁的原创，方能实现预定的目标。很显然，在整个过程中，致胜活动与创造举动始终是同一之事。可以这样说，只要主体以获取前所未有的物质与精神新产品作为求胜防败的目标，创造性行动与致胜活动就具有了完全的一致性。

另一方面，创造性行动乃是其它许多致胜活动不可或缺的组成部分。在那些以获取、维护或争夺物质财富和精神财富为目标的活动中，尽管不以创造作为活动的主旨与中心，然而却离不开创造的帮助或开辟的场景。比方说致胜的力量，无论是准备、动员和运用，都有赖于创造性的发挥；致胜的条件，有时并不完全具备，只能依靠主体的能动创造来弥补；致胜的方法，常要不断改进与完善，甚至不断加以创新；致胜的谋略，可以选择和运用以往成功的东西，但也必须经常进行新的创造；致胜的机遇，多半靠如何去发现和抓住各种业已存在的特别有利态势，如没有可供利用的机遇时也要积极去创造，等等。虽然不同性质与类型的致胜活动，不同大小和素质的致胜主体，对创造的依赖和运用程度不同，创造所起的作用也不同，不能一概而论，但创造乃是一切致胜主体获得成功的重要因素，却是不争的事实。比如一个民族和国家，是不是兴旺发达，能不能走在世界各个民族、国家的前列，涉及的因素很多，诸如政治、经济、文化、军事、科技、历史传统、自然环境条件等，然而这个民族、国家会不会创造以及创造性行动的多与寡，不能不是一个非常重要的方面。眼见当今世界那些先进的民族和国家，没有一个不是善于创造并不断为人类社会做出新贡献的大型群体，就很能说明问题。

即使那些较小的具体群体和个体也是这样。比方说企业，要想在竞争中不断得到发展，是须臾离不开创造性举动的。有个知名企业，在总结自身快速拓展的历程及其经验时，明确提出了“资源有限，创意无限”的口号，确实生动反映了创造在企业发展过程中的特殊意义。个体同样是如此，要想有效地融进自然与社会等群体，要想在激烈的竞争环境中求得生存，或是通过各种合作性活动来获得发展，没有较强的创造能力和进行一系列的创造性活动，就很难获得如愿以偿的突出业绩。可以说，历代社会的那些顶峰人物，其贡献之所以能在一定领域与范围内高于其他人，原因与条件固然是多方面的，但无不与他们敢于创造、善于创造分不开。而那些每每把靠抄袭、套用或拼凑出来的东西，也视为一种创造性成果，实在同真正的创造无缘。

这就告诉我们，在开展致胜活动的过程中，不仅不能低估创造的价值，而且应充分认识和发挥创造的作用。为此，首先要把创造作为致胜活动的题中之意，从事任何一种致胜活动，都不能忘了创造的重要性并做出相应的安排。应该看到，老套守旧、按习惯行事确实有很大的局限性，甚至可能窒息创造、实现不了求胜防败的目标。尽管不同的致胜活动，创造在其中所占的分量有所不同，但要求主体从这方面或从那方面发挥创造力，在任何时候都是不容忽视的事情。另外，要全面理解和运用不同的创造形式。许多人一谈起创造，似乎一切都得从头做起、前所未有，这无疑是种误解。应该肯定，原创是最具创造性的举动，是获得前所未有新成果的主要形式，值得大力提倡、积极推进。然而在实际活动中，除此之外还有其他许多的创造形式，比如改进、除旧、革新也属于创造性行为，被改进、除旧、革新的那部分，就是创造的成果，就是在许多致胜活动中追求的目标；移植、综合、重组同样属于创造性行为，把甲领域的成果科学移植到乙领域，形成了乙领域的新产品，或者把各个方面的已有成果加以综合、重组成一种新的产品，在当代各个领域甚至是种常用的创造形式和常追求的致胜目标。再就是，不能把创造作为一种孤立的行为来对待。毕竟，创造性行动有时与致胜活动具有完全的一致性，有时又仅仅是致胜活动的一个组成部分，两者不可能完全等同。

**(2) 必须依据创造的客观发展规律行事**

创造性行动并不是一件随心所欲的事情，有其客观的依据和条件，并应按照一定的机制与规律展开。致胜主体要想通过创造性举动来获得对客观对象的新认识，以及获取各种新的物质与精神产品，就必须根据创造的机制、规律与程序，充分发挥自身的主观能动性，一步步地达向创新的目标。

发现矛盾和提出问题，乃创造性行动之始。矛盾与问题的产生，主要是由于有的认识与新的事实不符，以及已有的物质、精神产品在质上不能满足社会的需求。当新的观察或实验获得的大量新科学事实，同原有的概念、思想、理论等产生矛盾的时候，敢于大胆怀疑、追求真理的主体，必然会向旧的认识结果提出质疑，期望进一步完善、修正旧的认知体系或创立新的知识体系。中国宋代学者朱熹这样说过："大疑则大悟，不疑则不悟。"指的就是因怀疑产生了问题才会有新觉悟的情形。这在科学界、理论界等领域，乃是一种常见的现象。至于已有的物质、精神产品在质上不能满足社会需求的问题，则多表现为需求在新的更高层次上供与求的矛盾，可以是数量上的，也可以是质量上的，量上的矛盾通过扩大投入和生产规模的途径即可获得解决，可是质上的矛盾却有赖于创造出新的东西，这样的话就势必对设计、制造和获取的物质与精神产品提出种种新要求和新问题。为了能及时、深入地发现矛盾和提出问题，致胜者不仅应全面收集与掌握大量相关的信息、情报，更应对信息与情报进行认真的筛选、分析和研究，真正弄清矛盾与问题的症结所在。其中，既要细心观察和用心思考，并善于通过各种蛛丝马迹捕捉乍看起来似乎微不足道的矛盾与问题线索，又要以客观事实与社会需求为依据，敢于面对挑战和执著地追求真理。否则，即使矛盾与问题已经客观地摆在你的面前，你也可能发现不了或提不出来，从而失去创造的机会。不过要注意的是，矛盾与问题只能源于社会实践。那些客观上并不存在，而只是主观上想当然产生的矛盾与问题，是不能作为要着力解决的创造性问题的。

深刻思考和系统研究，是创造性行动的灵魂。善不善于对所发现的矛盾和问题进行深入的剖析和思考，找出解决矛盾与问题的途径、措施与方案，是能不能获取新成果的关键所在。仅仅提出了一大堆问题，而不知如何去处置，只能使创造性举动半途而废。因此，一个致胜主体在创造的过程中，能否精于思考、巧于思考，并在深刻思考的基础上加以综合地分析研究，看一看准备进一步改进、完善与革新的对象，究竟具有什么特性与需要克服的缺点，何处有些什么新成果、新成就可以加以移植或综合运用，尚有哪些从未获取过的东西须通过原创，并得出新的认识、设计和行动方案，乃是具有决定性意义的一步。为了能做到这点，致胜主体必须拥有深厚而广博的知识，不断提升创造性智能水平，全面把握与之相关的各种信息、情报与方法，运用理性与非理性思维等多种形式，多向地、应变地、综合地、创新地进行思考。如果说在发现矛盾和提出问题过程中，着重要求能进行多向性、应变性思维的话，那么在思考如何解决这些矛盾和问题时，除了应继续这样做之外，还须突出以综合性、创新性为特征的系统性思维和系统式探究。另外，由于创造乃是十分复杂的过程，创造的任务亦比较繁重，要想尽快而高效地找到解决新矛盾、新问题的办法，还可充分利用当代科学技术革命获得的新方法、新技术与新成果，尤其是把人脑与人工智能技术融为一体，充分发挥人工智能作为人脑进行创造性思维得力助手的作用。

获取与检验新的成果，是创造性行动的归宿。这使人想起美国科学家爱迪生发明电灯的过程：在此之前，实际上欧洲早有人在研制电灯，尤其英国人万斯率先攻克了灯丝这道关键性难题。然而令人遗憾的是，万斯在实验室获得的初步成果，只是写成报告在《科学美国人》杂志上发表，他并未造出能用的电灯。可是爱迪生不同，当他看到万斯的报告后，便抓紧时间很快造出了世界上第一盏电灯，并将其推向了市场。仅三年的时间，美国因此而成了世界电灯之乡。为什么万斯等半途而废，爱迪生却成了电灯发明家呢？关键就在于爱迪生把发明创造一贯到底，通过实际行动将其转化为新的物质财富，转化为能满足社会广泛需求的新用品。由此可见，任何创造都不能停留在实验或试验阶段，当然更不能停留在思维阶段，只有进一步通过行动将其形成新的物质或精神成果，其才会具有真正的社会阶值。

毋庸置疑，由发现新的问题、进行新的思考到形成新的成果，有一个较长的过程，需要一定的条件和克服种种阻力。比方说，一种新思想、新观念、新理论的提出，要经过社会实践的反复验证，其间常会遇到固守旧思想、旧观念、旧理论的各种权威和习惯势力的诘难以至压制，历史上有许多新思想、新观念、新理论、新学说刚一露头，便往往被压下去的事实，很能说明此点；一种新设计、新技术、新工具的出现，要经过新、旧社会生产力与经济关系的反复较量，才能最终克服因顾虑投资亏损等产生的所谓“经济势垒”，转化为社会广泛运用并产生巨大效益的生产能力。像18世纪蒸汽机发明后逐渐被采用、19世纪电磁技术的应用与推广、20世纪对核能的普遍和平利用等，均经历了很长一段艰难过程，就是一些典型例子。因此，主体在开展创造性行动时，一定要把认识过程与实践过程紧紧联系起来。如果说，致胜主体在发现新问题和进行新思考时，往往主要靠自身的敏锐、洞察、知识与智慧等的话，那么一旦要形成新的成果时，就不得不同社会各个方面联系起来，此时尚需要勇气、毅力和奋斗不息的实践精神才行。

**（3）应不断激发主体的创造性致胜能力**

任何创造性行为，归根结底都要依靠主体能动的脑力与体力劳动，不可能通过其他途径来实现。因此，如何在以往脑力与体力劳动的基础上，不断提升主体的创造性致胜能力，是确保创造性行动持续而高效展开的关键环节。为此，不仅有赖于不断革新主体的思维方式、改进创新的方法与技巧，还须营造有利于不断激发主体创新能力的环境与氛围，积极做好各项关乎创造的配套工作等才行。

革新主体的思维方式，是不断提升与激发主体的创造性致胜能力的重要基础。我们在前面曾讲过，所谓思维方式，实质上就是主体把握客体的理性认识模式与样式，其内受主体心理、知识、智力、世界观、方法论的制约，外受历史条件、社会实践与文明水平的影响。当这种理性认识的模式、样式逐渐成了习惯与定势，便会潜移默化地控制主体的思维结构、机制与过程，并反过来支配主体的实践与认识行为。很显然，如果致胜主体的思维方式始终依旧，便会跟不上社会实践与认识活动正在和已经发生的变化，当然更谈不上具有变革意义的创新之举。犹如交通工具的发展变化，假若始终停留在近代以前的牵引式思路上，进步就比较有限，但如果换成了驱动式思路则不同了，人们一直沿着蒸汽机、内燃机、喷气机的路子走下去，从而导至了汽车、火车、轮船、飞机与宇宙航天器等的出现。因此，能不能不断革新主体的思维方式，往往成了其保持创新活力的一个关键因素。就当代而言，面对社会信息化、经济全球化、文化多元化的挑战，各个领域都在发生翻天覆地的变化，实现思维方式的革新更具迫切性。比如，提倡求实地、联系地、发展地、辩证地观察世界，采取开放的、动态的、精确的、多维的、预见的、系统的思维方式，对于应对新时代的挑战，掌握创造的主动权，保证与时俱进地开展创新活动，就有着重要的意义。一个主体如果死抱着主观的、凝固的、守旧的、平面的思维模式不放，不要说在新的历史条件下同创造无缘，恐怕连守成都会变得十分困难。

对创新方法与技巧的适时改进，是不断提升与激发主体的创造性致胜能力的重要途径。从广义来说，全部的科学方法以至成功的经验方法，对创造性能力的提高与运用皆有其一定的意义。而且，就方法的内在构成要素而言，方法的创新还应包括相关技术手段的改进与工艺流程的改革，更使创新方法的意义进一步得以提升。这里要强调的是，主体应根据社会实践与认识活动的发展变化，尤其应面对创造性活动的特点及其要求，来不断地改进、完善、革新创新的方法和技巧。比方说，无论是矛盾列举法、创意优选法，还是借鉴移植法、综合创造法等，虽在以往的创造性活动中都起过重要作用，但主体必须根据情况的变化并联系新的实际做必要的革新，才会有新的活力。至于对各个不同具体活动领域的成千上万种创新技巧，就更应如此。当然，要保持创造的活力，并不仅仅体现在对思维方式与创新方法的革新上，还有其他的许多工作要跟上，像不断更新主体的知识及其结构、及时掌握相关的新信息和新情报、认真总结创新的经验和教训、积极参加创新的训练和实践、学会运用灵感和想像等直觉形式等，对于不断增强主体的创造性致胜能力都是一些行之有效的措施。

形成良好的创新环境与风尚，是不断提升与激发致胜主体创造性活力的重要条件。创造作为一种除旧布新的过程，往往是一种求异为先、打破现状的思维与实践活动，充满着种种不确定性的因素与后果，既可能获得成功和得到大家的认同，也可能导致失败和得不到大家的理解，因此不能遵循“少数服从多数”、“下级服从上级”之类的政治运作原则，以及重产值、利润指标之类的经济管理办法，而应在大力倡导自由探索、宽容失误、鼓励原创的风尚下展开。创造并不等同于圆满，不能只盯住其不完善处，而应看到其新颖点。创新就像新生儿的诞生和成长一样，不能因他随意拉屎拉尿、走路摔跤，就认为他将来长大后不会有所作为。回顾一下历史可以看到，中国春秋战国时期、古希腊时期、古罗马早期以及印度孔雀王朝时期等，在学术理论的创新上无不是比较繁荣昌盛的时期，然而随后的中世纪世界各国，这种发展势头却明显地缓慢下来。为什么会这样呢？原因固然很多，但不能不说同当时社会的政治、经济、文化、宗教、学术等环境与思想解放气氛有着重要的关系：繁荣昌盛始终同“百家争鸣”、革故鼎新紧紧相连，缓慢演进则同“万马齐喑”、维故守旧分不开。由此可见，决不可忽视社会的环境条件与风尚，尤其是人文环境与风尚，对各种具体主体进行创造性活动所造成的影响。

另外，开展创造性活动的具体氛围也很重要。社会的各种具体群体，要想提高自身的创造性能力与水平，充分发挥创造性活动的作用，都有一个如何营造有利于创造的具体氛围问题。从以往的经验可以看到，有利于一个具体群体创造性能力发挥的氛围，至少应具备这样几个条件：一是具体群体内各相关个体有相同的志趣和一致的目标，彼此关心、团结、互助、融洽、精神愉快、同舟共济、心灵相通地共同来实现既定目标，而不能搞互相倾轧、损人利己的事情；二是具体群体内形成了“百花齐放、百家争鸣”的自由、民主空气，容许每个人充分发表各自的看法和独立见解，不以人数多寡、职务高低、学识博窄为准做结论，而以服从真理为原则；三是具体群体内拥有必要的、便利的工具与手段，并方便让所有人自由使用，既有利于充分表达每个个体的见解，又可通过一定途径及时而准确地了解彼此的看法；四是具体群体内建立起协作与交流、竞争与激励的有效机制，能发挥每个人的长处和最大能动性，充分而有效地维护知识产权，搞好领导、管理与组织计划，形成比较完整的创新体系，等等。就每个个体而言，似乎没有营造创新氛围的问题，其实不然，比方说能不能适应与积极改善客观的环境条件，勇不勇于自觉地向周围和自身的传统观念挑战等，都会影响到创新的兴致和决心，并影响创造性本领与活力的充分发挥。

# 第十章　不断攀登致胜高峰

从广义上讲，各种致胜活动的进程皆是有限与无限的统一。不仅在其具体实施的过程中很少是一条笔直的坦途，其间难免充满着种种大小不等的坎坷、曲折与迂回，需要经过胜利与失败之间不断的波澜起伏，呈现出胜利——失败——再胜利的反复变化；而且，每个致胜者所面对的世界又是一个无限的世界，自然界是无限的，人类社会的发展也看不到尽头，因此对于每个主体来说只要生命不息便要奋进不止。这也就是说，从来就未有过彻底的、永恒的、最终的胜利之举。作为进步的致胜主体，切不可自我陶醉与满足于具体的致胜进程中获得的某种胜利，而应始终把握胜与败的辩证法及其转化规律，能动地、不断地争取胜而不败或转败为胜，努力攀登致胜的至圣境界。

## 一、胜与败存在着对立统一的关系

胜与败，作为描述一次致胜活动的最后结局状态，无疑是明确的、对立的、不能混淆的。但从这次致胜活动发展变化过程的角度说，其间的胜与败则常常交替起伏，相互不断发生着变化。如果把两者结合起来看，胜与败之间确实既相互对立、相互交错，又可以在一定条件下相互作用、相互转化。不过也必须明确，某次具体的致胜活动孰胜孰败，只能根据其结局时胜与败究竟谁占主导来判定，至于该活动的后续状态如何，那又是另一回事了。

**(1) 胜与败之间始终是对立面**

应该说，胜与败首先是相互区别、相互对立、相互否定的，它们乃是对人们活动结局的两种相反的表述：胜利表示活动的结果实现与达到了目标，失败则表示活动的结果没有实现和没有达到目标。很显然，胜利与失败反映的是完全不同的、截然相反的活动结局状态，不能把胜看成败，也不能把败看作胜。而且，胜利与失败之间还相互对立，胜是对败的否定，败是对胜的否定，并共同构成了一种对立统一的关系。

然而，致胜活动的形态不同，胜与败相互对立的表现形式并不完全一样。比如，在斗争型致胜活动中，胜与败之间的对立，既可表现在对立双方各自的目标是否实现上，又可表现在致胜主体与客观对象针锋相对地追求的结果上。作为斗争的双方，往往是主胜即客败，客胜即主败。这种状态，尤其在敌我斗争与对抗中表现得最为明显。比如在战争中，我胜即敌败，敌胜即我败，通常不可能出现双胜或双败的局面。以中国的抗日战争为例，经过中国人民八年艰苦卓绝的斗争，尽管中间经历了一系列的胜胜败败，付出了巨大的代价，但最终取得了伟大的胜利，与此同时则是日本军国主义的彻底失败。尽管在特殊条件下，斗争与对抗的结局有时也会以“媾和”与“双败”的状态出现，或如以往双方皆无法取胜时只好坐下来进行和平谈判，或像将来如果一旦发生核大战时将只有失败者那样。但即使这样，在此之前仍要经过一系列胜与败的角逐，始终有个胜与败孰轻孰重的问题，而且彼此间总以对方的胜败作为自身胜败的前提，“媾和”与“双败”只不过是胜与败对立过程中的两种特殊表现形式而已。

可是，在合作型和融进型致胜活动中，胜与败相互对立的表现形式却有所不同。就致胜主体同合作、融进的对象而言，由于致胜的目标往往相同或相似，因此在活动的结局上，主体与合作或融进对象之间有其一致性，经常表现为双胜或双败。很显然，此时的胜与败的对立，并不主要表现在主体与合作或融进对象之间的不同取向上，而是共同合作的致胜活动或小融进大的致胜活动的相反结果上。也就是说，在合作型和融进型致胜活动中的胜与败对立，是从主体与对象的共同活动结局上呈现出来的，合作、融进得比较顺利并实现了共同目标便是胜利，合作或融进时不顺利以至没有达到目标便是失败。其胜利是对失败的否定，其失败是对胜利的否定。比如，一个主体与他人共同搞科研或合作办企业，胜败结果如何主要是看大家能不能一起获得成果或利润，而非你是否占了他人上风或挤垮合作者；当你想融入社会或一个更大群体时，只有顺利地成为其中的一员，并可以能动地施展自己的抱负和推动融入对象进一步发展时，才算获得了胜利，否则就意味着失败。当然，在合作型和融进型致胜活动中的胜利与失败对立，常因具体情况的不同，表现的具体状态也会有一定的差别。

**（2）胜与败之间可以相互交错和转化**

胜与败之间不仅是相互对立与否定的，而且始终紧密联系在一起，胜利中可能包含有失败，失败中也可能包含有胜利，两者在一定条件下甚至还可以相互转化。那种把胜与败截然对立与分割开来的看法，并不符合客观实际情况。主体无论从事哪一种致胜活动，尽管最后结局不是胜利了，就是失败了，但胜利中难免存在这种或那种小失败，失败中也可能获得过这种或那种小胜利。而且，在致胜活动的展开过程中，胜利与失败皆属“常客”，此起彼伏、相互转化乃是常有之事。尽管构成这种过程的一系列具体性举动，皆有胜利与失败的阶段性明确结局，但综合起来看胜利不是终点，失败也不是末日，胜与败始终交织和交替着，孰胜孰败最终要看谁占主导位置。这也就是说，胜利与失败之间并非彼此孤立地存在，也不是凝固不变地存在，它们共同构成了致胜活动结局的对立统一体。

首先从层次上说，有整体性的胜与败，有部分性的胜与败，还有其中的这方面或那方面的胜与败。显然，主体在整体上获得了胜利，并不意味着各个部分与方面都是胜利的；反之，当主体在某一部分和某个方面获得了胜利时，也不意味着其它部分或方面必定胜利，更不意味着整体上获得了胜利。这里，我们需要特别注意那种在部分看来是胜利，但对整体并不算胜利的情形。在开展致胜活动时，之所以反复强调要树立胸怀全局的观念，道理也就在此。军事上这类经验教训很多，以往作战中战略性胜利与战役性、战术性胜利之间发生矛盾的情形，可谓屡见不鲜。第二次世界大战时，日军袭击美国珍珠港取得了战役性胜利，给它带来的却是因扩大战争范围而造成的战略性灾难，可算得上是其中的一个典型例子。其实，在政治、经济、文化、外交等各个领域，因追求小胜而导至大败的情景，也都比比皆是。我们眼见多少本可大有作为的人，往往为了获取某些蝇头小利，而忘记了自己宏伟而远大的目标，结果停滞难进或无功而返，甚至从此一蹶不振，可说是很值得反思的教训。

其次从阶段上说，有当前的胜与败，有未来的胜与败，还有开局与结局的胜与败。在开展致胜活动的过程中，常可看到前一阶段的胜利既可能导致下一阶段的连胜，也可能导致下一阶段的失败；或前一阶段的失败既可能转向下一阶段的胜利，也可能导致下一阶段连败的情景。之所以如此，是因为前一阶段的胜利，既可能为下一阶段与最后的胜利创造了条件，也可能为下一阶段与最后的失败埋下了种子；前一阶段的失败，既可能造成下一阶段陷于继续失败的困境，亦可能为下个阶段与最后的胜利创造了条件、铺平了道路。因此，主体在实现求胜防败目标时，务必站得高、望得远，科学预见致胜活动的发展变化过程，看准尔后二、三步方才走前面这一步，尽力避免各种短视行为，深谋远虑地不断拓展胜利或促使败向胜的转化，直到最后获得胜利。

尤其不可忽视的是，胜与败完全可以在一定条件下相互转化。一方面，胜利可能孕育着失败，甚至由胜利转为失败。像有的主体获胜后，或因得意忘形、麻痹大意，或因认识停顿、后续措施不力，或因力量损失太大来不及补充等等，都有可能造成胜后转败的情形。比如曾打破世界撑杆跳高记录的男、女两位超级巨星，一位是布勃卡在巴塞罗那奥运会上，一位是伊辛巴耶娃在 2009 年柏林田径世锦赛上，皆因程度不等的骄傲、麻痹、忘形等因素，没有认真对待所参与的比赛，以至出现在试跳中就被淘汰出局的异常情形。又如人类在改造自然方面，有不少发明创造一时对提高人类生活水平确实算得上是硕果，但同时又留下了失败的种子，像塑料瓶、塑料袋等的发明与普遍运用，固然大大方便了人们的生活，不过亦愈来愈暴露出其带来的长期后患；另一方面，失败也可以孕育新的胜利，从而转败为胜。如果主体在失败后，能认真分析失败的原因，从中找出经验与教训，从失败的逆境中奋起，并能动创造有利的主客观条件，则完全可能扭转败势而获胜。尤其在科学研究的过程中，有时表面看似乎失败了，但实际上却恰恰相反，通过继续努力即可很快转化为胜利。正如科学家爱因斯坦曾深有体会地说：“在科学上，每一条道路都应该走一走。发现一条走不通的道路，就是对于科学的一大贡献。”可不是么，无论自然科学、社会科学、人文科学还是思维科学，要揭开无知或误知的神秘面纱，常要通过大量的实验、试验、调查、虚拟与研究来开辟道路，其中既可获取如实反映事物的各种数据、信息与材料，也包含有各种不实的数据、信息与材料，只有通过不断的、反复的“去伪存真”过程，才可获得各种客观的、全面的、深刻的正确结论。因此，任何科学研究活动，往往都可能同大量的失误或失败联系在一起，然而如果没有这些失误或失败，也就不会有后来获得的科研硕果。

“杂交水稻之父”袁隆平所走过的五十多年科研之路，也很能说明这个问题：他从农学院毕业后，起初被安排到农校当教员，只是业余做点试验。当上世纪60年代初，看到中国大地到处都是饥荒时，遂下决心要“为中国人解决吃饭问题”，才开始先在农校实习农场、后到农科院有关单位展开了杂交水稻的系统研究工作。他从不盲从权威起步，凭着坚定不移的意志与信心，不断创新的激情、勇气和灵感，勇于否定自己，不断超越自己，从三系杂交水稻、两系杂交水稻到超级杂交水稻，相继取得了巨大的成果。对此，正如他自己深有体会所说：“我经历过‘山重水复疑无路，柳暗花明又一村’的忧愁与欢乐，饱尝了‘失败、成功、再失败、再成功’的苦辣酸甜。”当然，袁隆平也强调“搞科研课题的方向对不对，这是关键的前提，如果方向不对，再努力也是白搭，到达不了彼岸。只要方向是对的，尽管过程有挫折和失败，通过努力，最后还是会成功的。”正因为如此，他荣获了国家特等发明奖、国家最高科学技术奖、联合国教科文组织科学奖、联合国粮农组织粮食安全保障奖等，并受聘为联合国粮农组织首席顾问等。对于以往的这一切，袁隆平并不满足，现已82岁的他戏称自己属于“80后”，说等他进入“90后”（90岁）时，“超级稻亩产1000公斤的目标一定能实现”。

**（3）对胜与败的判定要看谁占主导地位**

虽然胜与败紧密相联，但两者的界限并非模糊不清，胜就是胜了，败就是败了。在衡量和评估致胜活动的胜败结局时，必须通过客观而全面的分析，看谁居于主导的方面来加以判明。如果只看其中的某一方面，或只看某一部分，很难对胜与败作出确切的评价判断。要知道，“灯光纵白终非晓，霜叶虽红不是春。”只有在掌握全盘情况的条件下，客观、全面而又分清主次地进行分析研究，才能正确判定孰胜孰败的问题。其中，尤应注意以下几个关系：

目的之实现与代价之付出的关系。通常，目的与代价是一致的，为了达到一定的目的，就必须付出一定的代价，而拟付出多少代价应根据达到什么样的目的来定。不过在实际的致胜活动中，目的之得失与代价之得失之间，往往会由于主体、客体与环境条件的变化，产生这种或那种矛盾。并且，在实现一定致胜目的与付出必要代价之间的矛盾中，目的始终是矛盾的主要方面，处于主导的、决定性的地位。为此可以用胜利率来反映与度量这种矛盾关系，即胜利率等于实现目标的程度同为此所付出的代价之比。很显然，实现目标的程度愈高，为此所付出代价愈低，表明获胜的效率也就愈高；反之则愈低。因此在一定条件下，可以说只要实现了既定的求胜防败目标，即使是付出了巨大的代价，也应该视其为胜利；相反，倘若没有实现既定的求胜防败目标，即使是付出了较小的代价，也只能视其为失败。只不过，任何主体开展致胜活动时，都必须充分考虑所追求目标的价值，以及究竟能不能承受为此付出的代价，否则亦可能造成一种得不偿失的终败局面。

全局之胜败与局部之胜败的关系。我们知道，通常全局与局部之间是统一的，全局由局部构成，局部须服从全局的要求与需要。当两者相矛盾、不统一时，为了全局的利益有时必须牺牲某些局部利益。衡量与评价胜与败的过程中，同样也应该以全局的胜败得失为根本依据和标准，即使从局部来看是一种胜利，但当其不利于全局的发展时，只能是小得而大失，算不上真正的胜利。当然，在具体的致胜活动实践中，如何看待和处理局部之胜败与全局之胜败的关系，是一个非常复杂、较难把握的问题。有时可以由小胜发展为大胜，大量的、一系列的小胜，正向地积累成结局之胜；有时则因一味谋取小胜而忘了大局，小胜再多亦无济于事，甚至可能带来结局之败。究竟如何去判明，必须具体地加以分析才行。

长远之得失与眼前之得失的关系。在判明致胜活动孰胜孰败时，还经常会遇到此种胜败的时效问题，亦即是暂时性的还是持续性的。有时从当前看是取得了一定胜利，但从发展看却可能给未来设下了障碍或埋下了祸根；或眼前的成绩并不那么显赫，甚至有些失利，然而却为未来的胜利创造了条件或铺平了道路。那么，究竟应以眼前之得失论胜败，还是以长远之得失论胜败呢？概括地说，在处理如何实现眼前利益、目标与长远利益、目标的关系问题上，能把两者有机结合和统筹兼顾起来当然比较理想，亦即既应努力争取当前的胜利，又能将其引向未来的更大胜利。但当两者发生矛盾时，则应坚持眼前利益、目标要服从长远利益、目标的原则，避免在胜败问题上犯急功近利的错误，甚至招致历史性的灾难。比方搞经济建设，如果只顾当前的发展速度和规模，不管是否有利于后面的持续性发展，就会给未来的经济持续增长造成困难。可见，开展任何致胜活动，都必须立足于现在，同时又着眼于未来，才有利于对其胜败之举做出正确的判断。

当然，要想全面而准确地衡量和判定致胜活动的胜败，还有赖于对各种相关因素作更进一步的综合分析。除了对上述的目的之实现与代价之付出、全局之胜败与局部之胜败、长远之得失与眼前之得失等进行深入而细化地剖析之外，还必须看到这些方方面面存在的矛盾与联系，并在此基础上作出客观的、全面的、辩证的分析研究。只有这样，才可能在各种错综复杂的胜与败兼有的情况下，对所开展致胜活动的胜败属性作出正确的判断。

## 二、要做到胜而再胜有赖于持续努力

初战告捷、胜而再胜是谁都指望的事情，但由于存在种种不确定性因素，要想获胜后继续保持连胜，决非一件容易的事情。平时所说的常胜者，并不等于从不失败的永胜者，只是能够勇于夺取胜利、正确对待胜利、不断发展胜利而已。可以这样说，只有那些善于认真总结求胜防败的经验教训，能够及时地、不断地采取巩固胜利的措施，扩大胜利成果时避免走向极端的致胜主体，才有可能达到常胜少败甚至胜而再胜的地步。

### （1）应总结和吸取以往的经验教训

历史虽然不会全般重演，但必须看到以往的经验教训，对于当前和未来的致胜活动确实起着重要的引导与警示作用。一个成功的致胜者，既必须经常总结自身和别人连战连胜的经验，看这些经验有哪些在现在与未来仍然适用，有哪些业已过时；还必须认真吸取自身和别人先胜而后败的教训，看哪些今后应注意避免，哪些可以反其道而用之。可以说，以往无论是连战连胜的经验，还是先胜后败的教训，对于后来能动地获取胜而再胜均具有积极的意义。

从大量的历史事实中可以看到，人们在胜利后往往会产生两种情绪和力量：一种是再接再厉、继续前进、发展胜利的情绪及其正向力；另一种是得意忘形、骄傲自满、麻痹轻狂的情绪及其反向力。如果主体在获得胜利之后，能够采取各项有力措施来巩固胜利成果，及时弥补以往某些不足之处，再接再厉地继续奋勇前进，结果就可能是进一步扩大与发展以往的胜利，不断开创和迎来更新的局面。要是被胜利冲昏了头脑呢？这种主体不仅老被傲气缠身，而且常与狂妄为伍，结果就像英国的一句谚语：骄傲可使人膨胀，却无力将人托起。如此只会产生负面的情绪和反向力，因而莫不重蹈“胜利——骄傲——失败”的老路，一步步走向由胜转败的深渊。

胜后转向失败的情景，在政治、经济、文化等各个领域几乎随处可见。比如，有的人仕途飞黄腾达，甚至当了高官，可是从此骄横无礼、飞扬跋扈、贪污腐化、不可一世，结果摔得比谁都快、都重；有的企业因某个商机发展得极快，便以为可以迅速主宰某个行业，不惜盲目投资、扩大规模、追求高利率，到头来却弄了个申请破产；有的学界名人，年纪轻轻就出版了不少著作，很快在相关领域成了个“名家”，可是却因此怡然自得、不求进取，很快便在学界销声匿迹。在平时的生活中也可以看到，许多本来很有理想和作为的青年，后因迷恋酒色一下子掉进了“温柔乡”里，再也无法自拔；许多祖辈皆大有作为并指望其发扬光大的青年人，却因其成天只知道吃喝玩乐而成了“败家子”。

不仅个体是这样，一个团队、政党、民族、国家也可以这样。中国明末李自成农民起义军，自提出“均田免赋”等口号后，发展迅速，连战连捷，很快便推翻了明王朝，可是进北京后却沉醉于胜利之中，从上到下尽情贪图享乐，忙着建宫殿、府第，到处抢掠和霸女占财，有的高层将领为了争夺美女或互相比阔而置大局不顾，以至不久便遭到失败，就是一个典型的例子。在现代世界史上，有许多国家执政近百年的政党，开始时发展很快，执政成绩卓著，得到了较普遍的拥护，但后来逐渐垮了下来。为什么呢？原因固然各有不同并且是多方面的，但无不与执政后热衷于争地位、谋私利、求享受、搞腐败，成天拉帮结伙、勾心斗角，愈来愈远离广大公民等密切相关。纵观中国和世界各国的整个历史，不知有多少朝代、多少政权，皆由于统治阶层骄奢淫逸以至自上而下腐败而最后倾倒，这不能不说实属深刻的教训。时代在前进，事物在发展变化，任何致胜主体光靠躺在那里吃胜利的老本，结果只会不进则退，逐渐地由胜利转向失败。

由胜转败的经验与教训还表明，除了反映在致胜主体的心理、人生观与价值观方面是否正确之外，还与致胜主体在认识上能不能随着主、客观情况变化而变化，有着十分密切的关系。一个主体之所以在此之前获得了胜利，通常是因为他能正确地认识致胜活动的主、客观情况及其规律，并据此同自身的期望、目标结合起来，做出了科学的决策，并采取了正确的行动。可是，当主、客观情况及其规律发生了变化，其仍然按照原来的经验与方法去做，就不可能继续获得成功。在军事领域，如苏德战争初期，法西斯德国的军队利用新出现的空军与机械化陆军集群，对苏联成功地实施了大规模的闪击战。而当时领导苏联红军的几位老元帅，虽在建国之初都是战功赫赫的风云人物，但在 20 多年后当面对德军以大量坦克、飞机迎面扑来的时候，却仍然采取基本上还是步、骑为主时代的战法，结果给苏军造成了极大的损失与被动。第二次世界大战初期的德、苏双方表现，不能不说在军事活动中是个很好的正、反例子。

在经济领域也是一样。例如随着市场经济逐渐取代计划经济，有的企业由于能及时抓住经济转轨时机，迅速扩大投资，大力引进各种人才，采取灵活有效的企业管理方式，把企业办得越来越活、越来越大、越来越好，因此能很快由小企业发展为大企业，甚至成了跨国性企业。可是也见到有的企业领导，仍沿用以往计划经济的那一套，来管理市场经济的运行；用国内贸易的方法，搬到国际贸易上；用对甲国进行经济往来的做法，来同乙国进行经济合作，等等，结果就到处碰钉子。的确，经济上那些本来行不通的因素与做法，随着社会环境条件的变化可以变得畅通无阻，而那些本来行之有效的东西，却随着社会环境条件的变化已成了过时的东西，如能与时俱进、随之而变，企业就有可能从胜利走向新的胜利，反之则只能导致失败。这方面的经验与教训，在各个领域可谓多矣！

**（2）必须不断地巩固与发展胜利**

古人云：“战胜易，守胜难”，但同时又强调“慎终若始，则无败事。”

前者说的是要巩固胜利、获得连胜，决不是一件容易的事情。后者说的是只要获胜后，如同胜利之初那样仍然兢兢业业、不断进取，就完全可以避免胜利后再走向失败。在人生的道路上，当成功地沿着胜利的坦途向前迈进时，难免不遇到各种难关、险阻与陷井，只不过智者善于及时识别并架起跨越障碍的桥梁而已。可以说，在获胜之后能及时地、不断地采取坚定有力的各项后续措施，确实是保证胜而再胜的重要途径。

一方面必须千方百计地巩固胜利。应该肯定，对已获得的胜利，如能不断地加以巩固，本身就是一种致胜行为。但要是胜而不固，只会导致“胜利之柱”的逐渐倾倒，甚至夷为“失败的乱石堆”。为什么历代王朝多半先兴后倾，主要就是因为各个朝代的开国者，胜利后建立起新朝，往往能通过励精图治使国家有了新的起色，而其绝大多数的继承者，却一味地只知享受前朝的硕果，很少甚至没有不断采取巩固新政的方针政策，以至一代不如一代地逐渐走向覆灭。眼见多少家族企业也是这样，在父辈时由于善于筹划、精心经营，各方面呈现出一派蒸蒸日上的胜况景象，甚至成了企业界的皎皎者，但转到了接班的儿孙辈手里时，却由于只知享受和挥霍，不知如何在资金、人才、管理与市场运作上继续保持企业的优势，结果不少均很快地垮了下去。其实，任何一个主体从事任何性质的致胜活动，如果实现一定目标后，只是尽情去享用既得的果实，而忘了或不屑采取任何巩固胜利成果的后续措施，到头来没有谁能逃重返失败的厄运。

另一方面还应视情果断地发展胜利。俗话说得好，逆水行舟不进则退，在致胜活动中何尝不也是如此。因为自然界在变化，人类社会在演进，谁如果仅仅满足于已往获得的胜利，那么当别人取得了一个又一个新胜利的时候，相形之下你就会变成落伍者了。就象一个企业，如果开局还不错，但在尔后的市场竞争中却一味守成，其可能很快就会被淘汰出局；一个国家也许在以往的世界角逐中占有了一定优势，然而在新的历史条件下和战略机遇期中，却满足于过去辉煌的成就，同样可能被甩到前进中世界的后面。群体是如此，个体也一样，只有在巩固胜利的基础上进一步拓展原有的胜利，不断夺取新的更多、更大胜利，才可能在各项致胜活动中成为真正的皎皎者。比方说，当找到了一位理想的情侣后，接下来就应该考虑如何去建立一个幸福美满的家庭；考取了一个名牌大学后，下面要做的则是如何利用这种好的学习环境去掌握知识和提高能力；找到了一个理想的工作岗位后，下一步就该考虑如何在事业上发展和力求作出有益的贡献，等等。如果一个主体能这样去对待婚恋、学习、工作等问题，他准能迈向一条胜而再胜的人生之路。

的确，人们从事任何致胜活动时，径情直遂的情形比较少见。山无常势，水无常形，随着主观与客观等各个方面的发展变化，人世间的事情更是变幻莫测。如果致胜主体不善于从这些发展变化的实际出发，针对具体问题进行具体分析，找出符合当时实际情况的决策行动方案和具体措施，并坚决地加以贯彻执行，就既不可能巩固以往的胜利，更无法不断地发展胜利。因此，群体也好，个体也好，只有在以往获胜的基础上，随情而变地不断去夺取新的胜利，才是确保获得“连战连捷”式胜利的上策。

**(3) 扩展胜利时宜避免越过顶点**

尽管获得胜利后，在适当休整、再作准备后乘势扩大战果，进一步去夺取新的胜利，是件值得肯定的事情。但必须看到，做任何事都不宜做过头，无论什么胜利之举都有一定限度，过头了，走向极端了，就有可能继而转为下坡路，导致一步步地滑向失败。因此，为了卓有成效地扩展胜利，避免出现各种由胜转败的情形，如何做到正确认识与把握胜利的顶点，亦是在求胜防败过程中不可忽视的重要环节。

人们都知道，无论做什么事皆不宜追求过头的目标。如果忘了“量力而行、适可而止”的原则，成天抱着过高的奢望行事，结果不是自寻烦恼、自讨苦吃，便是形成物极必反的局面，最后步入失望与失败的泥潭。从事致胜活动何尝不也是如此，每次具体性活动所能获得的胜利，皆有一定的限度，只能到达一定的顶点。过度或过头了，轻则招来各种损失，重则导致前功尽弃。人们常用“急流勇退”来比喻那些做官为政者，当到达高峰时就勇敢地、及时地引退的一种作为。然而，自觉地从“权力”顶点退下来，说起来容易真正做到颇难，尤其对于一些认为“有权就有一切”的当权者就更是如此。眼见古往今来有多少这种长期身居高位，最后因渐失大家拥护以至狼狈下台的领导者，就是很好的教训。不过，在领导人中也不乏到达顶点后便“急流勇退”的佼佼者。如美国第一任总统华盛顿，他虽然率军赢得了18世纪后期美国独立战争的胜利，但胜利后却拒绝了同僚们让他担任新政权领导的提议，回到农庄去过平民生活，后来尽管大家请他出来主持制宪会议，并被选为了美国首任总统，然而任满两期后又自愿放弃权力，再次回复平民生活。正是由于这种情怀，因此后被美国人尊称为“美国国父”。

必须看到，致胜主体在实现预定目标之后，通常都会千方百计采取各种巩固胜利的举动，这是责无旁贷的事情，但如果想乘势进一步扩展胜利，甚至接着朝新的更高目标奋进，则必须重新审时度势后再量力而行才对。毕竟，确定新目标和采取新行动，乃是另一项新的具体性致胜活动的开始，对所有因素、条件的考虑及其决策筹划，理所当然应重新加以认识、研究和进行新的准备才行。如果对这种继胜利之后随即展开的扩展胜利举动，因期望过急、过度而急于求成，总想将“胜利”迅速推向可望而不可即的境地，企图轻率地越过胜利顶点，那就很容易在后继的行动中，把大好的胜利形势给断送掉，甚至陷入失败的深渊。普鲁士军事理论家克劳塞维茨在《战争论》一书中，就专门谈及过“进攻的顶点”问题，强调“超过这一时刻就会发生剧变”，确实很有道理，其不仅仅适用于军事行动，应该说对于任何企图继续发展胜利的行动亦然。

这只要翻看一下历史，就可得到印证。从大的群体来说，如历代的那些大帝国，由全盛迅速走向衰落，多半都是因为期望过度膨胀而力量不继所致。从亚述帝国到罗马帝国，从蒙古帝国到法兰西帝国，从英帝国、德意志帝国到日本帝国，等等，它们都有一个共同的特征，亦即依靠一时强大的武力，到处征服并不断地、迅速地扩张势力范围，对外实施大肆掠夺与对内实行严酷统治的政策，然而一个个终因矛盾交困、战线太长、危机重重、穷兵黩武，最后都力不从心地或快或慢走下坡路直至彻底失败。即使一些具体的致胜活动，也同样存在力量可达到的顶点问题。诚如《左传》对中国春秋时期的齐鲁长勺之战描述的那样：“夫战，勇气也，一鼓作气，再而衰，三而竭。”不可能永远保持进攻取胜的锐气，若在力量已衰竭的情况下再继续打下去，就只能意味着失败。毫无疑问，军事活动上的这种情形，在政治、经济、文化、体育等活动领域亦有类似的情形，只不过表现的形式不完全一样而已。

应该清楚地看到，主体从事任何致胜活动，通常都是针对一定目标来准备力量和进行决策的，只要一步步地实现了既定目标，皆是一个个胜利。如果恣意跨越过去了，又会是另一种状态。犹如一个登山运动员，如果其身体素质不错，各方面又做了充分的准备，逐步地先后胜利登上了各种五千米、六千米、七千米左右的高山峰顶，应该说是一位不断走向成功的运动员。如此保持与继续锻炼下去，有朝一日完全可能成为攀登珠穆朗玛峰的佼佼者。但如果他刚攀登完喜马拉雅山其它高峰后，在没有获得充分休息和重新做好必要准备的情况下，却紧接着贸然去直接冲攀8848米的珠穆朗玛峰峰顶，结果势必造成败局。做任何事情都是同理，要想获取新的胜利，就必须作进一步的充分准备和重新决策才行。在没有做好这一切之前，就贸然越过胜利的顶点勉强为之，势必导致失败。毕竟高处不胜寒，胜利顶点的四周往往是悬崖陡壁，恣意越过这种顶点，很容易从高处跌落下来，使自己比获胜前摔得更惨。就像有的人，野心勃勃不止，在仕途上爬了一级又想爬更高一级，不问个人的才能和水平如何，一门心思、千方百计去谋求个高官显位；有的人只顾满足自身过高的奢望，不惜通过走歪门邪道的办法去实现，但当“盛名之下，其实难副”时，最后难免落个身败名裂的结果。

## 三、坚强的致胜者要善于转败为胜

“人有悲欢离合，月有阴晴圆缺。”人生的道路，坎坷不平者居多；社会的发展，迂回曲折、波浪起伏的过程比比皆是。一个致胜主体，无论从事斗争性活动，还是合作性、融进性活动，除了获得胜利，还经常免不了遭受失败或同失败的现象进行抗争。在面对失败的情况下，有的主体经常显得无能为力地俯首称臣，一败再败；有的主体则傲然挺立地继续顽强奋斗，转败为胜。可以说，只要牢固树立败而再战的决心，认真总结经验教训，把失败真正变为成功之母，能动采取转败为胜的各种措施和行动，就有可能把失败多于胜利、大于胜利、超于胜利，转变为胜利多于失败、大于失败、超于失败，从无数失败中踩出一条致胜的坦途，从而最终实现求胜防败的目标。

### （1）坦然地面对失败是转败为胜的心理基础

在各种致胜活动中，失败现象往往在所难免，能最后获胜者乃是那些不怕失败和挫折的人。对于一个真正的致胜者来说，通常不是会不会遇到失败的问题，而是能不能经受住失败的种种冲击，做到直面失败、败而再战直至转败为胜的问题。为此，致胜主体只有首先在心理上、精神上坦然地面对失败，不怕失败，才能形成败而再战、转败为胜的强大精神力量。

的确，大量的事实表明，持续地失败往往并非缘于对手的强大，而是因为自己的脆弱和被失败吓倒所致。比如其中常见的有：一是震惊与恐慌。有的人缺乏必要的精神与心理准备，一遇到失败，似乎天都要塌下来了，显得十分震憾、恐惧和慌乱，老是提心吊胆，生怕面对各种失败的后果，从而使自己陷于一种六神无主、不知所措的境地。二是悲观与绝望。面对着失败，主体的自尊心、自信心很快受到严重挫伤，自贬、自卑、怕别人瞧不起的羞耻心理油然而生，轻者陷于悲伤痛心、自暴自弃、畏缩不前，重者萎靡不振以至厌世自毁，陷于绝望状态。三是掩饰与推诿。失败了，主体不是认真去分析失败的原因，总结失败的各种教训，而是“猫盖屎”地去掩盖事实真相，或者自我解嘲，或者怨天尤人，或者找各种理由推卸责任，因此往往无法做到吃一堑长一智地继续前进。四是愤恨与报复。有的主体总以狭隘的心胸对待失败，鼠肚鸡肠地度量周围的一切，进而对他人与社会产生不满，轻则指桑骂槐、恶语相伤，重则恣意泄愤、寻机报复，甚至做出各种违法乱纪之事，很难继续再战求胜的进程，等等。

虽然不同主体面对不同的失败，可能产生的不正常心态会有较大的差别。但上述这些心理与精神反应，均会不同程度地对败后再战产生极为消极的影响，使之在失败面前失去求胜防败的勇气，并从此消沉下去，终而沦为失败的奴隶。致胜主体遭到失败后，难免产生种种的心理反应和精神变化，这是完全可以理解的，然而务须坚决克服消极情绪的抬头和泛滥才行。失败了，最怕的莫过于不再奋起，成天困扰在失败的阴影之中。主体要想转败为胜，切不可用悲情洗礼，以畏缩或愤恨相迎，只有具备“莫愁春已过，看着又新春”的心态，坦然地面对挫折与失败，才有可能在失败的面前傲然挺立，重新积极地投入到致胜活动中去。当然，有时面对某些失败情绪，需要一定的时间去缓解。比如许多青年人失恋后，精神上痛不欲生，觉得天都要塌下来，面对此种情形，就可以转移一下情绪，去从事各种有益的活动与工作，以随着时间的推移而逐渐回到常态。

我们从历史中可以看到许多败不馁、战而胜的事例：且不去说中国古代传说的农业与医药创始者神农氏，在尝百草过程中常有“一日遇七十毒”的失败，最后才开创了用中草药治百病的先声；就是明代杰出的医药学家李时珍，不仅一生始终坚持上山采药、亲自尝药，而且经常在临床实践、鉴别考证中不断纠正错误，前后经过二十七年的艰苦努力、成败相间，才终于著成了五十二卷（包括十六部、六十类、药物一千八百九十二种、方剂一万一千余种）的中医学巨著《本草纲目》。在近、现代的科技界这类例子也很多，如瑞典著名的科学家诺贝尔，一生共获专利350多项，发明了硝化甘油炸药和雷管，大家都知道他用自己的财富创立了闻名全球的诺贝尔科学奖，可是他成功前所经历的巨大失败与灾难，以及败而不馁的事绩，了解的并不很多；德国的细菌学和医学科学家科赫，为了征服当时肆虐全球的不治之症——肺结核，经历了无数次的挫折、失败与反复实验，并以大无畏的精神到处追踪危害人类健康的结核菌与其他细菌，终于为人类战胜病魔作出了卓越贡献；美国的飞机发明家莱特兄弟，在他们立志造飞机之时，看到的乃是德、英、法国等航空先驱们的一连串失败以至牺牲，但他们却迎着失败坚定地走下去，先后作了三千多次滑翔等方面的试验，哥哥受伤后弟弟便接着试飞，最后迎来的才是世界上第一架飞机——“飞行者”的试飞成功，等等。还有，影响全世界人口达五分之三以上的佛教、基督教和伊斯兰教的创立者们，无论是释迦牟尼、耶稣还是穆罕默德，在他们创立本教和宣扬教义的过程中，无一没有经过种种磨难与失败，不同的仅仅是表现的形式有所差异而已。

就人生的道路来说同样是如此，谁都难免遭遇各种困难、险阻、陷井，有时甚至犹如跋涉急流险滩、高山峻岭，可说是败笔常有、败事难断，就看如何对待和处置。可以说，失败既是难免的，又是可以改变的，关键在于有没有败而再战的毅力和奋发的勇气。近代中国一直以“东亚病夫”闻名于世，在国际体育赛事中总与冠军、亚军等无缘，但最近几十年来随着着国力的强大和体育运动的普及，逐渐走出了失败的阴影，无论是世界性各种单项比赛还是奥运会，中国的体育健儿们经过胜与败的反复拼搏，都创造了前所未有的骄人成绩，像球类，体操、游泳、田径、举重、射击、武术、登山、滑冰、滑雪、摔跤、击剑、自行车等等，皆纷纷夺得了这个金牌、那个银牌，真可谓前所未有。如果你去细问一下那些优秀运动员夺冠的过程，就会发现都不是一帆风顺、得来全不费工夫之事。如2011年6月夺取法国网球公开赛大满贯冠军的中国选手李娜，在12年的职业生涯里，不知经历过多少辛酸、磨难与痛苦，遭遇过多少挫折、失误与败局，但她始终如一地坚持训练与努力参加各种比赛，才终于在这个134年来一直由欧美选手垄断的项目中夺冠，实现了如她自己所说的少年时代就开始有的“梦想”。类似李娜这种经历的，还有许多许多，在此就不一一赘述了。即使在平常的工作与生活中，也同样有许多败而再战取得成功的事例。如《拒绝失败的人生》一书的作者——美国人西恩·史蒂芬森，就算得上是一个不屈不挠地拒绝失败的典型：他一生下来便成了个患全身脆骨症的“玻璃人”，18岁之前骨折超过200次之多，差不多平均每个月都要骨折一次，每天大多数时间待在轮椅上，身高不到一米，但他却一直没有退缩，以顽强的意志与毅力战胜一切困难，终于成了一位心理治疗师和国际知名的演说家，成了帮助别人正确面对生活的名人。

这一切说明了什么呢？就是告诉人们，失败没什么了不起，挺身站起来再前进就是了。即使屡战屡败，只要勇往直前、下定决心、顽强拼搏、败而再战，继续坚定不移地朝着既定方向与目标前进，就仍有可能成为致胜活动的主宰。对此，中国数学家华罗庚就科学事业中如何正确认识与对待失败时这样讲过：“科学研究中任何重大的成就，都是需要经过几十次、几百次甚至上千次上万次的失败，才能取得的。”就像20世纪初期治疗昏睡病和梅毒病的药物砷凡纳明的发明，德国的欧立希和他的同事先后经过605次实验都失败了，到第606次实验时才获得成功，因而该药被命名为“六零六”那样，一部人类社会的致胜活动史，从来就没有永不失败者，只有不怕失败、败而再战的胜者。即使在一般活动中，也诚如著名的“蓝球飞人”乔丹在总结其打篮球的经历时所说：“在我的一生中，失败总是一个接着一个，但这也是我为什么会取得成功的原因。”的确，任何人怕就怕败了不自醒、不奋起，以至失去致胜的勇气、锐气、毅力与坚强意志，如此不仅会屡战屡败，还会畏惧再战再败，永远同胜利无缘。世上那些伟大的顶端人物和先进群体，几乎都遭遇过失败，但又贵在勇于和善于对待失败，进而变失败为胜利。

**（2）正确地认识失败是转败为胜的思想前提**

转败为胜的最好向导，莫过于从自己所犯错误和失败中得来的教训。《吕氏春秋·自知》中说得好：“败莫败于不自知。”要想转败为胜，仅仅坦然面对失败并不够，还应有积极的拨云见日之功。为此，最重要的就在于善识失败和利用失败，既不对以往的失败耿耿于怀，老怀着一种割不断、理还乱的心情去对待；又不简单地对失败说声“再见”，而是将其作为前车翻覆之鉴、继续前进的铺路石和胜利前“血与火”的洗礼。只有善于把阴云化为蓝天，把挫折化为动力，把腐朽化为神奇，把悲愤化为力量，致胜者才能在失败后很快沐浴到走向胜利的阳光。虽然失败的滋味是苦涩的，但如果能把这种充满苦涩的“沃土”利用好，完全可能结出甜美的“佳果”。要看到，夜间的黑暗毕竟会迎来黎明，寒冷的冬天毕竟会迎来新的春天，失败孕育的胜种完全可能萌发为在望的胜利。

显然，转败为胜并非一件必然的事情。应该客观地认识到，失败要想转化为胜利，其“孕育”与“诞生”的条件十分重要。如果以为失败之后，紧随着的便是胜利接踵而来，那真是莫大的误解。人们常用“失败乃成功之母”这一箴言来激励失败者的斗志，正如用“成功乃失败之母”来告诫成功者切莫得意忘形一样，确实是极富哲理性的。但是，要想使失败真正成为“成功之母”，除了离不开直面失败并敢于再败再战这一前提外，关键就要看善不善于在认真总结失败教训的基础上，把失败作为预防继续失败的“疫苗”，作为获得下一步胜利付出的“成本”，能否让失败中孕育的胜利种子发芽和茁壮成长，从根本上提高转败为胜的自觉性。其中最好的向导，就是从自己所犯错误和失败中得到的教训。关于这一点，毛泽东就曾深有体会地谈到过：“人们经过失败之后，也就从失败取得教训，改正自己的思想使之适合于外界的规律性，人们就能变失败为胜利，所谓‘失败者成功之母’，‘吃一堑长一智’，就是这个道理。”近些年来，国内外之所以掀起一股研究失败的实践与理论的热潮，即与这方面的需求直接相关。拿破仑说得好：“不会从失败中找寻教训的人，他们距离成功之路是遥远的。”失败能否成为“胜利之母”，关键在于能否在失败后孕育出新的胜利种子，并保证其能发芽和茁壮成长。

其中，认真剖析失败的主观与客观原因，有助于主体从源头上找出转败为胜的途径。一个真正的致胜者，不仅应勇于承认失败，而且总是勇于剖析失败之因。通常可以看到，导致失败的主要原因如有：一是目标选择不当。或是不符合客观对象的实际情况，或是没有根据社会的需求，或是不顾实际的可能条件，任凭主观要求、喜好与愿望来确定致胜目标。付诸实施时，不是好高骛远，就是急于求成，结果势必失之于过高、过宽或过快；二是心理上有弱点。前面曾谈到了各种心理因素的特点及其作用的多重性，这完全适用于其对失败可能产生的影响上。像信心不足、不够专注、缺乏毅力、性情急躁、迟疑不决、怨天尤人、狂妄骄横等等，都容易造成失败和对转败为胜不利；三是主观认识失误。任何失败，首先都同不能正确认识致胜活动各个方面及其规律有关。而且主体一旦将所获得的不正确认识同自身所追求目标结合起来，更会进一步造成决策的失误。在这种情况下，遭受失败是必然的，如不及时反省和端正认识，转败为胜也是不可能的；四是致胜力量不足。主体一开始在致胜力量上缺乏充分的准备与动员，达不到实现目标的要求，未能形成对客观对象阻力的优势，势必使自己陷于被动。尔后，随着致胜活动的向前推进，如果又不善于科学地组织、管理和运用已有的力量，并且未及时地补充力量，届时不仅难以转败为胜，而且只会连战连败；五是环境条件不利。自然的、社会的、致胜场的环境条件，决定着致胜活动的可能范围、实施方式和实现目标的程度。缺乏一定的活动条件，或者是所选致胜场多有不利，可是又无法能动地去改变这种状况，结果只能是失败；六是应变措施不力。致胜的过程充满着各种不确定性因素，随时可能出现种种意想不到的情况，如果遇事不善变通，事先又缺乏应变的准备和各种应对的措施，那就会“一条路走到黑”，在变幻莫测的背景下碰得头破血流；七是致胜行为不当。从宏观的角度看，违背了科学人道精神及其普世原则，这种行为就不是真正进步的致胜行为。具体地说，致胜活动如果违反有关的法律和道德规范，亦不可能取得成功，即使一时获得了某种程度的进展，一旦“曝光”也会身败名裂，等等。当然，失败的原因不仅仅上述几种，而且不同性质、不同领域、不同主体所表现出来的特点也有所区别。只要能正确分析和找准各种失败的具体原因，就可以根据不同的具体情况，有针对性地采取避免继续失败的各项措施。

同时，仔细分析失败的性质与客观态势，有助于判断失败的程度和找到转败为胜的对策。失败是一个笼统的提法，从致胜活动的发展变化过程看，可以是初局即败、败而再败，也可以是先胜而转败。然而这些失败究竟是种什么性质的失败呢？尚须作进一步的分析与判断。比如，首先要搞清是全局性失败还是局部性失败。我们在前面曾就如何判定活动孰胜孰败时，谈到过全局性胜败与局部性胜败的关系问题。这里要强调的，则是指失败的性质是整个致胜活动全面失败了，还是其中的某些方面或部分失败了。很显然，如果致胜活动的全局遭到了失败，问题就比较严重，要想再转败为胜已不是一件容易的事情。如果仅仅是某些局部遭到了失败，情况则有所不同，还可以通过其它局部以至全局的胜利来加以制止和弥补，因而不至于很块地、全面地影响大局。由于就失败的演变过程来说，通常是先局部再及全局，因此要想转败为胜，既须着重预防全局性失败的发生，也不可轻视局部性失败对全局的影响和反作用，尤其必须在那些关键性局部上下工夫，通过局部的转败为胜来实现全局的转败为胜。

其次，要搞清是连续性失败还是偶尔性失败。致胜活动作为一种过程，可能有长有短。对于那些需要经过反复斗争、合作或融进的致胜活动来说，通常都有一个胜与败不断反复的问题。如果连战连败，基于“积重难返”的缘故，此时要想转败为胜，先得制止失败和不让失败产生“振荡”效应，然后才能再去谋求胜利；如果时胜时败或偶尔失败，情况则有所不同，考虑的则应以防止再失败与发展胜利作为努力方向。当然，假如致胜活动的时间与过程十分短暂，尚未等到主动采取措施去扭转，败局便已成定局，想转败为胜确实是件十分困难的事情。不过，无论属于那种情况，致胜主体都应充分发挥主观能动性的作用，既不必为偶尔的失败而沮丧，又应及时而有效地制止连续的失败，力求始终把握住转败为胜的主动权。

再则，要搞清是彻底性失败还是可救性失败。彻底性失败是指无法挽回的失败，任凭致胜主体尔后如何努力都无济于事，剩下的问题是如何去减轻失败的影响与后果。如果等到失败发展到这个程度再指望转败为胜，势必成了只能“一声叹息”的事情。可救性失败有所不同，它给主体造成的物质、精神损失，有的比较严重，有的比较轻微，但可以通过致胜主体的能动性努力来挽回这些损失，重新朝着致胜目标前进。因此在致胜活动中，一定要尽力避免彻底性失败，如有挽救可能时，即使是一丝的胜利曙光与希望，亦应坚定不移地朝着转败为胜的方向努力；同时在面对非彻底性失败时，不可任其发展为彻底性失败，先要下大力制止此种失败，再及时而果断地采取各种有力措施，以达转败为胜的目的。

### (3) 转败为胜时应遵循一定的客观演变规律

要想提高转败为胜的自觉性，仅仅弄清了为什么会失败，以及明确了失败的不同性质与程度并不够，还必须在对失败的方方面面进行反思的基础上，把握制止失败和转败为胜的客观规律，从而懂得怎样去做才能有效地实现转败为胜的愿望。

要掌握转败为胜的规律，固然应善于借鉴历史的、别人的经验和已有的研究成果，但更重要的是必须从当前致胜活动尤其是转败为胜过程的实际情况出发：一方面应全力找出影响和决定致胜活动产生、进程与结局的各种要素，尤其是直接影响和决定促成转败为胜的相关要素，并分析、认清这些要素所处的地位与作用；另一方面，须下工夫揭示各要素之间所存在的本质的、必然的、稳定的联系，同时也不忽视那些非本质的、偶然的和不确定的联系，以及这两方面之间的可能转化。譬如，趋利避害的规律，强胜弱败的规律，以及在一定条件下强弱可以转化的规律等，就是反映致胜活动客观实际的一些基本规律，无疑同样适用于转败为胜的过程。只不过，这些基本规律运用于转败为胜的过程时，必须结合不同的转败为胜的实际情况，进一步予以具体化才行。

就转败为胜这一特殊过程而言，除了基本的致胜规律始终起着作用之外，也有自身的一些特殊规律。例如：转败为胜要有屡败屡战直至胜利的坚定意志的规律。那些经过一、两次或几次失败便“鸣锣收兵”、“洗手不干”的主体，根本不可能实现既定的求胜防败目标，只有败而不馁、失败了还奋起、再失败就再奋斗的致胜主体们，才能做到“有志者事竟成”而最后到达胜利的彼岸；转败为胜须以有效地遏制住失败为前提的规律。如果对失败采取阿Q的态度和鸵鸟的办法，不是无所谓就是视而不见，听任失败的蔓延与发展，那么越往后就越难以扭转败势，因此必须先制止与遏止住失败，才能为转败为胜奠定基础；转败为胜有赖于千方百计扫除致胜障碍的规律。孰胜孰败无不与主、客观是否具备一定的条件紧密相连，绝不能遇到困难、矛盾、阻力时便绕着和躲着走，而应迎上去积极地予以克服、解决和排除，不断地优化所选的致胜场，这样方可开创一条失败后重新迈向胜利的道路；转败为胜的良机存在于对手到达胜利顶点时的规律。任何对手的胜利都会有一定的限度，越过了某个顶点就会开始走下坡路，此时最宜致胜主体采取转败为胜的措施和行动，否则容易失之过早或过迟；转败为胜的过程充满曲折起伏的规律。并非扭转了失败局势之后就万事大吉，可以径情直遂地实现致胜的目标，其间难免会遇到新的挫折与阻力，既要兢兢业业、坚持不懈，又讲究致胜的艺术性，直至取得胜利为止，等等。

毋庸置疑，不同性质、不同领域、不同条件的致胜活动，由于各有许多不同的要素、关系、特点和条件，转败为胜的具体过程与具体规律也不会全然一样，尚需要致胜主体根据自己所面对的具体情况去作进一步探索。而且，在把握这些转败为胜的规律时，有个是否深刻和全面的问题；在运用这些转败为胜的规律时，还有个是否灵活和相互联系的问题，都应引起足够的重视。

### （4）转败为胜有赖于能动采取各种应对之策

无论是树立起转败为胜的信心和勇气，还是正确认识和把握转败为胜的各种规律，都不可能直接使败与胜的客观态势改观。要做到这点，尚必须将信心、勇气和正确认识等，转化为实际的行动。正像人们要想改造客观世界时，一刻都离不开社会实践那样，致胜主体要通过转败为胜来实现既定的目标，也一刻不能脱离能动的实践。没有实际的行动，转败为胜仅仅是种美好的愿望和设想。为此，一定要积极采取各种能动的致胜措施，并在行动中注意贯穿“救已败之事者，如驭临崖之马，休轻策一鞭”的精神，转败为胜才能变成真正的现实。根据以往实现转败为胜的经验与教训，并结合今后可能面对的新情况与新条件，有下列几项应对之策颇值得重视：

自强不息、奋斗不止。我们知道，力量是一切正常性致胜活动的基础，也是转败为胜的基础，缺乏足够的致胜能力，是无法实现任何目标的。平时可以见到许多志大才疏、志高力薄者，常常到处碰壁，成不了什么气候，很重要的一个原因就是没有在自强不息的基础上并适当地借助外力，形成致胜活动的基础。尤要看到，随着后续情况的变化与客观对象阻力的增大，致胜主体的自强及其借力决非一时之举，必须不断地、持之以恒地予以增强才行。同时，由于受各种主、客观因素的影响，致胜的过程充满着迂回曲折与波浪起伏的情形，还要求主体必须在不断强化致胜力量的基础上，始终坚持奋斗不息，跌倒了再爬起来，失败了再挺起胸膛继续朝既定目标前进才行。大量的事实表明，要想转败为胜，不经过失败——奋斗——再失败——再奋斗的若干反复，很难最终达到胜利的境界。之所以说“自古雄才多磨难，从来纨绔少伟男”，道理也就在此。譬如，常见有的人，面对重大的挫折与不幸的遭遇时，就放弃奋斗和停止上进；然而，真正有作为的致胜者却不是这样。以中国古代思想家、教育家孔子为例，他一生中先后遭受了幼年丧父、青年丧母、中年丧妻和老年丧子的巨大痛苦和不幸，可是从不因此而萎靡不振或怨天尤人，而是不断战胜自己，越来越潜心学问和带领数千弟子施教于天下，创立了影响中国社会以至整个人类社会二千多年的儒学。德国天文学家开普勒也是这样，他从童年开始一直多灾多难，先是患天花、猩红热弄坏了脸面和眼睛，因父亲欠债失去了继续读书的机会，后又经历了多病缠身、妻子去世、良师去世等一连串的打击，但他始终顽强地发愤读书，一边自学一边钻研天文学，从未停止对天文领域的研究，终于在59岁时发现了天体运行的三大定律。作为群体也是一样，如一个失势的企业，要想从同众多强大对手的竞争中重新崛起，靠叹息、哀号没有用，靠同情、施舍办不到，必须靠资本的不断积累、人才的不断引进、技术的不断革新以及经营管理的不断改善等等才有可能。一个民族，一个国家，如果处于贫穷落后、常受其他国家欺凌的情况下，不是靠自力更生地发展经济、增强实力和提高科学文化水平，而是一味指望别国的援助和强国的庇护，那么永远都难以彻底翻身而自立于世界各民族、国家之林，当然更谈不上为人类社会的进步做出骄人的贡献。

创造条件、抓住利境。分析胜利与失败的原因时，可以看到客观环境条件在致胜活动中所占的地位和所起的作用。可以说，当客观环境条件对致胜主体十分不利时，不仅胜利了可能转向失败，而且失败了亦不可能再转化为胜利。在这种情况下怎么办呢？全靠致胜主体充分发挥主观能动性，去改变不利于己的各种条件和优化所选定的致胜场。古罗马时代盛行着这样一句谚语："顺境造就幸运儿，逆境造就伟人！"仔细体会一下，此话确有一定的道理，很值得致胜者回味。事实也是如此，我们看到有几个伟大的思想家、政治家、科学家、军事家、企业家和艺术家，总是在如愿随意、一帆风顺、心想事成的条件下开展相关致胜活动的？他们的成功，无不是面对逆境而积极改造环境，使之变成有利于实现自身目标的优化致胜场，从而获得胜利的硕果。即使是普通人，从新闻中常可听到类似《鲁滨逊漂流记》中那种艰苦求生的报道，他们由于某种意想不到的原因，或只身漂泊孤岛，或栖身于深山老林，可是居然能独自艰苦生活几年甚至几十年。这些求生者靠什么面对恶劣环境和死亡威胁而能继续生存下来呢？仔细了解一下均可发现，全靠自己努力营造了在极端艰苦、恶劣环境中的生存条件。即使一个国家，同样是如此，当其处于不利的国际战略格局和周边关系，国家经济建设与安全保障受到威胁的情况下，此时完全可以通过政策的调整、加强国防建设与采取有效的外交努力，来化解各种危机，以创造持续发展的国际环境条件。有道是："莫道秋霜不滋物，菊花还借后时黄。""莫羡三春桃与李，桂花成实向秋荣。"一切全看主体如何去正确面对。当然，致胜者要想转败为胜，还有个善于抓住与利用特别有利境遇的问题：或正处于最有利于自身发展的情况中，或遇上了非常有利于合作与融进的机会，或斗争的对象开始从胜利的顶点走下坡路之时等等，均应及时抓住不放并充分加以利用，因为此时致胜主体可以以较少的代价而获取较大的收益，比较顺利地实现转败为胜的目标。

吸取教训、巧辟蹊径。认清失败的原因和性质，自然不是为了弄清而弄清，乃是为了从中吸取教训，以免重蹈覆辙。俗话说得好："经一番挫折，长一番见识。"纵观历史，真正伟大的致胜者，总是善于通过一系列的挫折和失败，从中总结经验教训，从而更能动地把握与运用驾驭失败、征服失败进而获取胜利的本领。因此致胜的秘诀，往往就存在于失败的经验教训之中，就看你善不善于总结和吸取。这里面，除了应重视别人的提醒与忠告，真正认识到"忠言逆耳利于行，良药苦口利于病"的道理外，更重要的是自身可以把失败当作"此路不通的红灯"，把"绊脚石"变成"垫脚石"，把"吃蜘蛛"变成"吃螃蟹"，每失败一次就总结一次，也就排除了一次错误，因而便向着胜利前进了一步。近代史上虽说错误的燃素说的提出是种失败，但谁能否认因此却为正确的燃烧理论的诞生提供了很好的思想资料呢？正如坦桑尼亚著名诗人夏巴尼在《我们的错误》一诗中所写："没有更好的教材，比得上我们的错误"、"错误能使人发愤，错误又令人鼓舞"、"错误就是财富，错误使人领悟"等等。要转败为胜，此点显得极为重要。何况，"亡羊补牢，犹未为晚。"只要善于针对失败的具体原因和性质，采取有的放矢的补救措施，就会有助于转败为胜。比如，是心理性因素造成的失败，就要自觉地调适心理状态；是力量性因素造成的失败，就要千方百计去增强致胜的力量；是客观环境条件造成的失败，就要进一步认识与改造环境条件。而且，总结和把握转败为胜的客观演变规律，目的乃是为了运用这些规律来正确指导转败为胜的行动，决不可总结完了即将其束之高阁，否则就难以发挥其积极的指导作用。比方说，在一定条件下强与弱可以相互转化的规律，就告诉致胜者要想由弱转化为强，进而转败为胜，必须能动去创造这种转化的条件，而不是靠消极地等待这种并非必然性的变化。值得强调的是，致胜者为了获得转败为胜的主动权，仅仅靠吸取以往的经验与教训并不够，还应在此基础上善于另辟蹊径地采取新的方法与手段。人生犹如一首乐曲，不能只按乐律行事，还要用情感和直觉去谱写。尤其在以斗争性为主导的致胜活动中，更要学会利用“蹊径”来争得行动的主动权。也就是说，当前后左右皆无路可走时，必须设法“缝中行”、“向上飞”才行。独辟蹊径的致胜意义，不仅表现在创新上，还表现在发挥其突然性的作用上。在力量相当或稍弱的情况下，致胜主体运用对方意想不到的方法、途径与手段，常可以收到转败为胜和夺取更大胜利的奇效。

积小成大、实现转化。转败为胜的实现往往不可能一蹴而就，而需要一定的积累过程。从小盲聋的美国著名女作家海伦·凯勒对此曾深有体会地谈到过：“我碰到了不可胜数的障碍，跌倒了，然而我一次次坚强地爬起来，迈步上去。每前进一步，我的勇气就增加一分，每爬得高一点，我的眼界就开阔一些。每次奋斗的结果都是一个胜利，而沿着这胜利连接起来的云梯，我就一定能达到那光辉的云端、碧天的深处——我希望的绝顶。”只不过，有的由失败转为胜利的过程较长一些，而有的由失败转为胜利的过程则较短一些而已。另外，有时为了使失败能向胜利转化，还可以反其道而行之，亦即通过不断地扩大和撕开对方的那些“魔鬼式小漏洞”来促成。尽管全局性胜与败，并不等于所有局部性胜与败的简单相加，然而全局性胜利始终离不开其各个局部的胜利，尤其是那些关键性局部的胜利。这既是一般致胜过程所要求的，更是转败为胜时应加以强调的。因为致胜主体在转败为胜的过程中，要把全局之败转化为全局之胜，其间不通过多数局部和关键局部的胜利积累是无法实现的。而当全局处于不利和被动的情况下，依靠实行“由小到大”和“集腋成裘”的办法，先取得各个局部的胜利再积累成全局的胜利乃是完全可能的事情。也就是说，以“积小成大”来实现转败为胜的目标，不仅是必要的途径，而且也是可行的途径。从历史上可以看到，有许多在致胜活动中处于弱势或劣势的主体，开始时难免遭受各种重大的挫折与失败，但后来由于能动采取“积小成大”的有效行动，终于逐步扭转了败势，实现了转败为胜的目标。这方面，中国人民解放军的致胜史可算得上比较典型，其由小到大、由弱变强、由败转胜，转换过程始终采取“积小胜为大胜”的行动方式，直至夺取全面的胜利。当然，通过“积小成大”而实现转败为胜者，并不仅局限于军事领域，在政治、经济、文化各个领域均有表现。像一个原先被挤压得没有多少活动空间的小政党，逐渐壮大而赢得了全国大选；一些在恶劣经济环境中求生存的小企业，慢慢发展成为偌大的跨国公司；许多初出茅芦和到处碰壁的清贫学生，经过吃一堑长一智地不断努力终成了文学家、艺术家或科学家等等，皆是如此。浙江省的义乌市，由零散的小商品经营集散地开始，逐渐发展成了当今世界上最大的小商品批发市场的经历，也充分说明了此点。

## 四、为攀登致胜的至圣境界而奋斗

只要人类社会存在，就有致胜活动存在。可以说，求胜防败既是有限的，又是无限的，总的表现为一个永无止境的过程。回顾往昔，人类经过几百万年的无数次胜胜败败交替，才形成了今天这个充满着挑战和希望的文明社会。未来的致胜活动，也许具体的类型、领域、内容、方式与目标等均可能发生许多新变化，但作为主旋律和主要方向，当数大家都会朝着自由地进步这一理想目标不断奋斗。可以说，努力攀登和逐步接近至真、至善、至美相统一的至圣境界，既是人类社会未来的美好愿景，也是所有致胜主体今后应致力的共同方向。

### (1) 求胜防败是个永无止境的过程

在致胜活动的全部进程中，胜与败既是有限的，又是无限的。就具体主体所开展的具体性致胜活动而言，其结局无论是胜还是败，只能呈现出有限的状态。尤其当它作为更大主体的一部分时，这种有限性表现得更为明显。但是，就整个人类社会来说，所有的、各种各样的胜与败，并没有尽头。只要人类社会继续存在下去，求胜防败就会呈现无止境的状态。有道是：“人事有代谢，往来成古今。”作为一个进步的致胜者，永远不能只看到眼前的胜利，而应把握胜与败发展变化的辩证法，力争做一个自觉的、与时俱进的求胜防败主人。

从根本上说，致胜活动的有限与无限，是由世界及其发展变化的有限性与无限性决定的。我们知道，无限性与有限性是客观世界固有的两种不同属性，是客观物质矛盾运动的表现。无限是指在时间和空间上没有限度，有限是指在时间和空间上有一定限度。无限和有限既互相区别，又相互联系。整个物质世界是无限的，但世界上每个具体事物及其发展过程却是有限的，无限的世界乃由无数有限的具体事物所组成。显然，无限存在于有限之中，并通过有限表现出来。世界上从来没有脱离有限的无限，也没有脱离无限的有限，无限和有限只有在互相联系和互相渗透中才能存在。世界作为无限与有限相统一的世界，两者相互对立而又相互转化，始终处于不停顿的运动之中。正是物质世界的这种有限性与无限性，以及人类社会发展变化进程具有的有限与无限的性质，从根本上决定了整个人类致胜活动进程也具有有限与无限相统一的特点。可以说，人们认识与把握的事物始终是有限的，尚未认识与把握的事物则是无限的。究竟到什么时间、什么地点、什么事情才是致胜的最后终点，至少到目前为止尚难找到科学的答案。从根本上可以说，只要人类社会继续存在就会继续有致胜活动，而且对于每个具体的主体，只要生命不息便会致胜不止，从而使得致胜活动的整个进程具有内在的无限性特征。同时，这种无限性又非看不见、摸不着的存在，因为致胜活动整个进程的无限性，乃是由各个具体的、有限的致胜活动过程所共同形成的。

当然，人类社会致胜活动的无限性同各个具体主体致胜活动进程的无限性并不等同。只要人类社会继续存在，为求生存和进步的致胜活动便不会停息，便会永远持续进行下去。在可见的未来，人类社会这一超级型群体将始终充满着生机，其致胜活动的无限性，就像罗马尼亚诗人阿尔盖齐所咏：“休叹人生短，人类春常在”那样，这不是致胜个体与具体的致胜群体可同日而语的事情。而每个个体与具体群体呢？则必须保持有求生存与进步的需要和活力，才会使其致胜活动一个接一个地予以展开。尽管其每局的致胜活动是有限的，就其毕生的全部致胜活动而言亦表现出一定的无限状态。只是由于每个人的生命与活力有限，又使得这无限不能不具有相对的性质。一个具体群体的情形颇为类似，不同的只是一个人最后要面对死亡，而具体群体最后面对的则可能是暂时或永久的消亡，其所从事的致胜活动，是具体的有限与整体的无限相统一。人生的旅途没有往返票，除非真有时间列车。因此，每个人和具体的群体，都应多做“开路者”，不当“终结者”，不停地从胜利走向新的胜利。

当然，如从人类智能与创造力可以延续的角度来看，社会各个具体的致胜个体、致胜群体的死亡与消亡，其实并不意味着其致胜活动的完全中止或彻底失败。犹如一朵即将凋谢的花那样，“落红不是无情物，化作春泥更护花”。一个人死亡了，就其物质的、肉体的运动来说是停止了。正常的老死，是谁都逃避不了的事情，只有毫无价值的非正常死亡才是人生最后的败局。但是，作为致胜者的优秀精神元素及其后续运动，却完全可能通过一定的物质载体获得永生。举目望去，随处可见历代那些伟大的思想家，即使离开人世上千年之久，其思想仍然继续发挥着它的积极影响；那些科学技术巨匠，无论人在与不在，他们所留下的发明创造可以一直造福于子孙万代；那些乘着载人航天飞行器去外空探测、观察的航天员们，难免不碰上“出师未捷身先死”的失事事故，但他（她）的英勇业绩却继续鼓舞着后人为了走向宇宙而探险；那些著名文学家、艺术家的传世佳作，许多留传若干个世纪后，仍一直在滋润人们的文化生活。类似例子真是举不胜举。具体群体也同样是如此，像一个完成了一项重大科研项目或者完成了一项重大工程任务的科研群体，即使后来解散了，不复存在了，但这些项目、工程给人们留下的，却是不可磨灭的印象和发挥着后续作用的宝贵财富，此情此景每个国家都比比皆是。不过具体群体与个体也有一点不同，个体死亡了便意味着生命的完全终结，可是一个具体群体的解散可以重建，一个国家的灭亡可以复兴。当然，即使具体的群体可以灭而复生，其致胜进程的无限性远远超过那些个体，但仍然只有从人类智能与创造力可以继承、延续的角度去看，才具有如同人类社会整个致胜活动一样的持续长久。

既然致胜活动是一种永无止境的活动，这就从根本上决定了人们做任何事情，都不可能达到十全十美的程度。实际上，天底下也从来没有十全十美的胜利过程与结局。俗话说得好，“天下无全功，圣人无全能，万物无全用。”在致胜活动中，通常只要基本实现了所定目标，就算获得了胜利。至于在准备、过程与结局中，存在这种或那种美中不足的因素或方面，是常有的事情。因此，虽然追求完美乃是人的一种天性，将完美作为主体毕生的努力方向也是可以的，毕竟这样有利于激励人们不断地努力，不断地奋斗，从而不断地进步；然而又应看到，在实际的致胜活动中，主体可能获得的多是不完美的胜利，如果一味追求完美，不但没有实现的可能，反而容易导致垂头丧气，会永远感到不快乐、不幸福，甚至于痛苦。常听到有的人感叹“人生不如意事常八九”，其实并非如此，如果凡事都要求达到十全十美的程度，自然总会感到不如意；如果凡事只要实现了预期目标就算胜利，那么应该说绝大多数人还是“如意之事常八九”。不同的仅仅在于，人们在争取生存与进步的过程中，经常存在着如意程度的不同而已。

应该看到，“全则必缺，极则必反”，真正的世界乃是完美与不完美的辩证统一。持完美主义的人，事无巨细都要求达到十全十美的地步，缺乏必要的弹性和余地，常常容易陷于自我遐思空想的困境。可以说，过于追求过程与结果的完美，实际上就是一种不完美之举，不仅要耗费人的巨大精力，而且即使获得了一时一事的完美，也不可能时时、事事都感到心满意足。为什么许多一味追求完美的人，成天把自己搞得很累、很苦、很烦，即使遇到“好事”也不舒心，总是缺乏满足感和幸福感，道理也就在这里。我青年时代有位朋友，他找对象先设定了“完美”的标准，成天忙着谈恋爱，前后找了不下十多个，或觉得这个长相、年龄不满意，或觉得那个性格、爱好合不来，或觉得其家庭、工作岗位不合适，等他相中了“符合标准”的姑娘，人家又对他不满意，最后还是感到第一个初恋对象相对理想些，等到他三十六七岁结婚成家时，才后悔失去了许多宝贵的时光和爱情生活。因此，任何主体在求胜防败的过程中，只有面对、承认和接受各种不完美，不去一味地追求最好，而只求更好、见好就收，才能获得相对的完美，心满意足地去享受各种胜利之果。当然，这与人一辈子要不断追求更美好的生活，人类社会要不断创造更美好的生存与进步的内外条件，完全是两回不同的事情。

**（2）自由地进步是人类追求的理想目标**

虽然不断地进步是人类社会过去、现在与未来的必然发展趋势，但是作为为这种进步而致胜的大小主体，不能不深究这种进步究竟应达到怎样的程度才比较理想的问题。回顾以往，农业社会比之游牧社会是种进步，工业社会比之农业社会也是一种进步，并且从20世纪末开始工业社会又朝着智业社会继续迈进。然而迄今为止，人类社会远未达到进步的巅峰，仍在迈开步伐不停地向前发展。放眼未来，也许只有自由地进步才是人类社会追求的理想目标。

如果说人类社会不断地进步属于客观必然性，那么人类社会自由地进步则属客观必然性与主观应然性相结合的产物。法国启蒙思想家卢梭曾这样感叹："人生下来是自由的，可是处处受到束缚。"为什么会这样呢？主要因为人生下来之后，一方面要靠大家共同联结成的社会才能生存与进步，不得不受到各种社会关系的制约；另一方面要与自然界打交道才能继续生存与进步，又不得不受到尚未把握或无法驾驭的自然力的束缚。尤其当统治者为了一己的自由，不惜压制、剥夺与扼杀广大被统治者的自由时，更加剧了大多数人长期在不自由中生活的景况。人类要获得真正的自由生存与自由进步，并不是一件轻而易举的事情。几千年来，一切反对社会上压迫、剥削、强制而求解放的思想和行动，以及对包括自然界在内的各种客观世界的正确认识、适应、改造与融合，以免受其束缚的思想和行动，均程度不等地体现了争取自由地进步的要求。只是由于受到各种主、客观因素的制约，这种期望自由地进步的理想目标才一直无法得到真正地或完全地实现。

为此，首先必须弄清究竟怎样才算自由地进步，以及如何去实现自由地进步的问题。真正的自由地进步，决不是"主体想做什么就可以做什么"，而是"主体应该做什么就能做好什么"。当然，"应该做什么"并非主体想当然的产物，既须符合客观必然性，又要反映主观应然性。而"就能做好什么"更不简单，只有在掌握了事物客观运动规律的基础上，充分发挥主观能动性才能办到。作为进步的致胜者，理应在人类社会一直处于不断进步的基础上，为早日实现人类社会自由地进步作不懈的努力。而且必须看到，决定人类社会进步的因素是多方面的，当其他种种因素造成了社会进步的运动时，人们往往容易疏忽自由因素的特殊价值，尤其当争取自由的斗争暂时影响或中断了进步的进程，或者一个民族、国家的统治者把迅速增强国力同争夺世界性霸权地位的目标突出地摆在一起时，就更容易把实现自由地进步的目标打入另册。显而易见，尽管每个人都追求自由地生存与进步，人类社会实现自由地进步也是一种理所应当的普遍期望，但要真正做到这一切，就不能不在克服人类社会与自然界的种种束缚力中长期奋斗才行。从某种意义上说，这是一种致胜的理想方向，一种可以不断接近的长远目标。

在未来人类社会的发展中，能否逐步实现自由地进步这一理想目标呢？回答应是肯定的。其中的关键，在于如何正确地对其认识、理解、把握与实践。其一，无论是自由还是进步，都有一个相对与绝对的问题。自由是相对的，一直随着人类社会历史的发展而发展。就主体获得自由的根本条件来说，无论是客观的存在转化为主体的认识，还是主体的认识转化为能动的实践，都需要逐渐实现与完善，永远无法获得绝对自由的程度。不同的历史发展时期，人类获得自由的状况并不相同，但不能因在后阶段比前阶段获得的自由多些就否定前阶段的自由。对于每个具体的致胜主体而言，在不同的时间、地点和活动领域，皆可能获得性质不同与程度不等的自由，并且会随着活动的类型、内容、时间、地点、条件等的变化而变化，想在任何事情上皆随心所欲是难以办到的。同时，进步也是相对的，是人类社会不同历史发展阶段相比较的结果。只要人类社会和各个具体主体在认识与实践的活动中，或在某一部分、方面与具体事情上，或在这个与那个历史时期的整体状况上，后阶段比前阶段前进了，就是一种进步。毫无疑问，这些进步的范围与幅度并不一样，并且会出现相互矛盾的情形，以及会随着生存与进步的具体要求而更新；尽管自由与进步皆具相对性，然而在这些相对性表现中，却包含着绝对的成分与因素。就像这个人揭示了某一客观对象的本质与规律，在客观性存在转化为主体认识的某方面获得了进步；那个人通过刻苦学习和钻研，在知识水平、思维能力与实践能力上前进了一步；这个国家放宽了对新闻、出版、文艺、言论等的管制，从而使其国民有了更多的精神自由；那个国家在经济持续发展上取得了很大成就，意味着物质生活又更上了一层楼；人类社会愈来愈自觉地同自然界保持和合的关系，愈来愈自觉地遵循科学人道精神及其普世原则与规范，使得更加有利于社会自由地进步，等等，无不具有一定程度的绝对性。当然，自由乎，进步乎，都是历史的、具体的，离开了历史的背景与具体的情况，其相对性与绝对性皆成了抽象的东西，对于逐步实现人类社会自由地进步这一理想目标没有任何实际的意义。

其次，要看到自由与进步之间，始终存在着既互相矛盾又互相促进的关系问题。一方面，自由与进步之间经常形成互相矛盾的关系，并且这种矛盾一直随着人类文明社会的演进而不断发生变化。从人类进入文明时期伊始，就是以丧失原始性自由的代价来换取社会进步的。从此以后，社会中少数压迫者、剥削者、强制者保持和不断拓展了自身相对的自由，而广大被压迫、被剥削、被强制的人民群众，却一直波动地缩小以至往往失去了相对的自由。随着社会不断地进步，虽然人类社会这个超大型群体在同自然界的关系中，获取自由的程度逐渐地有所改善，但各个民族、国家经常的朝代更迭和政权替换，以及统治者与被统治者地位的转换等，又一直使各类具体主体获得更大自由与失去相对自由的状况处于变化之中。这也就是说，人类社会的进步并非对社会的每个具体主体，都一视同仁地始终给予相应的更多自由，有时甚至可能相反，从而造成了各类具体主体争取社会自由的斗争此起彼伏，从未中止过。另一方面，自由与进步之间又构成了互相促进的关系。在人类社会向前演进的过程中，自由与进步始终难分难解，两者互为前提、互相作用、共同发展。纵观人类社会整个历史可以看到，无论在哪个方面、领域或者整体的进步，无不是人类对客观世界的这个方面、领域或者整体的必然性有了更深刻的认识，以及据此进行适应、改造与融合为目标的能动实践的结果。而每个方面、领域以及整体的进步，由于可以创造出较前更为丰富的物质与精神财富，这又为人类减小自然界的束缚和调整社会内部的不当制约，提供了更为优越的条件。自由与进步正是在这种相互交替的作用中，不断到达一个又一个新的高度。可以说，自由与进步谁也离不开谁，共同构成了推动人类社会前进的两个“车轮”。只是在向前的运动中，有时因缺乏协调性，难免会出现各种不谐音而已。但总的前进趋势表明，在两者愈来愈可能协调一致的情况下，人类社会实现自由地进步的目标亦会愈来愈近。

可以说，人类社会的自由地进步既有限又无限，只要人类继续存在便永远不会到达某顶点而终止。既然如此，也就决定了人类的认识活动无止境，实践活动无止境，并通过认识与实践的不断发展，使自由地进步持续向前延伸。在这种实现自由地进步的无限与有限相结合的过程中，每个具体主体的自由与进步乃是整个社会自由地进步的基础。只有在各个具体主体均充分享受自由和不断进步时，人类社会实现自由地进步的理想目标才是指日可待的事情。

### （3）努力攀登和逐步接近致胜的至圣境界

怎样才能逐渐实现自由地进步的理想目标呢？具体说，就是要不断攀登致胜的至圣境界。这里讲的“圣”，既不同于中国古时把道德智能极高、具有完美人格者称之为“圣人”的“圣”，也不同于世界各种宗教把诸如佛、上帝、真主等视为“神圣”的“圣”。所谓至圣，乃指人类活动达到至真、至善、至美三者结合的崇高境界。显然，至圣的境界并非虚幻的、遥远的，高得、远得谁都无法靠近；但同时又非具象的、眼前的，无论什么主体皆可轻而易举地达到。作为富有理想的未来进步致胜者，只要坚持沿着求真、求善、求美的步伐前进，就有可能逐步接近至圣的境界，把人类社会自由地进步不断推向前进。

至真是由感性认识走向科学真理的状态，构成了至圣的理性基础。人类的求真之路，总是在实践与认识的相互作用中，不断达到相对真理与绝对真理的统一。至真的实现，可以为实现人类社会自由地进步不断创造正确的认识前提。人们要获得全面的自由，首先有赖于对客观世界及其规律性的真实把握。可是，客观世界如此之广袤而细微、复杂而深邃，并又始终处于发展变化之中，要达到“至真”的地步并非那么容易。在人们的面前，未知的或知之甚少、甚浅的事物太多了，姑且不论从相距数以百亿光年之遥的宏观宇宙究竟怎样形成、演变和毁灭，物质微观构成的基本粒子究竟可以穷分到什么地步及其具有哪些性质与运动规律，就是同人类生命与意识活动直接相关的那些科学领域，也仅仅随着人类基因“天书”的破译，才刚开始逐渐深化。要知道，地球如果不被小行星严重撞碎的话，人类社会还要继续发展数十亿年。即使将来地球毁灭了，人类还有可能迁往别的星球，使智慧生命的火炬继续在宇宙中照耀。无论对于自然界还是人类社会，以及如何处理好两者的关系，尚有大量的未知领域需要去作进一步的探讨和研究。20世纪中期以来逐步开发的信息科学技术、生物科学技术、空间科学技术、海洋科学技术、新能源科学技术、新材料科学技术、环境科学技术、管理科学技术等高新科学技术，亦有巨大的发展空间与潜力，需要人们持续地攻关。还有的领域，目前仅仅是接触到某些局部和一些表面现象，其背后的秘密及其深远的影响，甚至都难以猜测。比如反物质的问题，现代宇宙学认为宇宙形成之初，大爆炸形成了等量的物质与反物质，我们现在生存与接触的乃是由物质组成的宇宙、太阳和地球等等。那么究竟有没有反物质呢？虽然自20世纪末期有些国家先后从实验室中造出了反氢原子以来，目前通过实验室制造出正电子、负质子等反基本粒子已不是件难事，但并不能证明反物质的普遍存在。正是由于这个缘故，以诺贝尔奖获得者丁肇中为首的一大批世界各国科学家，先后借助装在航天飞机和空间站上的阿尔法磁谱仪，企望寻找到在自然界中存在的反物质。这也就是说，反物质的有无，至今仍是个谜。假如有朝一日真的发现了它确实普遍存在，那将是一件惊天动地的大事，届时不得不迫使人们必须重新认识、对待一系列带根本性的科学与哲学问题。由此可见，客观世界的无止境，决定了人类认识真理的无限性。如果人们不能科学地、真实地认识和把握有关人类社会生存与进步的各种客观事物，也就无法利用、驾驭和改造这些事物来为人类社会自由地进步服务。任何主体在攀登未来的致胜高峰时，将不得不首先面对此种挑战，并可以在各个寻求至真的领域做出创造性贡献。

至善是由独善其身走向兼善社会的状态，构成了至圣的可靠保证。关于善与其反面恶的争论，持续了好几千年，有人认为人性本来是善的，有的人则认人性本来是恶的，但争论的结果多半都归于同一心声：止于至善。毕竟，由于“止于至善”，而不是止于至恶，人类社会才有了“精神上的太阳”、“通用的语言”和“谁都需要的东西”，终于一步步地向前发展，实现了共同的生存与进步。伟大诗人但丁早就这样说过：“人类的至善之境是它获得最大自由之时。”未来无疑同样如此，只有继续高举至善的旗帜，才能促使人类社会更自由地进步。就未来的致胜活动而言，虽然依旧遵循着趋利避害这一普遍的客观规律，然而必须把趋利避害同抑恶扬善紧紧结合起来，否则便算不上进步的致胜活动。为了逐渐地接近至善的状态，要做的事情很多，其中的核心问题便是致胜主体能不能在独善其身的基础上兼善社会。无论哪个个体与具体群体，如在致胜活动中只追求正当的利益，而不做任何有损他人与社会的事情，无疑已属进步的行为。然而作为未来的进步致胜者，仅仅这样做并不够，还必须通过各种致胜活动，自觉地、主动地为他人做些有益的事情，为社会做出有益的贡献，这才算得上是至善的积极表现。如果每个人都把个人生存与进步的需求，同人类社会生存与进步的需求一致起来，可以预料人类社会实现自由地进步也就成了指日可待的事情。具体来说，进一步完善科学的人道精神及其普世原则，并将其广泛、深入地贯彻于一切致胜活动之中，可以为此提供正确的价值导向。人类不同于其他动物之处，不仅表现在有目的、有计划、有组织地去认识与改造客观世界，而且表现在各项活动中存在着自觉意识与价值追求，诸如思想、观念、道德、风尚、情感等等。由于人类社会各类具体主体所处环境、地位与发展水平的差异，这种意识与价值的追求并不完全相同，有时甚至是对立的。人类社会要想在未来获得自由地进步，只有有赖于不断发扬这种科学的人道精神，下大力贯彻落实自主、平等、仁爱、负责等普世的道义原则才能奏效。遗憾的是，科学人道精神及其普世原则至今尚未成为人类社会各类具体主体的真正共识，尽管在某些提法上颇为相似，实际上却是各有各的标准，各有各的理解，有时甚至充斥着非科学人道精神的东西。比如，以“反对平均主义”来反对真正的机会平等；以“谋求国家的快速发展”来反对社会同自然界的和合；以“反对绝对自由”来反对政治上、文化上、思想上的自由；以“尊重我的权利”来否定自己对人类社会的义务与责任，等等。很显然，在“公说公有理，婆说婆有理”的情形下，科学的人道精神及其普世原则不可能得到真正的贯彻落实。因此，作为一个进步的致胜者，为了使人类社会能更快地走上自由地进步的轨道，不仅应始终不渝坚持和完善科学的人道精神及其普世原则，还应在如何深入贯彻科学的人道精神及其普世原则上下工夫，以及坚决同各种邪恶现象作斗争才行。也只有这样，“独善其身与兼善社会”才不至于成为一句空话。

至美是由愉悦体验走向和合美满的状态，构成了至圣的生动表现。什么是美，什么是丑，人们众说纷纭。从通常的意义来说，美是指主体认识、适应、改造与融合客观世界的活动及其创造的成果，所引起的人们愉悦情感的反映，并通过主体对客观对象的美进行感受和体验而形成美感得以表现。这里讲的至美，实际上是美的一种理想境界，亦即逐步接近和合美满的状态（其与前面所说的完美有联系，但并非一码事，完美仅仅是指具体的致胜主体实现目标时所希望达到的完全满意程度）。其中的和合，既包括人与人的和合，也包括人与自然界的和合。人、社会、自然界的真正和合，随之而来的必是美满感受的产生与激扬。主体通过致胜活动实现自我的需求与理想时，假如能同他人、所在群体与整个社会和睦以至和谐地相处，能与自然界协调地、和谐地融为一体，达到了“天地与我为一，万物与我并生”的境地，无疑是件大美事，此时已不仅囿于一种愉悦情感的体验，还会产生无限美好和圆满幸福之情。可是在以往许多的致胜活动中，由于种种的主、客观原因，通常距离这种境界还相当遥远。要想在未来的致胜活动中逐渐接近和合美满的状态，必须从三方面作出不懈的努力：一是正确认识和处理人与自我的关系。在孰美孰丑的问题上，常有“情人眼中出西施”之说，其实这反映了美感确实受到主体精神状态与情绪好坏的影响。一个成天苛求与讨厌自己，稍不如意便怨天尤人、烦恼连绵、心灰意懒、萎靡不振，甚至不屑尘世、自杀了事的人，再美好的良辰美景都会变得灰暗无光。因此，一定不能让人与自我疏离，依赖“心斋”、“坐忘”、“涅槃”等均无济于事，只能靠确立正确的人生观、价值观和致胜观，不断战胜和完善自己，“心正”了，面对一切时也就美不胜收了。二是正确认识和处理人与社会的关系。其中包括人与他人、人与所在群体、人与整个社会等多重与多样的关系。如果在相互交往和联系中，不是友爱相处、协作共事、融洽和谐，而是充斥着勾心斗角、尔虞我诈、强取豪夺，哪里会有什么美人、美事可言。因此，为了实现社会的和合美满，每个人都应有“成人之美”、喜“众生之乐”的心态，敢于和善于同各种丑恶现象作斗争，自觉遵守社会的法律与公德，不断优化交往的形式和组织管理方式，等等。在和合的人际关系与社会关系中，美满之情亦会悠然而生。三是正确认识处理人与自然的关系。千万不能形成人为主、自然为奴的关系，而应确立人为子、自然为母的关系。人对自然的随心所欲，反过来只会自食恶果。面对光秃秃的山峦、混浊的河流、荒芜的土地、污秽的空气，只有人单调生活的世界，谁还能产生稍许美感呢？人只有尊重、适应自然，并遵循自然界的客观规律来构思和设计改造、融合自然界的蓝图，才能真正掌握行动的主动和自由，才能通过主观能动性的充分发挥，使得同人类和合之后的自然界变得更加壮观美丽。很显然，至美的境界并非来自纯客观或纯主观的领域，而存在于主体通过认识与实践活动所达到的高度满意地自我实现。每个进步的致胜主体，理应成为富有创造性和创造能力的走向至美境界的活动者。

至圣乃至真、至善、至美的有机结合，体现着人、社会与自然界的和谐统一。要想逐步接近、实现这种境界，不仅在获取至真、至善、至美的过程中须处理好种种矛盾和关系，并且在达到至圣的过程中也同样存在许多必须解决好的问题。比如，至真要求处理好存在与思维、实践与认识等关系，至善要求处理好个人与社会、利益与道义等关系，至美要求处理好主体与对象、现实与理想等关系。而至圣则更为复杂，既要把至真、至善、至美三者紧密结合起来，又要不断同假、恶、丑的东西作斗争，并促使其逐渐向真、善、美转化。何况，“至”与“非至”亦是相对的，不同时代、不同领域、不同地域甚至不同主体，至真、至善、至美及其结合而成的至圣，均无统一的、固定的标准，作为致胜的至圣境界同样处于发展变化之中。或许每个进步的致胜者，可以不断地接近此种境界，但永无到此为止的终点。要想持续地获得一个接一个胜利，就不能把以往获得的各种胜利，当成坐享其成的东西，而应视为继续进步的阶梯和跳板才行。显然，至圣的境界并非虚幻的、遥远的，高得、远得谁都无法靠近；但同时又非具象的、眼前的，无论什么主体皆可轻而易举地达到。作为富有理想的未来进步致胜者，只要坚持沿着求真、求善、求美的步伐前进，就有可能逐渐接近至圣的境界，把人类社会自由地进步不断推向新的高峰。显而易见，要想攀登致胜的至圣境界，不断促使人类社会自由地进步，的确需要未来致胜者的持续努力。毕竟，攀登致胜的至圣境界和实现人类社会自由地进步，实际上是互为因果、相互促进的一回事，随着逐渐接近致胜的至圣境界，就愈有利于促使人类社会自由地进步；而人类社会自由地进步的硕果，则会造成新的致胜的至圣境界，如此不断推动着人类社会致胜活动从一个高峰达向又一个高峰。